DAXING YOUGUAN
HUOZAI ANQUAN FANGKONG JISHU

大型油罐火灾安全防控技术

卢立红　等 编著

化学工业出版社
·北京·

内容简介

本书以大型油罐火灾为切入点，从事前、事中和事后三个维度，深入阐述了大型油罐火灾防控基本理论和技术。事前，要充分了解油罐及油罐火灾的基本类型、成因、主要危险点及扑救策略和方法；事中，通过数值分析和计算，得到火灾条件下油罐罐壁失效判据，科学选用灭火剂及其供给装备与灭火技术，消防员应做好自身安全防护；事后，可通过虚拟仿真技术，开展大型油罐火灾扑救技术和战术模拟训练，提升消防员战斗能力和水平。

本书内容既有理论总结和探讨，又有技术分析与创新，一方面可为大型油罐灭火救援指挥、技战术训练提供依据，另一方面可为从事大型油罐安全防控方面研究的科技人员提供参考，还可以作为辅助教材，为消防领域的在校大学生提供借鉴。

图书在版编目（CIP）数据

大型油罐火灾安全防控技术/卢立红等编著. —北京：化学工业出版社，2022.10

ISBN 978-7-122-42043-5

Ⅰ.①大… Ⅱ.①卢… Ⅲ.①油罐-火灾-灭火-研究 Ⅳ.①TE972②X928.7

中国版本图书馆 CIP 数据核字（2022）第 154364 号

责任编辑：张双进　提　岩
文字编辑：王云霞
责任校对：田睿涵
装帧设计：王晓宇

出版发行：化学工业出版社
（北京市东城区青年湖南街 13 号　邮政编码 100011）
印　　刷：北京云浩印刷有限责任公司
装　　订：三河市振勇印装有限公司
787mm×1092mm　1/16　印张 12¼　字数 270 千字
2023 年 1 月北京第 1 版第 1 次印刷

购书咨询：010-64518888
售后服务：010-64518899
网　　址：http://www.cip.com.cn
凡购买本书，如有缺损质量问题，本社销售中心负责调换。

定　　价：78.00 元

前　言

随着经济的飞速发展，石油在生产、生活中的应用越来越广泛，增加国家战略石油储备成为应对能源危机和保障国家能源安全的重要举措，大型油库和油罐区的数量逐年增加，容量逐渐增大，油罐的大型化成为发展的必然趋势。与此同时，油罐火灾的风险性也不断增大。大型油罐区一旦发生火灾，往往会发生连锁反应，不但造成巨大财产损失，处置不当还有可能造成环境污染和人员伤亡，给人民生命财产安全和消防人员生命安全带来严重威胁。2015 年 4 月 6 日，福建漳州古雷腾龙芳烃 PX 项目火灾爆炸事故，处置过程中发生 2 次复燃，造成 6 人受伤，13 名周边群众陆续到医院检查留院观察，直接经济损失 9457 万元；2015 年 7 月 16 日，山东日照石大科技火灾爆炸事故，救援处置过程中共发生了 4 次爆炸，造成 2 名消防员轻伤，7 辆消防车毁坏，2 个球罐炸毁，2 个球罐烧毁，直接经济损失 2812 万元；2015 年 8 月 12 日，天津港瑞海公司危险化学品仓库特别重大火灾爆炸事故，造成 165 人遇难，8 人失踪，798 人受伤住院治疗，304 幢建筑物、12428 辆商品汽车、7533 个集装箱受损，直接经济损失高达 68.66 亿元。由此可见，做好大型油罐火灾的安全防控，是预防火灾发生、提升火灾扑救效率、降低人员伤亡和财产损失的重要手段。

大型油罐火灾防控方面的研究，一直是国内外学者关注的热点。中国人民警察大学的研究团队，从“十一五”至“十三五”近 15 年的时间，通过国家科技支撑计划“超大型油罐火灾防治与危险化学品事故现场处置技术研究”、国家重点研发计划“超大型油罐区火灾爆炸事故处置技术及装备”、公安部科技强警基础工作专项“湿热耦合作用对消防员战斗力影响研究”等课题的资助，系统开展了大型油罐火灾扑救技术、扑救装备、坍塌预测预警技术、灭火剂及其供给技术、消防员安全防护以及油罐火灾扑救虚拟仿真训练技术等方面的研发工作，积累了大量的研究成果。

本书的参编人员均有幸参与了上述项目的研究工作，并将自己的研究成果进行梳理，写进了相关章节中。例如，第 2 章中介绍的火灾条件下油罐罐壁失效坍塌数值分析，第 3 章中介绍的复合射流消防车、泡沫灭火剂远程连续供给技术等内容，就是在国家科技支撑计划、国家重点研发计划等项目的研究过程中产生的原创性成果；第 4 章大型油罐火灾消防员安全防护技术中介绍的模型、算法以及测试方法，就是在公安部科技强警基础工作专项项目的研究中所运用的方法。这些研究成果涉及大型油罐火灾安全防控理论、装备和技术等多个层面，均具有较强的创新性，可为科学工作者提供一定的参考和借鉴。

本书由中国人民警察大学卢立红教授、王慧飞副教授、付丽秋副教授、李焕群副教授和史可贞副教授编著。本书前言、第 3 章由卢立红教授撰写，第 1 章由李焕群副教授撰写，第 2 章由史可贞副教授撰写，第 4 章由王慧飞副教授撰写，第 5 章由付丽秋副教授撰写。

课题组前后共有 100 余名教师和研究生参加了研究工作，并做出了创造性贡献。内蒙古呼和浩特消防支队白海日，在读研究生期间参加了课题研究，对泡沫远程连续供给技术做了大量研究工作；明光浩淼安防科技股份公司研发了复合射流消防车，并提供了科研条件。

本书在撰写的过程中，得到中国人民警察大学康青春教授、屈立军教授、夏登友教授、李玉副教授、钱小东副教授的鼎力支持和指导，也得到江苏华淼消防科技有限公司、山东环绿康新材料科技有限公司的大力支持和帮助，在此一并表示衷心的感谢！

由于编著者水平所限，书中难免有不足之处，欢迎广大读者批评指正！

编著者

2022 年 6 月

目　录

第 1 章 大型油罐火灾概述

石油是一个国家重要的战略物资，是国家经济社会发展最重要的能源和化工原料。随着我国经济的快速发展，我国对石油及其产品的依赖程度日益增强，现已成为仅次于美国的世界第二大石油消耗国。但由于我国石油自然资源的匮乏，必须建立更多的石油储备基地，过去二十年里我国陆续在浙江舟山、江苏镇海、山东黄岛、辽宁大连四个地区建立了四个主要的大型战略石油储备基地，大型化成为油罐区的发展趋势。与此同时，油罐区存放的石油产品（包括原油、汽油、柴油等）都是火灾危险性高的物质，发生火灾及爆炸概率大，而且一旦相关防火措施失效或者人为操作失误，发生火灾甚至爆炸导致的灾难损失将是巨大的，近年来国内已经发生过多起重特大油罐火灾事故。

1989 年 8 月 12 日上午 9 时，山东青岛的黄岛储油罐区下起雷暴雨，正在进行作业的 5 号储油罐突然遭到雷击发生爆炸起火，形成了约 $3500m^2$ 的火场，119 指挥中心接警后，立即调派距火场较近的黄岛开发区、胶州市和胶南县消防队人员和设备赶往灭火，并从青岛市区派遣了 8 个消防中队的 10 辆消防车从海路赶往事发地点，但由于火势太大，大火呈蔓延趋势。14 时 35 分，5 号罐的火势突然变得猛烈，并呈现耀眼的白色火光，现场消防指挥人员立即下令撤退。随即和 5 号罐相邻的 4 号罐也突然发生了爆炸，3000 多平方米的水泥罐顶被掀开，原油夹杂火焰、浓烟冲出的高度达到几十米。从 4 号罐顶冲出的混凝土碎块，将相邻 1 号、2 号和 3 号金属油罐顶部震裂，造成油气外漏。约 1min 后，5 号罐喷溅的油火又先后点燃了 1 号、2 号和 3 号油罐的外漏油气，引起爆燃，黄岛油库的老罐区均发生火情。到次日凌晨，山东省其他地方增援而来的消防力量陆续赶到火场，共计有 10 辆大型泡沫车、3 辆干粉车、27 辆泵浦车组成的 5 条供水干线，集中力量向主要的火源 5 号油罐发起灭火行动，至 14 时 20 分，5 号罐明火被全部扑灭。到 21 时 30 分，1 号、2 号、4 号罐的明火也都基本上扑灭。之后，又经过几次反复，扑灭了多处建筑火焰和管道中的暗火，至 8 月 16 日 17 时，明火全部扑灭。18 时 30 分，除留下 5 辆消防车继续监视现场外，其余消防人员和车辆全部撤退，整个灭火行动共耗时 104h。该火灾造成了严重的后果和巨大的经济损失，共计 19 人死亡，100 多人受伤，烧毁原油 4 万多吨，毁坏民房4000多平方米、道路2万平方米；燃烧的高温、水域的污染、爆炸的冲击波，使近海约33000条黑鱼、约3000只水貂死亡，约5200亩（1亩=666.7m^2）虾池和1160亩贻贝的扇贝养殖场毁坏，约2.2万亩滩涂上成亿尾鱼苗死亡。另有数千至一万吨原油外溢，胶州湾水域被大面积污染，黄岛四周的102km的海岸线受到严重污染，油污还蔓延到青岛市的海岸，市内数个海滨浴场亦遭到污染。

经国务院事故调查组认定，此次事故直接原因是黄岛油库的非金属油罐本身存在不足，遭到雷电击中引发爆炸。同时，油库设计布局不合理，选材不当，忽视安全防护尤其是缺乏避雷针，管理不当从而造成消防设备失灵延误灭火时机，未对之前的小型事故引起足够重视并加以整改，等等，都是造成此次事故的深层次原因所在。

2006年8月7日下午12时18分左右，中国石化管道公司南京输油处仪征输油站16号15万立方米原油储罐遭雷击起火，起火点多达5处。16号原油储罐容量15万吨，直径约100m、高22m，实际容量11万吨进口原油，仅储油价值就达到5亿元之多。如此巨大的原油储罐遭雷击起火，在国内外都十分少见，如果火势扩大，引发燃烧爆炸，在整个罐区内形成连锁反应，后果将不堪设想。江苏仪征、扬州两地参战各方快速反应、处置及时，将火灾控制在初起状态，是一起成功的大型原油储罐火灾扑救案例。

2010年7月16日18时20分，大连新港附近，一艘新加坡太平洋石油公司所属30万吨“宇宙宝石”油轮在向中石油国际事业有限公司下属的大连中石油国际储运公司的码头原油罐区卸送原油，但由于监督管理不善，由中油燃料油股份有限公司委托上海祥诚公司使用天津辉盛达公司生产的含有强氧化剂（过氧化氢）的“脱硫化氢剂”，违规在原油库输油管道上进行加注“脱硫化氢剂”作业，并在油轮停止卸油的情况下继续加注，造成“脱硫化氢剂”在输油管道内局部富集，发生强氧化反应，导致输油管道发生多次爆炸，引发火灾，造成部分输油管道、附近储罐阀门、输油泵房和电力系统损坏，储罐阀门无法及时关闭，火灾不断扩大，并使得罐区103号油罐爆裂，导致大量原油泄漏，原油顺地下管沟流淌，形成地面流淌火，火势蔓延。消防队员到达火场后，采用“先控制，后消灭”战术，利用水泥和沙土围堵外溢原油，设置移动水炮和车载水炮，对受威胁的103号油罐及相邻的106号、102号罐，以及南海灌区的37号、42号罐进行冷却抑爆，同时采取泡沫喷射、沙土覆盖等措施对起火管线和地面流淌火进行压制消灭。待火势得到全面控制，支援的灭火力量到达以后，集中力量进行灭火。截至2010年7月17日10时，事故现场除少量管线和一个油罐外，明火已基本被扑灭。由此，这场极其危险的大型油管火灾经过2000多名消防救援人员15h彻夜奋斗，得到成功扑灭处置，创造了世界火灾扑救史奇迹。

在成功处置油罐区陆地火灾的同时，大量原油持续泄漏到海面上，形成海面油污带，并且在大连新港港区海面出现明火，面积有80～100m^2。为保证海上船舶安全，辽宁省海上搜救中心迅速采取措施，安排大连新港港区所有船舶撤离。同时通知在附近锚地锚泊的船舶做好疏散准备，防止火势蔓延到锚地引发次生事故。辽宁海事局及时组织海上油污清除和消防工作，交通运输部还协调河北、天津、山东海事局调集围油栏、消油剂、吸油毡等清污设备火速支援大连。7月20日清晨8时，在大连新港海面执行清理油污任务的两名消防战士张良、韩晓雄在海面风力达 8～9 级的情况下，为了保证前方不间断供水，他们不顾个人安危，用安全绳固定渔船钢索，再次进入海里清理浮艇泵。由于海面突变，一个巨浪将二人吞没，张良不幸牺牲，韩晓雄被成功救出。

此次事故造成消防战士 1 人牺牲、1 人重伤，另外作业人员 1 人轻伤、1 人失踪，大连附近海域至少 $50km^2$ 的海面被原油污染，据统计，事故造成的直接财产损失为 22330.19 万元。

2015 年 4 月 6 日 18 时 55 分，福建漳州古雷腾龙芳烃 PX 项目发生了一场安全生产责任事故，其二甲苯装置在运行过程当中输料管焊口焊接不实而导致断裂，泄漏出来的物料被吸入炉膛，高温导致其燃爆。其 33 号腾龙芳烃装置发生漏油着火事故，引发装置附近中间罐区三个储罐（分别是存储 $2000m^3$ 重石脑油的 607 罐、存储 $6000m^3$ 重石脑油的 608 罐、存储 $4000m^3$ 轻重整液的 610 罐）爆裂燃烧。事故发生后，救援力量在指挥部的指导下，采用逐个消灭的方法，对 607 号、608 号、610 号罐进行灭火，同时加强对 609 号罐的冷却。经过一天的不懈努力，三个着火储罐火势被扑灭。但是，20 时左右，由于受风雨吹动和稀释影响，三个油罐又发生复燃，在救援力量加大冷却力度后，4 月 7 日 23 时 30 分大火被扑灭。参战官兵继续使用泡沫对罐内油品进行覆盖，同时使用水炮冷却罐体。

但到 2015 年 4 月 8 日 2 时 30 分，一线战斗员发现 607 号罐体发生破裂，油品溢出燃烧，并迅速形成流淌火，向防火围堰蔓延，不久，608 号、610 号罐受高温又再次发生复燃。指挥部根据现场情况发出后撤警报，凌晨 6 时 45 分，经指挥部再次组织人员深入火场实施侦察后发现：608 号罐、610 号罐明火基本熄灭，607 号罐经过一晚的猛烈燃烧，罐体通红，随时可能垮塌。

2015 年 4 月 8 日凌晨，公安部消防局局长、副局长实地察看火情后，组织研究部署作战计划，最后确定“控而不灭，加速残油的燃烧速度，冷却保护，消除对临近罐威胁”的总攻战术。至 7 时 10 分，现场指挥部作出决定：由漳州支队 3 辆高喷车、泉州支队 1 辆高喷车和 5 门遥控移动炮对着火 607 号罐进行冷却；由漳州支队 1 辆高喷车、2 门车载炮、6 门移动炮对 609 号罐进行冷却，控制火势蔓延；采取 3 套远程供水系统保障火场供水，随着火势的发展，609号罐罐体在高温烘烤下闷顶破裂敞开。在高喷车冷却的基础上，官兵增加移动炮数量，对 607 号、609 号罐冷却。14 时 05 分，现场风速加强，燃烧更加猛烈，对邻近的 602 号、604 号、606 号、612 号及 202 号罐构成威胁，202 号罐罐顶出现局部变形，有坍塌危险。

至 2015 年 4 月 9 日 1 时 10 分，607 号罐明火才最终熄灭，2 时 55 分，最后一个着火罐 609 号罐明火也基本熄灭。2 时 57 分，指挥部才宣布漳州古雷石化罐体爆炸着火被扑灭。至此，此次油罐火灾事故灭火救援时间前后延续了近 80h，先后有福建、广东、江西等地大量消防力量跨区域参与抢险救援工作。

从国内发生的多起火灾案例总结出规律和经验教训，在规划建立大型油罐区时，首先要科学论证选址，合理设计各项技术参数，在使用阶段严格操作管理，要切实做好各项防灭火措施。

1.1 油罐的基本类型

油罐是储存油料的重要设施，不同类型的油罐由于其所处的环境及结构形式的不同，储存油料的安全性也不同，油罐的类型有多种标准区分。

1.1.1 按照油罐的安装位置分类

按照安装位置不同，可分为地上储罐、地下储罐、半地下储罐和山洞储罐。

(1) 地上储罐

地上储罐（图1.1）是指建于地面上，罐内最低液面高于附近地坪的储罐，通常由钢板焊接而成。这种储罐的优点是投资少、建设周期短、日常维护和管理方便，是应用最多的储罐。其缺点是占地面积大、油料蒸发损耗较大、火灾危险性大。

图 1.1 地上储罐

(2) 地下储罐和半地下储罐

地下储罐是指罐内最高液面低于附近（周围 4m 范围内）地坪 0.2m 的储罐。半地下储罐是指罐底埋深不小于罐壁高度的一半，且罐内最高液面不高于储罐附近（周围 4m 范围内）地坪 3m 的储罐。这两类储罐多数采用非金属材料制造，内壁涂敷防渗材料或用薄钢板衬里。其优点是油料蒸发损耗低、火灾危险性小、油料着火也不容易危及相邻油罐，对消防设施的设置要求少，有一定的隐蔽能力。缺点是造价高、建设周期长、日常维护和管理不方便，且不宜建在地下水位较高地区。20 世纪 60 年代（战备年代）我国建造了不少此类油罐。小型地下和半地下钢质卧式储罐广泛应用于城市汽车加油站或加气站。地下储罐和半地下储罐如图 1.2 所示。

(a) 地下储罐

(b) 半地下储罐

图 1.2 地下储罐和半地下储罐

（3）山洞储罐

山洞储罐（图1.3）是指建在人工开挖的山洞或天然岩洞的储罐。这种储罐有用钢板焊接而成，也有在岩洞内衬薄钢板制成，或直接利用岩洞储油（如地下水封石洞储罐）。山洞储罐的优点是不占或者少占耕地、防护能力强、油料蒸发损耗低、火灾危险性小。其缺点是建设费用高、施工周期长，由于油库潮湿，油罐易受腐蚀，对钢罐防腐要求高。山洞储罐主要用于军用油库。

图 1.3　山洞储罐

此外，在商业销售油库或军用油库中，为了便于自流发放油料，将一些储罐架设在高于地面 3～8m 的支座上。这类储罐称为高架储罐，一般为卧式钢质罐。

1.1.2　按油罐的材质分类

按储罐的材质不同，可分为金属储罐和非金属储罐两大类。

（1）金属储罐

金属储罐（图1.4）是用钢板焊接而成的容器，具有造价低、不易渗漏、不裂纹、能承受较高压、施工方便、大小形状不受限制、易于清洗和检修、安全可靠、适于储存各类油料等优点，得到广泛应用。其缺点是易受腐蚀、易增加轻质油的蒸发损耗以及储存的黏性油加温时容易损失热量、降低效率等。

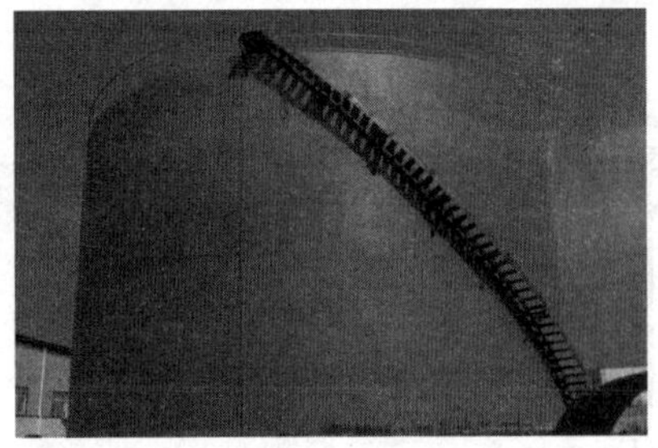

图 1.4　金属储罐

（2）非金属储罐

非金属储罐有砖砌罐、玻璃钢油罐（图 1.5）、石砌罐、钢筋混凝土油罐（图 1.6）、橡胶软体油罐等，无论其罐壁用何种材料，其顶、底均采用钢筋混凝土制作。其优点是可以大量节省钢材，抗腐蚀性能好，材料热导率小，热损失较少，可以提高热利用率。

用于储存原油或轻质油料时，气体空间温度变化较小，可以减少油料的蒸发损耗。其缺点是储存轻质油料时易发生渗漏，一旦发生基础沉陷，易使油罐破坏且不易修复，尤其是渗漏问题，限制了非金属油罐的推广应用。

耐油橡胶软体油罐质量小、造价低、使用效率高、易于维护保养和搬运等，常用于部队野战油库，也可以用于民用水上油库、加油站，但其容量较小。

图 1.5　玻璃钢油罐

图 1.6　钢筋混凝土油罐

1.1.3　按油罐的结构形状分类

按油罐结构形状不同，可分为立式圆筒形、卧式圆筒形和特殊形状油罐三类。

(1) 立式圆筒形油罐

立式圆筒形油罐按罐顶结构分固定顶油罐和活动顶油罐。

① 固定顶罐常用的有锥顶和拱顶两种。锥形罐按其罐顶结构形式不同，有自承式、梁柱式和桁架式等。锥形罐能承受的残余压力和真空压力都不高，因此，当储存挥发性较强的油料时，小呼吸损耗较大，火灾危险性较大。大型桁架式锥顶罐在欧美地区应用较多，我国目前只有少量小型自承式锥顶罐。拱顶罐能够承受较高的残余压力，减少了油罐的呼吸损耗，而且罐顶连接处的应力分布较合理。锥顶罐和拱顶罐结构示意图如图 1.7 及图 1.8 所示。

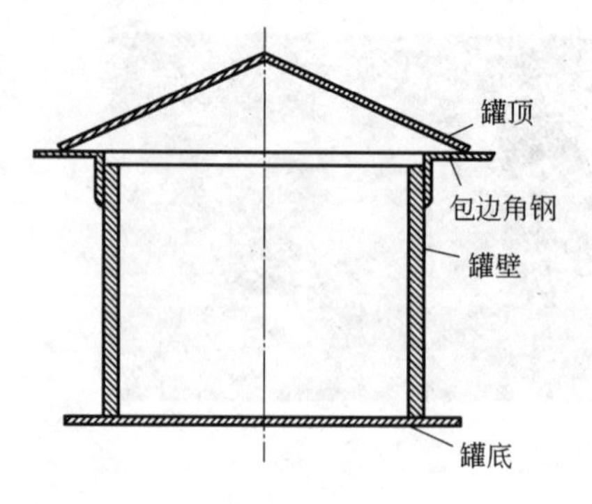

图 1.7　锥顶罐结构示意图

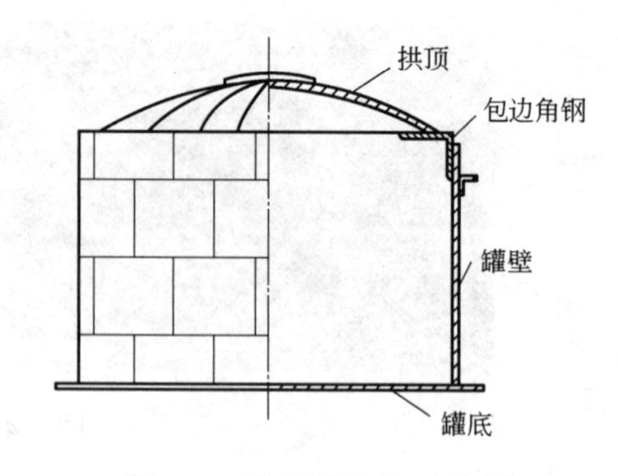

图 1.8　拱顶罐结构示意图

② 活动顶油罐可分为外浮顶和内浮顶两种。外浮顶油罐即在油罐内安装一个浮顶，浮顶浮在油面上随油面升降，浮顶与罐壁用密封装置密封。由于浮顶和油面之间不存在空间，可以减少油料损耗，提高了油罐安全性，同时减轻了大气的污染。内浮顶油罐是

在固定顶油罐内增设一个浮盘，它兼有外浮顶罐和固定罐的优点。内浮顶油罐结构示意图如图 1.9 所示。

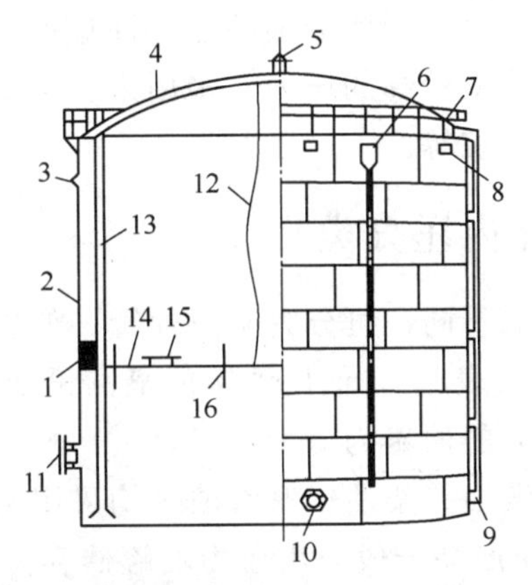

图 1.9　大型内浮顶油罐及其罐内浮盘

1—密封装置；2—罐壁；3—高液位警报器；4—固定罐顶；5—罐顶通气孔；6—泡沫消防装置；
7—罐顶人孔；8—罐壁通气孔；9—液面计；10—罐壁人孔；11—高位带芯人孔；
12—静电导出线；13—量油管；14—浮盘；15—浮盘人孔；16—浮盘立柱

（2）卧式圆筒形油罐

卧式圆筒形油罐如图 1.10 所示，主要分为圆筒形和椭圆形两种，两端盖有平面和球形两种。一般容积较小。有一定的承压能力，易于整体运输和工厂化制造，多用于小型油库或加油站。

（3）特殊形状油罐

特殊形状的油罐有球形油罐（图 1.11）、扁球形油罐、水滴形油罐等。与大气压力下工作的立式圆筒形油罐相比，特殊形状的油罐在容量相同的情况下，液体蒸发面面积

图 1.10　卧式圆筒形油罐

图 1.11　球形油罐

与所储存油料的体积之比较小，因此，能随昼夜温度变化而引起压力和真空度的变化，从而可以基本消除小呼吸造成的油料损耗并降低在灌油时引起的大呼吸损耗，失火危险性较小。从应力分布角度看，这些形状的油罐能将油罐产生的应力均匀分布在金属结构上，应力分布较为合理，能承受较高的压力。多用来长期储存高蒸气压的石油产品，如液化石油气、丙烷、丙烯、丁烷等。

1.1.4 按照油罐的设计内压分类

按照油罐的设计内压高低不同，可分为常压油罐、低压油罐和压力油罐三类。常压油罐的最高设计内压为6kPa（表压），低压油罐的最高设计内压为103.4kPa（表压）。设计内压大于103.4kPa（表压）的油罐为压力油罐。

大多数油料，如原油、汽油、柴油、润滑油等均采用常压油罐储存。液化石油气、丙烷、丙烯、丁烯等高蒸气压产品一般采用压力油罐储存（低温液化石油气除外）。只有常温下饱和蒸气压较高的轻石脑油或某些化工物料采用低压油罐储存。

1.1.5 油罐的其他标准分类

油罐类型的分类，除以上标准外，还有按照油罐的容量大小进行分类。按石油库总容量TV（m^3）分为一级（TV≥100000m^3）、二级（30000m^3≤TV＜100000m^3）、三级（10000m^3≤TV＜30000m^3）、四级（1000m^3≤TV＜10000m^3）、五级（TV＜1000m^3）。一级为超大型油罐，二级为大型油罐。

此外，按照储存油品的闪点高低，可分为甲、乙、丙三类油库。按油品的闪点FL（℃）分为甲类（FL＜28℃）、乙类（A：28℃≤FL＜45℃；B：45℃≤FL＜60℃）、丙类（A：60℃≤FL≤120℃；B：FL＞120℃）。将闪点低于或等于45℃的油品称为易燃油品，闪点高于45℃的油品为可燃油品，而含水量在0.3%～4%之间的重油、原油和渣油为沸溢性油品。

1.2 油罐火灾的原因及特点

1.2.1 油罐火灾的原因

油罐的安全设计与日常管理是火灾防范的两个重要方面。油罐是油料储存的场所，不同种类的油料必须储存在相应的油罐，不同类型的油罐考虑到安全因素进行了专业结构设计，但正是因为油罐的某些复杂的结构附件，以及日常管理中不当的人为操作带来了安全隐患。

根据国内外大量油罐火灾事故数据的统计分析，油罐起火（或爆炸）的原因主要有几个方面，有研究资料表明各类起火原因占比情况如表1.1所示。

表1.1 油罐火灾起火原因比例

起火原因	明火	静电	雷电	自燃	其他
比例/%	53.5	14.8	12.9	10.9	7.9

（1）明火

有关数据表明，由明火引起的油罐火灾居第一位，其主要原因是在使用电气、焊修储油设备时，明火管理不善或措施不力。例如，检修管线不加盲板；罐内有油时，补焊保温钉无保护措施；焊接管线时，事先没清扫管线，管线没加盲板隔断；油罐周围的杂草、可燃物未清除干净等。另一个重要原因是在油库禁区及油蒸气易积聚的场所携带和使用火柴、打火机、灯火等违禁品或在上述场合吸烟等。

直接或间接明火能够引燃或引爆油罐区油蒸气引发灾害事故，这就要求消防救援队伍进入罐区人员和车辆装备必须采取防火防爆措施。

（2）静电

所谓静电火灾是指静电放电火花引燃可燃气体、可燃液体、蒸气等易燃易爆物而造成的火灾或爆炸事故。

静电的实质是存在剩余电荷。当两种不同物体接触或摩擦时，物体之间就发生电子得失，在一定条件下，物体所带电荷不能流失而发生积聚，这就会产生很高的静电压，当带有不同电荷的两个物体分离或接触时，物体之间就会出现电火花，产生静电放电（ESD）。

静电放电的能量和带电体的性质及放电形式有关。静电放电的形式有电晕放电、刷形放电、火花放电等。其中火花放电能量较大，危险性最大。

静电引起火灾必须具备以下4个条件。

① 有产生静电的条件。一般可燃液体都有较大的电阻，在灌装、输送、运输或生产过程中，由于相互碰撞、喷溅与管壁摩擦或受到冲击时，都能产生静电。特别是当液体内没有导电颗粒、输送管道内表面粗糙、液体流速过快时，都会产生很强的摩擦，从而产生静电。

② 静电得以积聚，并达到足以引起火花放电的静电电压。油料的物理特性决定了其内产生的静电电荷难以流失而大量积聚，其电压可达上万伏，遇到放电条件，极易产生放电引起火灾。

③ 静电火花周围有足够的爆炸性混合物。油品蒸发、喷溅时产生的油雾和储油罐良好的蓄积条件致使油面上部空间形成油气空气爆炸性混合物。

④ 静电放电的火花能量达到爆炸性混合物的最小引燃能量。当静电放电所产生的电火花能量达到或大于油品蒸气引燃的最小能量（0.2～0.25mJ）时，就会点燃可燃混合气体，造成燃烧爆炸。

因静电放电（ESD）引起的火灾爆炸事故屡见不鲜，而且静电火灾具有一定的突发性、易爆炸、扑救难度大、易造成人员伤亡等特点，如何更好地做好防静电危害工作一直是安全管理工作的重要组成部分。

（3）自燃

自燃是物质自发的着火燃烧过程，通常是由缓慢的氧化还原反应而引起，即物质在没有火源的条件下，在常温中发生氧化还原反应而自行发热，因散热受到阻碍，热量积蓄，逐渐达到自燃点而引起的燃烧。所以自燃的条件有3个，即发生氧化还原反应、放热、热量积蓄，主要过程有氧化、聚热、升温、着火。

一般来说，引发储油罐自燃主要原因有3种：静电自燃、磷化氢自燃、硫自燃。

静电自燃如上面介绍的，油罐在频繁装卸过程中，油品或运动部件与内壁相互摩擦，拍打油面，液位波动，运动部件晃荡，又由于油品含水和杂质量大等多种原因，极易产生静电，在运动部件和油罐形成巨大的飘浮带电体，静电通过接触点及突出部位放电，产生静电火花。

磷化氢自燃源于油品中的磷化氢，据有关资料表明，油品中的磷化氢以 PH_3 或 P_2H_4 的形式存在。PH_3 通常以气态的形式存在于油罐的气相空间，且含量极低，其自燃点100℃，一般无自燃可能；而 P_2H_4 通常以液态的形式存在于油罐的液相空间，其与空气反应的活化能很低，在常温下就能发生自燃，但由于汽油的极性较强，少量 P_2H_4 溶解其中，且与空气隔绝，一般也不会发生燃烧。

硫自燃起因于硫化铁自燃，硫化铁是石油储罐硫腐蚀的主要产物，硫化铁在与空气接触时发生剧烈反应放热，如果出现热积蓄，温度升高，就发生自燃。

原油中的硫分为活性硫和非活性硫，单质硫、硫化氢和低分子硫醇等统称为活性硫。活性硫对金属具有较高的腐蚀性，硫对设备的腐蚀可以分为低温湿 H_2S 腐蚀、高温硫腐蚀等，其对储油罐的腐蚀属于低温湿 H_2S 腐蚀。低温湿 H_2S 腐蚀又有两种腐蚀方式：一种是硫化氢气体溶解在罐壁上的水中生成氢硫酸，氢硫酸与罐壁金属铁发生电化学腐蚀；另一种是储罐内湿的硫化氢气体，在没有氧气存在的条件下与储罐内壁铁反应的腐蚀产物，铁的氧化物及其水合物发生电化学腐蚀。两类腐蚀的主要产物均是硫化亚铁。

长期处于气相空间的储罐内壁腐蚀特别严重，其内防腐涂层被硫化成一层胶质膜，而处在液相部位的内防腐层无明显腐蚀痕迹，由于胶质膜对 FeS 具有保护作用，因此在 FeS 氧化时，氧化热量不容易及时释放，加快了其自燃速度。

在罐顶通风口附近，FeS 与空气接触，迅速氧化，热量不易积聚，而在油罐下部，越靠近浮盘的气相空间，氧含量越低，部分 FeS 被不完全氧化，生成单晶硫。该单晶硫呈黄色颗粒状，燃点较低，掺杂在块状、松散结构的焦硫化铁中，为焦硫化铁中 FeS 的自燃提供了充足的燃烧条件。当油罐处于付油状态时，大量的空气充满油罐的气相空间，原先浸没在浮盘下和隐藏于防腐膜内的 FeS 逐渐被暴露出来，并在胶质膜薄弱部位首先发生氧化，迅速发热自燃，引起单晶硫胶质、橡胶密封圈燃烧，甚至导致火灾爆炸事故。

(4) 雷击

如果油罐区的避雷设施设计不当或者失灵，遇到雷击突发，有可能会导致火灾事故的发生。因为油罐区存在的油气混合物遇到雷击起火，即使油罐接地，亦会造成火灾。而浮顶罐雷击起火往往是浮顶与罐壁的电器连接不良或罐体密封性差所致。

比如1989年8月山东黄岛储油罐的火灾，2006年8月中国石化管道公司南京15万立方米原油储罐的火灾都是受雷击引起的重大事故。

雷电引起的火灾又分闪电雷击和闪电次生影响火灾。闪电雷击火灾主要指的是闪电直接击中而导致火灾，而闪电次生影响火灾主要指的是由大地电流、静电脉冲、电磁脉冲、束缚电荷等引发的油罐火灾。与直接雷击区域比起来，闪电次生影响火灾所造成的次生影响区要大很多。

（5）维修操作失误

为保证油罐区的安全，设备需要定期进行维修，在油罐维修的过程中，由机械摩擦所导致的火花也可能会引发油罐火灾，这些火花会将易燃的液体和蒸气点燃，从而引发火灾爆炸。在日常作业期间，由工人操作失误而引发的溢流事故属于非常常见的火灾原因，一旦充满可燃气体的油罐发生溢流的情况，其附近的任何火花都可能会将从油罐中释放出来的可燃气体点燃，从而引发火灾或者爆炸事故。

1.2.2　油罐火灾的特点

不同类型油罐储存不同油品，由于不同油品的危险性不同，其油罐火灾的特点也不同。油罐储存的油品属有机物质，其燃烧性与油品的闪点、自燃点有关，油品的闪点和自燃点越低，发生燃烧时的危险性越大。重质油品罐燃烧易发生沸溢喷溅，比如原油、渣油等重质油品因燃烧过程中形成高温热层且其含有水分，燃烧时可能发生沸溢喷溅；而储存的轻质油品具有较强的挥发性，在较低的气温下就能蒸发，这些蒸发出来的油蒸气，很容易在空气不流通的各种低洼处或者低部位进行集聚，如果其具备了一定的浓度，一旦遇火源很容易出现燃烧爆炸的现象，油蒸气的爆炸范围和爆炸下限决定了爆炸的危险性；油罐火灾火焰具有较强的辐射量和较高的温度，一旦油罐出现火灾，其火焰中心温度就会攀升至 1050～1400℃。油罐火灾的热辐射强度与火灾的温度和时间成正比。燃烧的温度越高和时间越长，辐射热越强；油罐火灾具有复燃复爆性。灭火后的油罐及其输油管道，在没有切断可燃源的情况下，遇到火源或高温，或由于其壁温过高，不继续进行冷却处理，会重新引起油品的燃烧或爆炸。

根据国内外的火灾案例，大型油罐火灾基本具有几个共同特点。

（1）火场规模大，易形成大面积的地面流淌火

大型油罐储存的油品总量大，单个油罐储存量从几万到十几万立方米，发生险情后，如果在火灾初期没有进行有效控制，火灾发生蔓延，轻则发生轻微流淌火，严重则发生爆炸，罐体坍塌而发生大面积流淌，地面流淌火是大型油罐区火灾常见的火灾形式。造成大面积流淌火的原因有很多，2005 年 12 月 11 日英国邦斯菲尔德油库爆炸事故，是因为储罐的自动计量系统故障，油品从罐顶溢出，漫过防火堤，形成 80000m^2 的流淌火；我国大连“7·16”火灾爆炸事故，因为输油管线爆炸泄漏，造成的近 20000m^2 的流淌火；2003 年 9 月日本苫小牧石油储备基地因地震导致油罐变形、罐体破裂，从而导致油品泄漏，所幸处置及时，流淌火只在防火堤内蔓延，没有造成大的损失。

油品外溢导致的大面积流淌火会发生在任何结构形式的油罐区内（无论是固定顶、外浮顶或内浮顶油罐均有发生），在各类油罐火灾爆炸事故中的发生频率均为 1.5×10^{-4}。流淌火的危害特别大，在大型储油罐区火灾中，可以说是流到哪，烧到哪，并把危险带到哪，只要稍有拖延，就会形成一片火海。甚至溢漏的油品挥发与空气混合，引起爆炸，进而引燃邻近的其他油罐内的油品。

（2）着火罐体坍塌变形，易形成有遮蔽的全面积池火

大型储油罐区发生火灾后，部分固定顶罐或内浮顶罐受着火罐或地面流淌火的烘烤，罐内蒸气空间发生物理性爆炸，被损坏的罐顶或浮盘遮挡一部分的油面形成有遮蔽的全面积池火。外浮顶罐由于浮船被毁坏也会发生全面积池火。塌入罐内的罐盖，部分在液面下，部分在液面上，影响灭火效果。此类火灾的扑救相对比较困难，而且有再次发生物理性爆炸的可能。

（3）火焰辐射强，易发生沸溢喷溅

储存国家战略石油的大型储油罐区，多以 100000m^3 的外浮顶油罐为主，其内储存原油，这样的油罐另一个重要特点就是燃烧猛烈、火焰温度高、辐射热强，整个油罐燃烧的总热流量可达 5×10^5kW。除火灾容易蔓延扩散外，在长时间高温烘烤下，火场极易发生二次爆炸，且一旦浮盘沉没，形成全面积火灾，如不能迅速扑灭，有发生沸溢喷溅的危险。

含有一定水分或水垫层的原油、重柴油、渣油等重质油品罐在燃烧一定时间后，因罐壁的热传导和油品的热波作用，油包气或水垫层被加热汽化，出现沸溢和喷溅的现象。沸溢和喷溅是油罐火灾中的两个重要形式。在重质油品发生沸溢后，溢流或喷发出来的带火油品形成大面积燃烧，将周围所有的可燃物引燃，它不仅直接威胁消防人员、车辆及其他设施的安全，而且会导致火灾进一步蔓延扩大。1989 年 8 月 12 日 10：00，山东省黄岛油库因雷击爆炸起火，于 14：35 发生原油喷溅，造成 19 名灭火人员当场牺牲、70 多人受伤的惨痛后果，这就是一个最典型的例子。

（4）火灾现场比较混乱，危险性大

大型油罐区火灾一旦形成规模，可能会造成现场混乱，主要有三个方面原因。

① 火场烟雾浓。原油是很多种有机烃类的混合物，火灾时发生不完全燃烧，火焰中有被烧得火红的微小炭粒，火焰明亮，产生浓烟。浓烟不仅会遮挡人的视线，影响观察火势的发展，还会刺激人的眼睛和鼻喉，给人造成伤害。

② 现场噪声强。大型火场上超过 90dB 的噪声，会使前方的战斗人员听不清命令，降低了指挥效率，更严重时会导致火灾处置的失败。

③ 参战力量多、指挥层级多，现场指挥混乱。在大型灾害事故中，一般都是按行业、部门实施分级指挥。这种指挥模式不仅会导致前方作战单元同时接受多项任务，使作战人员无所适从，还会因指挥层级过多，导致信息延迟和滞后，致使现场作战效率低下。

大型油罐火灾的升级容易导致现场处置过程中的混乱，使灭火预案无法按计划展开，使作战分工无法明确，使作战人员各自为战，无法协同配合。混乱的火场，还会使危险性大大增加。比如指挥员无法准确判断发生沸溢喷溅的时间，安全员的爆炸预警无法快速送达每一个前线战斗员，流淌火蔓延至面前无法快速撤离等。这些因混乱导致的失误，不仅会影响抢救被困人员，还会增加消防作战部队的伤亡率，如果火势进一步扩大，还会威胁周边群众的安全。

（5）潜在威胁多，易发生复燃、复爆

大型油罐火灾热辐射强、爆炸危险性高等特点，不仅威胁消防救援人员的安全，更直接威胁毗邻油罐的安全。如大连“7·16”火灾爆炸事故中，距离着火油罐不足百米有 51 个危险化学品储罐，内有甲苯、二甲苯等 10 余种危险化学品，总量约 12.45 万吨。

大型油罐发生油品流淌后，地面流淌火的大量挥发，在地面以上 10m 范围内形成油气混合物。即使用泡沫、沙土等物覆盖扑灭了流淌的明火，这些可燃混合气体依然存在，一旦遇到静电、汽车发动或手机电磁波等，就会发生空间爆燃，重新引发流淌火。因此，一定要在扑灭地面流淌火和上风向着火罐之后，再扑救油罐内的火灾。因为灭了的油罐受其他着火罐的烘烤，会再次爆炸复燃。即使是整个罐区的明火均已扑灭，但对于发生全面积火灾的直径大于 45m 的大型油罐，其燃烧时积累了大量的热，油品和罐壁的温度依然大于其燃点，一旦覆盖其液面的泡沫层出现缺口，就会发生复燃。例如，2015 年 4 月 6～8 日，在扑救福建省漳州腾龙芳烃有限公司油罐爆炸火灾过程中，608 号油罐就发生了 3 次复燃、复爆，造成 2 辆大型消防车烧毁，幸亏撤退及时，没有造成人员伤亡。

1.3　油罐火灾的基本类型及主要危险点

1.3.1　油罐火灾的基本类型

在油罐火灾中，不同结构的储罐，其容易发生的火灾爆炸类型也有所不同。其中地上立式油罐的常见火灾爆炸类型有：油罐孔口火灾、溢油火灾、油罐有遮蔽全面积池火、浮顶罐密封圈火灾、油罐全面积池火和溢油蒸气空间爆燃、内浮顶罐物理性爆炸、固定顶罐物理性爆炸等。

表 1.2 列出了 1989 年以来部分国内外地上立式油罐典型火灾事故案例。

表 1.2　油罐火灾事故典型案例

序列	火灾事故	原因
1	1989 年 8 月我国山东黄岛油库爆炸事故	雷击
2	1993 年 1 月美国佛罗里达州 Steuart 石油公司油罐爆炸事故	溢油火灾：未将过量的油注入毗邻的油罐
3	1993 年 10 月我国金陵石化南京炼油厂油罐区爆炸事故	汽油挥发
4	1996 年 6 月美国得克萨斯州 Amoco 炼油厂油罐火灾	溢油
5	1997 年 6 月我国北京东方化工厂储罐区爆炸事故	溢油
6	2001 年 6 月美国路易斯安那州 Orion 炼油厂油罐火灾	暴雨、雷击
7	2001 年 8 月我国沈阳大龙洋石油有限公司储罐区爆炸事故	溢油
8	2003 年 9 月日本北海道苫小牧石油储备基地储罐火灾	地震
9	2005 年 12 月英国邦斯菲尔德油库爆炸事故	溢油
10	2009 年 10 月波多黎各圣胡安加勒比石油库爆炸事故	溢油
11	2009 年 10 月印度石油公司斋浦尔油库爆炸事故	输送阀泄漏
12	2010 年 7 月我国辽宁省大连中石油国际储运有限公司油库爆炸事故	输油管线爆炸
13	2015 年 4 月我国福建省漳州腾龙芳烃有限公司油罐爆炸火灾	生产装置爆炸引发火灾

(1) 从燃烧或爆炸的顺序特点分

由于油罐类型及存储油品的不同，油罐火灾导致的燃烧及爆炸顺序及特点也不同，通过对油罐火灾案例的调查，总结出油罐发生火灾时，出现的油罐火灾类型主要有以下几种。

① 先爆炸，后燃烧。油罐发生火灾后，大多数情况是先爆炸，后燃烧，这种情况一般是罐内油蒸气浓度处在爆炸极限范围内，遇到火源，罐内先爆炸，罐顶炸飞，或罐顶部分塌落罐内，随后引起液面迅速稳定燃烧。

② 先燃烧，后爆炸。油罐发生火灾后，在燃烧过程中发生的爆炸一般有三种情况：

a. 油罐在火焰或高温作用下，罐内的油蒸气压力急剧增加，当超过它所能承受的耐压强度时，会发生物理性爆炸；

b. 燃烧罐的邻近罐在受到热辐射的作用时，罐内的油蒸气增加，并通过呼吸阀等部位向外扩散，与周围空气混合达到爆炸极限，遇到燃烧罐的火焰，即发生爆炸；

c. 回火引起的爆炸，油罐发生火灾，罐盖未被破坏，当采取由罐底部倒流排油时，如排速过快，使罐内产生负压，发生回火现象，将导致油罐爆炸。

③ 爆炸后不再燃烧。油罐内油品的温度低于闪点，其蒸气浓度又处于爆炸浓度极限范围内或油罐内虽然无储油，但存在油蒸气和空气的混合气体，一旦遇到明火就会发生爆炸，把罐顶或整个油罐破坏，但爆炸后不再继续燃烧。

④ 稳定燃烧。当罐内液面以上的气体空间油蒸气与空气混合浓度达不到爆炸极限时，遇明火或其他火源，燃烧仅在液面稳定进行。如果外界条件不能使罐内混合浓度达到爆炸极限范围，将会使油料燃烧完为止。

通过对62起油罐火灾案例模式分类统计，如表1.3所示，先爆炸后燃烧类型占火灾总数的69.3%；先燃烧后爆炸类型占火灾总数的9.7%；爆炸后不再燃烧类型占火灾总数的6.5%；稳定燃烧类型占火灾总数的14.5%。

表 1.3 油罐火灾模式统计

火灾模式	火灾起数	不同储油种类的火灾起数				所占比例/%
		汽油	柴油	原油	其他油品	
先爆炸后燃烧	43	11	1	10	21	69.3
先燃烧后爆炸	6	2	1	2	1	9.7
爆炸后不再燃烧	4	—	1	3	—	6.5
稳定燃烧	9	1	—	3	5	14.5

⑤ 罐体受热破坏造成大面积燃烧。油罐火灾的火焰温度高达1000～1400℃，油品燃烧5min左右，油罐罐壁部分温度可接近500℃，钢结构承载能力下降约35%，燃烧7min左右罐壁温度可上升到700℃以上，钢结构基本上失去承载能力，将引起油罐破裂，油品失控，火灾扩大蔓延，邻近罐可能被引燃或引爆，甚至有可能使整个罐区着火。火焰

区的平均温度为 800～1000℃，峰值温度可达 1100℃，平均热流量约为 100kW/m^2，峰值热流量为 150～200kW/m^2，热量主要以辐射方式向外发射。油罐在较长时间热辐射作用下，壁面温度不断提高，油罐火灾的火焰中心温度最高可达 1500℃，罐壁的温度最高可加热至 1000℃以上。

⑥ 沸溢和喷溅。含水的原油及重油油罐，着火后因热辐射、热波的向下传递，使油品中的自由水、乳化水或灭火用水的温度升高到100℃以上，形成大量水蒸气油泡，并从油罐边上向外溢流，形成沸溢。当储罐底部有水垫层时，水汽化沸腾使气体体积增大 1700 倍左右，当压力超过油层重量时就会发生突然的喷溅现象，使油品大量喷出储罐。喷溅的范围可达50～120m，对灭火人员和周围建筑、设备造成极大危害，具有非常大的危险性。

（2）从燃烧形态分

从储罐火灾的基本燃烧形态分，主要有以下几种类型。

① 火炬形燃烧。因燃烧的部位和条件不同，火炬形燃烧通常有直喷式燃烧和斜喷式燃烧两种形式。直喷式火炬，通常发生在油罐顶部的呼吸阀、测量孔等处，火焰垂直向上，燃烧范围只局限于较小的开口部位。斜喷式火炬主要发生在罐内液体上部的罐壁裂缝处。

② 敞开式燃烧。敞开式燃烧，无论是轻质油罐火灾，还是重质油罐火灾，都有发生的可能。敞开式燃烧火势比较猛，罐口火风压较大，扑救时需要投入较多的灭火力量。

敞开式燃烧的火焰高度比较稳定，一般不会再次发生爆炸。但是，由于火区范围大，火焰辐射面大，若是重质油品有可能发生沸溢和喷溅。若油品处于低液位燃烧时，则有可能造成罐壁变形或倒塌。

③ 塌陷状燃烧。塌陷状燃烧是金属油罐的爆炸，使罐盖被掀掉一部分后，而塌陷到油品中的一种半敞开式的燃烧。

塌陷状燃烧会因部分金属构件塌陷在油品中，导致灭火时出现死角，造成灭火困难。另外，也会因塌陷构件温度高、传热快，而导致复燃，或引起油品过早出现沸溢或喷溅。

④ 流散形燃烧。流散形燃烧，是指由于爆炸、沸溢、罐壁倒塌、管道破裂而造成液体流淌燃烧。流散形燃烧一般火区较大，往往火焰围住多罐同时燃烧，扑救工作极其艰难且复杂。

⑤ 立体式燃烧。立体式燃烧，是指由于油品沸溢、喷溅、溢流或其他原因而形成的罐内、罐外、地面的同时燃烧。这种形式的燃烧，将对着火罐本身产生极大的破坏作用，给相邻罐带来极大的威胁，灭火难度较大。

通常情况下，小型油罐火灾及火灾危险性低的油罐危害程度不大，油罐区管理部门及消防灭火单位重点是要提前做好大型油罐火灾预防及扑救的预案。

1.3.2　油罐火灾的主要危险点

由于油罐类型（或结构）及存储油品的不同，油罐火灾的危险点也随油罐的结构类型有区别。

（1）外浮顶油罐

外浮顶油罐火灾一般发生在储罐与浮盘密封处。火灾初期，罐体内侧圆形密封圈会出现局部点式或圆形带式燃烧；随着罐体温度升高，油品蒸发加快，便形成整个密封圈圆形带式燃烧；在火灾发展过程中，若处置不当会出现浮盘卡盘、倾盘、沉盘，油品沸溢、喷溅等险情。

① 卡盘。当储罐油品持续燃烧时，高温的辐射热会引起罐体与浮盘之间的升降导轨变形，随时间推移，罐体变形，升降导轨损坏，导致浮盘倾斜卡盘。此外，大型外浮顶油罐储存的大多是原油，在灭火过程中，因持续向罐内注入大量泡沫，罐底排水又不及时，罐内原油水分或罐底水垫层受高温油热层作用迅速汽化上升，罐内压力升高，也会造成罐体环形局部卡盘。卡盘发生后，浮盘上面密封圈处及其下面的油液面同时出现燃烧的状态。

② 倾盘与沉盘。因对外浮顶储罐结构不了解，大量的灭火剂直接喷射在浮盘泡沫挡板以外（浮顶中央范围），导致浮盘因承载重量增加而下沉，当承载重量持续增加而超过浮盘浮力时，浮盘便可能掉到油液面下发生沉盘。如果罐体与浮盘之间升降导轨卡槽受损，在导轨损坏一侧浮盘卡住不能上下移动时，浮盘脱出升降导轨倾斜在油面上，而出现倾盘。

（2）内浮顶油罐

① 通常会在储罐爆炸后整个罐顶塌陷处、表面、形成的裂缝处发生内浮顶罐的塌陷式、敞开式、半敞开式燃烧火灾。

② 爆炸之后的内浮顶罐的罐壁和灌顶会发生破裂的情况，如果由于爆炸而部分掀开罐顶，就会形成半敞开式喷射燃烧。如果罐顶被炸成飞出不同距离的几块或者整体掀开，就会出现整个液面的敞开式燃烧。如果破裂之后的罐顶在罐内出现整体或部分塌入，就会出现塌陷式燃烧的情况。

③ 由于不同的开口方向和裂缝大小，半敞开式燃烧火焰通常会呈现出喷射燃烧的情况，而且很容易发生灭火死角并引起复燃。

（3）拱顶油罐

此类常压储存罐发生着火或闪爆后，罐顶一般会出现撕开或被掀飞，呈开口处喷射火焰或全液面火炬形燃烧。若燃烧持续时间长，罐体会因热性蠕变而塌陷。若罐顶撕开口较小，还存在二次闪爆危险。

1.4 油罐火灾扑救的策略及方法

1.4.1 油罐火灾扑救应该遵守的总体原则

（1）集中兵力、合理布控

① 当油罐起火时间不长、油罐火势不大时，辖区队应抓住灭火的有利战机，集中现有力量实施灭火进攻，一举扑灭火灾。

② 当火场情况比较复杂、油罐火势比较大、临近油罐受高温辐射影响较大时，辖区队不能满足直接灭火的要求，应积极冷却着火油罐及临近油罐，防止火灾扩大，为增援力量到场创造有利条件。

③ 如果两个以上的油罐发生火灾，并且有一个属于沸溢性油品，这时候首先要做好沸溢性油罐的灭火工作，同时还要采用冷却控制的方式对其他罐进行处理；如果出现油罐爆炸、油品沸溢流散的情况，首先要将防止地面流淌火蔓延的工作做好。

（2）循序渐进、有序实施

① 先外围，后中间。当火场情况比较复杂，油罐周围的建筑物被引燃，应先消灭外围火灾，控制火势蔓延扩大，再消灭油罐火灾。

② 先上风，后下风。当油罐区同时发生火灾，形成大面积燃烧时，灭火行动应首先从上风开始扑救，避开浓烟，减少火灾对人的烘烤，逐步向下风方向推进，最后将火灾扑灭。这样既有利于接近火源、观察火情，更便于充分发挥各种灭火剂的灭火效应，同时降低油罐复燃的概率。

③ 先地面，后油罐。当油罐爆炸、沸溢、喷溅使大量油品从罐内流出或与着火油罐形成地面与油罐的立体燃烧，应先扑灭地上的流淌火，再组织实施对油罐火的灭火。

（3）冷却降温、防止爆炸

当油罐发生火灾后，为防止油罐本身发生爆炸、沸溢、喷溅以及邻近储罐被高温辐射引燃，应对着火罐及邻近罐进行有效的冷却降温措施。冷却降温的方法主要有水冷却、泡沫覆盖冷却、固定喷淋装置冷却等。

在冷却油罐时，应保证有足够的冷却水枪、水炮以及不间断供水，同时要正确使用冷却方法。例如：对外浮顶油罐冷却时，应重点冷却浮盘与油品紧贴的液位高度，保护浮盘导轨，防止高温损坏，对邻近油罐迎火面的半径液位处冷却；对内浮顶油罐冷却时，重点是油罐液位以上罐体全表面，防止油罐内上部空间油气骤增发生爆闪。同时要注意对罐体冷却要均匀，不能出现空白点，且不能将水射入罐内，当油罐火灾扑灭后，应持续冷却，直至罐体温度降到常温，停止冷却。

1.4.2 大型原油储罐火灾扑救策略

大型原油储罐一般采用外浮顶罐形式，针对原油储罐火灾特点及可能发展方式，应急救援力量在排兵布阵时，要立足于原油储罐最容易燃烧发展的形式、最不利扑救以及最大需求消防力量。原油储罐的火灾扑救策略一般分为主动策略、防御策略和保守策略。

（1）主动策略

在现场备有充足的消防人员、车辆装备、泡沫灭火剂和水时，采取主动进攻策略。

① 第一时间把油罐内的油品输转出，关阀断料截住油料源头进入罐体。对于管道或油罐泄漏出来造成的流淌火，要派出力量优先消灭。多个储罐着火时，应优先扑救最易扑灭的火灾，或优先扑灭危险大、风险高的储罐火灾。

② 优先考虑使用固定灭火系统灭火。当油罐火灾发生初期燃烧面积不大，局限于某个点位或部位，着火单位固定灭火设施发挥作用，或先到场消防力量足够，扑救外浮顶罐密封圈火时，指挥员要首先开启浮顶排水系统。

③ 若固定灭火系统失效或覆盖不全，着火面积不大，则果断登罐灭火，使用移动式或手提式灭火设备，可从抗风圈或顶部用消防水带将泡沫输送至环形密封区，消防队员能进入罐顶平台时，使用移动式泡沫管枪灭火。

④ 当整个密封圈着火，固定设施损毁要使用泡沫钩管。实际测试得出消防炮很难将泡沫准确输送至密封圈着火部位，且消防炮的流量可能造成浮盘倾覆，因此不建议使用消防炮扑救密封圈火。如果仅发生密封区着火，通常不会发生沸溢事故，如果浮盘大面积损坏或沉没，形成大面积着火，就有可能发生沸溢。

⑤ 当火灾处于发展或猛烈燃烧阶段，到达现场的消防人员、车辆装备、灭火剂（水和泡沫）充足有效时，特别要注意喷射泡沫量达到一次性进攻最低不低于 30min 要求时，应采取主动进攻的灭火策略。研究表明，外浮顶罐密封圈火灾升级为全液面火灾的概率为 1/55。《泡沫灭火系统技术标准》（GB 50151—2021）中对于泡沫供给强度的规定是根据罐壁与泡沫堰板之间的面积确定的，现行标准设计的固定式泡沫灭火系统旨在扑灭密封圈火灾。

⑥ 对于外浮顶罐，只能向罐壁喷射冷却水，应避免过量喷射泡沫，防止浮盘沉没。保证适当的泡沫供给强度，泡沫供给强度不应低于相关标准、规范中推荐的供给强度。灭火过程中应对灭火效果进行评估，喷射灭火剂一段时间后，应观察火势是否有明显减弱或者烟气的颜色是否发生改变；如果没有发生变化，应调整灭火战术。如采用相关标准中规定的供给强度，喷射灭火剂 20～30min 后，火势会有所减弱。

（2）防御策略

在火灾发展蔓延阶段，初期力量不足以直接扑灭储罐火灾，现场的力量不能有效控制，但该区域无需撤离时，可采取防御策略。

① 利用遥控无人飞机进行全程侦察，全景侦察火势发展趋势和油罐沸溢喷溅、爆炸前兆，发现情况要积极采取措施堵截或控制火势扩大。原油储罐的固定泡沫灭火系统是按发生环形密封区火灾设防的，单位内部水源和泡沫灭火剂只能满足一个油罐密封圈着火用量。

② 利用现有的泡沫灭火系统和消防车将火灾控制在储罐或一定范围内，防止其向外蔓延。要准备足够的沙袋，防止油料大量泄漏后形成大面积流淌火增加扑救难度，按照“一冷却、二准备、三灭火”的战术原则，指导部队整个灭火行动，不允许在无把握消灭情况下盲目喷射泡沫，很可能会出现泡沫灭火剂已经全部用完，而一个油罐火焰也未扑灭的情况。

③ 按照制定的灭火救援三维预案，对到场的力量进行排兵布阵。战斗编队保证冷却水和泡沫灭火的流量以及供给强度满足喷射的要求，使消防车辆靠道一侧停，水带往一侧铺，车头一律朝外。当前方消防车泡沫炮总流量达到灭火的泡沫总需求量，前沿指挥部方可下达总攻的指令，不可零敲碎打。

④ 经现场实际测试，用移动泡沫炮或车载泡沫炮及高喷车进行灭火，效果不好，

10 万立方米油罐太高，高喷车不能在最短的时间内把泡沫全部打到环形的槽内压制住火势，大量的射水或泡沫势必会造成浮盘沉降，使用固定泡沫产生器或泡沫钩管为最佳选择。

⑤ 前方消防车排兵布阵固然重要，要保证前方充足的供灭火剂强度，后方供水或泡沫车辆科学编队就显得非常重要。经过测试和计算，单位内部消火栓流量 320L/s 和周围市政消火栓 108L/s，以及 2 个吸水码头供水能力 120L/s，远远达不到扑救油罐所需的用水量。利用天然水源及远程供水系统是扑救大型油罐火灾必备的武器，其供水能力 500L/s，部署 2 套系统，后方供水无忧，每套可同时铺设 10 条供水线路，满足 10 部消防车正常供水。当增援的消防人员和装备到场后，泡沫灭火剂足够时，灭火策略立即由防御转为主动进攻。

(3) 保守策略

当可能危及消防人员安全时，应采取保守策略。

① 在制高点设置安全员，配备必要的望远镜、手摇报警器和通信设备，密切关注着火油罐火灾发展情况，应对储罐破裂和发生沸溢喷溅、爆炸前征兆做出预判。提前制定油罐发生爆炸、沸溢喷溅、烤着周围邻近罐、罐体可能开裂造成油品泄漏等应急预案和撤退路线，一旦出现紧急情况，第一时间传达到前方作战的每一名官兵并有序撤离。

② 当第一批力量到达现场时，油罐已经发生爆炸处于猛烈燃烧阶段，大量油品泄漏，到场力量对扑救来说是杯水车薪，要一边冷却邻近油罐一边准备灭火剂。火势由点到线蔓延，沿着密封圈扩大呈环形燃烧，这时火焰温度高，人员无法靠近，不能再登罐进行灭火，已经登罐的指战员要迅速撤下。

③ 在距油罐库区一定距离的空旷地带设置集结区域，由指挥中心负责调度人员专门负责，加强现场力量调度，至少设置两个层次的调度指挥，社会联动力量也应纳入集结区域的统一调度。油罐着火需要大量的消防车辆装备和灭火剂，如果不设置集结区域很容易造成道路堵塞，前方车辆拥堵、调度混乱局面，现场实行前方指挥部和集结区域两层次调度指挥有利于排兵布阵，是组织指挥好扑救大型油罐火灾的重要环节。

1.4.3　扑救油罐火灾的灭火器材和灭火剂的使用

(1) 合理使用灭火剂

① 常用灭火剂。泡沫灭火剂是扑救油罐火灾常用的灭火用剂。针对不同油品发生的火灾，研制出了不同的泡沫灭火剂，包括普通蛋白泡沫灭火剂、氟蛋白泡沫灭火剂、水成膜泡沫灭火剂、抗溶性泡沫灭火剂和高倍数泡沫灭火剂等。扑救地面流淌火可采用普通蛋白泡沫灭火剂和高倍数泡沫灭火剂。利用储罐的液下喷射系统时，应当使用氟蛋白泡沫灭火剂。使用干粉灭火剂扑救地下油罐和油池火灾，效果也较好。

② 采用抗烧性泡沫灭火剂。针对普通蛋白泡沫热稳定性差的缺点，在蛋白泡沫中加入一种新型的无机粉体材料空心玻璃微珠，当空心玻璃微珠的粒径小于一定值时，其抗烧性会明显提高，同时将玻璃空心微珠的表面进行修饰，提高它在油面上的漂浮时间，

可起到隔热的作用，这使得价格实惠的普通蛋白泡沫灭火剂在扑救油罐火灾中的应用具有良好的发展前景。

③ 采用新型的泡沫灭火剂。针对传统的泡沫灭火剂保质期短、灭火效率不高、易造成环境污染等缺陷，目前研制出了新型的植物型多功能阻燃灭火剂。它主要由多种植物、多种植物草木灰和改性水构成，利用植物中的阻燃物质如磷酸盐、碳酸盐、活性物质（如脂肪酸多糖），起泡物质如皂苷、蛋白质，结膜物质如树胶、纤维素，并协同其他助剂共同制成。除传统灭火剂所具有的冷却、水膜抑制、气化物、窒息作用外，最大的特点就是从根本上改变了物质的易燃性。当它与燃烧物质亲和时会产生质变，发生亲和改性反应，从而使得燃烧物质的热挥发和热传递被充分抑制，使易燃与可燃物质变为不易燃、难燃物质，达到在极短的时间内阻燃灭火的目的。该灭火剂灭火性能好，灭火速度快，抗复燃性能良好，抗烧性能较传统灭火剂有了明显的提高，使用后容易降解，对环境污染小，也改变了传统泡沫灭火剂的腐蚀性以及刺鼻难闻的气味，对油罐火灾的扑救是一种值得选用的泡沫灭火剂。

（2）利用固定灭火装置灭火

储存易燃及可燃油品的油罐，特别是 $5000m^3$ 以上的大型油罐，一般都按规范要求设有固定式或半固定式消防设施。油罐一旦着火，只要固定或半固定消防设施没有遭到破坏，应首先启动消防供水系统，对着火油罐和临近油罐进行喷淋冷却保护，同时按照固定消防的操作程序，启动固定消防泡沫泵，根据着火油罐上设置的泡沫产生器所需泡沫液量，配制泡沫液，保证泡沫供给强度，连续不断地输送泡沫混合液，力争在较短时间内将火扑灭。

（3）使用泡沫钩管灭火

使用泡沫钩管扑救油罐火灾是一种常用又比较有效的方法，它可以使泡沫沿罐壁流淌，覆盖在着火的油面上，隔绝油品与空气的接触，达到扑灭火灾的目的。并且泡沫的损失率低，便于操作，灭火彻底，是一般扑救油罐火灾最常用又十分有效的方法，扑救油池、地下油罐火灾，也可使用。挂泡沫钩管一般要架设两节拉梯，如果罐高超过 10m，则要用 3 节拉梯或曲臂车。但是，遇到塌陷式油罐火灾，由于油罐塌陷变形，泡沫钩管无处可挂，即失去了灭火的作用。

（4）使用车载泡沫炮灭火

使用车载泡沫炮扑救油罐火灾也是最常用的方法之一，车载泡沫炮流量大、射程远、威力大，扑救普通大型火灾十分有效。使用泡沫炮扑救油罐火灾时，炮位与着火油罐的距离不得小于 25m，炮的仰角一般保持 30°～45°，不能间歇喷射，灭火后还要继续喷射至不再复燃为止。车载泡沫炮的缺点是受地形和射程的影响较大，在不能接近着火罐时，难以发挥效力；受着火罐液位的影响较大，如遇液面过高的油罐火灾，车载炮喷出的大量泡沫析出的水流入罐内，不但不能灭火，相反会因着火罐液面升高（如果是重油，还会形成油泡沫或水垫层，造成沸溢或喷溅）油液溢出，使火势扩大；车载泡沫炮扑救大型油罐火灾还受水源影响较大，少量车载炮，很难形成有效的灭火效果，一般采用“以大制大”的方法，使用多台大型车载炮车，以超过理论灭火需要量几倍甚至十几倍的泡沫供给强度同时扑救。

（5）使用移动泡沫炮和泡沫枪灭火

移动泡沫炮和泡沫枪的机动性较强，一般在固定灭火设施受到破坏、油罐塌陷，无法使用管钩或消防车辆不能接近着火罐的情况下使用。但同样会受喷射强度、喷射角度、着火油罐液位、周边上升气流的影响。

（6）采用液下喷射灭火

液下喷射泡沫损失小，装置不易破坏。其喷射方式有固定式、半固定式和移动式三种，灭火效果均较好。

（7）罐壁掏孔内注灭火

罐壁掏孔内注灭火方法是目前扑救塌陷式油罐火灾比较有效的方法。当燃烧油罐液位很低时，由于罐壁温度较高和高温热气流的作用，使从油罐上部打入的泡沫遭到较大的破坏，或因油罐顶部塌陷到油罐内，造成燃烧死角，泡沫不能覆盖燃烧的液面，而降低了泡沫灭火效果时，采用罐壁掏孔内注灭火法。即用气割方法在着火油罐上风方向，油品液面以上 50～80cm 的罐壁上，开挖 40cm×60cm 的泡沫喷射孔，利用开挖的孔洞，向罐内喷射泡沫，可以提高泡沫的灭火效率。但在燃烧的油罐壁上开挖孔洞是一件非常艰难的工作，操作人员十分危险，因此，除非在万不得已的情况下，一般不采用。

（8）采用磁吸附式油罐自动抢险灭火泡沫钻枪灭火

磁吸附式钢制油罐灭火抢险泡沫钻枪是一种新型可移动式泡沫灭火、抢险设备，主要由钻架、电磁盘、空心钻头、钻管、连通管、自动推进装置、泡沫发生器、电动机、传动机构及配电控制系统组成，在钻枪架脚部装有两个吸附力为 8000～14000N 的电磁吸盘，用于将钻枪体吸附、固定在罐壁上。空心钻管前端装有可更换的直喷式或侧喷式空心钻头，钻管与滑动轴承配合安装在钻架上，与传动机构、推进装置、连通管配合，用来迅速钻透着火油罐罐壁，实施输转罐内油品、喷射灭火剂。使用磁吸附式钢制油罐灭火抢险泡沫钻枪可迅速扑灭钢制油罐各种疑难类型火灾，并且可利用喷水压力控制钻枪启动和关闭，自动化程度高。流量可制成 16L/s、32L/s、48L/s 等多种型号。图 1.12 为磁吸式泡沫钻枪灭火示意图。

磁吸附式油罐自动抢险灭火泡沫钻枪扑救钢制油罐火灾的优点是：机动性强，不受射程和地形的限制，远距离操作安全可靠，是消防车载炮性能的有效延伸；钻入罐内灭火，不受气流、火焰影响，泡沫损失率几乎为零，灭火效率高；一机多用，在固定式灭火装置受到破坏时，钻透着火罐的罐壁，喷射泡沫，可迅速扑灭油罐火灾，在工艺管线受到破坏时，迅速钻透高液位着火罐罐壁，利用配装临时管线输送油品，排除溢流造成的危害，并可实施液下喷射氟蛋白泡沫，迅速扑灭高液位油罐火灾；由于采用直喷式枪头，泡沫喷射角度小，紧贴油面但不冲击油面，灭火剂直接作用于火焰的最薄

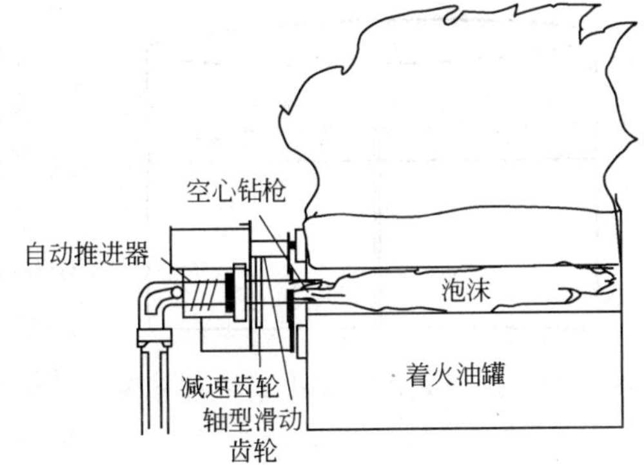

图 1.12　磁吸式泡沫钻枪灭火示意图

弱点的焰心，迅速隔断油气与火源，返回式枪头，泡沫向罐壁喷射，直接流入围堰，灭火效率极高。

（9）利用水油隔离法扑救油罐泄漏火灾

水油隔离法扑救油罐泄漏火灾是当罐底部发生泄漏时，利用油品比水轻且与水不相溶的性质，向罐内注入一定数量的水，以便在罐内底部形成水垫层，使泄漏处外泄的是水而不是油，从而切断泄漏源，使用水将油火隔离，火焰自动熄灭，然后采取堵漏措施。

水油隔离法适用于泄漏部位在油罐底部，及因油罐泄漏而造成的地面流淌火被扑灭并得到有效控制后，在保证对油罐强力冷却的前提下，再采取注水措施，保证注水人员的安全。若油罐内油品液位较高，注水容易造成油罐冒顶，扩大火势，增加危险，故在注水前必须采取倒罐措施。待腾空量达到注水量要求后再行注水。注水人员要精而少，着隔热服，禁止服装、器材被油品浸沾，且一定要在开花或喷雾水枪的掩护下，尽量选择位置较低的孔口作为注水口，增加相应的安全系数。

在利用水油隔离法完成灭火任务后，要迅速组织堵漏抢险。待罐内水有一定液面时，停止注水，关闭一切能关的阀门。将被扑灭火灾后的流淌油面表层用泡沫覆盖，利用堵漏枪、堵漏袋、木楔、堵漏胶等对泄漏部位实施密封，进行堵漏。同时，尽快做好万一失败后，更换阀门垫片、维修阀门、修补裂口的准备工作。操作时，至少要有四人配合，使用铜扳手、垫片及氧气呼吸器等工具，冒水快速作业，进行抢修处理。

（10）罐内设置水雾灭火系统灭火

罐内式水雾灭火是根据易燃液体中间层理论而设计的，即在燃烧的火焰底面与油面之间存在一个未燃的气态中间层。中间层的厚度与油料、储罐直径大小和罐内液位高低有关。燃烧时，罐内负压使油罐周围的空气穿过火焰进入中间层。部分烟尘和燃烧产物也随着空气一起卷入中间层，使其成为对油面有一定热屏蔽作用的灰色气层。利用罐区原有的自动喷水冷却系统的供水管网，根据油罐大小预先从罐底穿出一定数量的供水管路，其高度比罐的设计容量的液面高出约300mm，顶端安装水雾喷头，罐区集中设置供水消防泵，保证足够压力。油罐火灾发生时，迅速将水雾从罐内喷向中间层和火焰底部，使得油罐的整个横截面在短时间内笼罩在水雾之中，并使部分水雾喷到罐壁上。使火焰底部温度大大降低，火焰向油面的反馈辐射热也大大降低。同时产生的大量水蒸气会对中间层的可燃气体进行惰化，从而实现灭火。罐壁的冷却和燃料蒸发率大幅度下降，有效地防止了灭火后再次复燃的可能。图 1.13 为罐内式水雾灭火系统示意图。

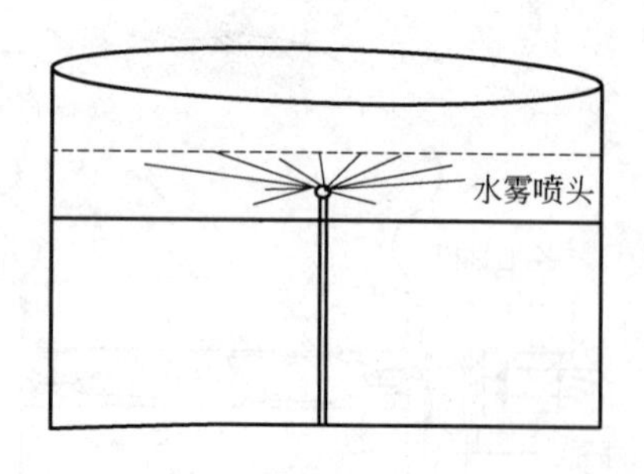

图 1.13　罐内式水雾灭火系统示意图

该装置改变了以往只在罐顶设置灭火装置的传统，直接将水雾作用于火焰中间层，有效地防止了火灾发生之初对灭火装置的损坏，具有灭火速度快、没有复燃的灭火特点。同时，由于水的雾化体积大，能够使消防用水量大大降低。但是，当罐内液位变化水雾不能有效地进入火焰中间层时，该法就不能达到预期的灭火效果。

(11) 罐外设置升降式泡沫灭火系统灭火

根据油罐直径大小，在罐的周围距离罐壁 5m 处均建造高于防火堤且耐火极限不低于防火堤耐火极限的钢筋混凝土水泥平台。在平台上安装一台剪刀式升降机，其升降高度略高于油罐高度。在升降机顶部安装方向可以随时调整的泡沫炮，泡沫管线连接于原有泡沫系统的一个分支。油罐火灾发生之初，由于升降平台处于低处，一般不易遭到破坏。此时，立即启动可升降泡沫灭火系统，将其高度调整到适当高度，一般与罐口或炸裂口平齐。调整泡沫喷射口方向，对准燃烧液面进行大容量的泡沫喷射，直到明火熄灭一段时间便停止喷射，然后采取相应的后续措施。图 1.14 为罐区可升降泡沫灭火系统示意图。

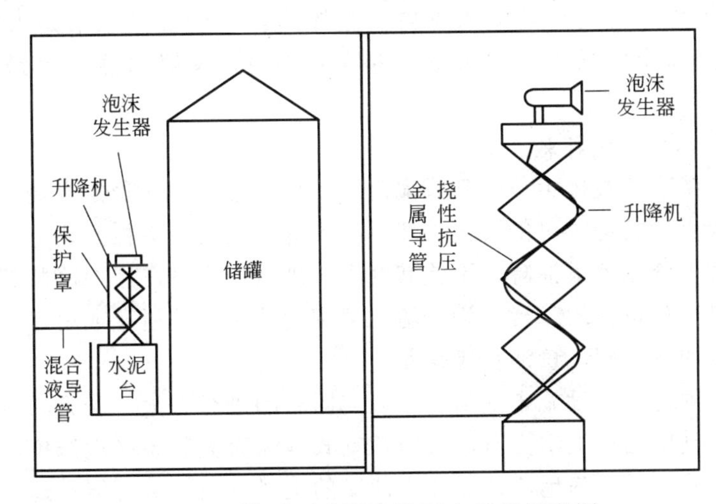

图 1.14　罐区可升降泡沫灭火系统示意图

该装置能有效地解决罐区灭火装置在火灾初期由于爆炸等原因遭到破坏，不能发挥其设计作用，而错过最佳的灭火时机的问题；它的喷射高度可以随时调整，有利于泡沫作用于火焰底部提高泡沫的利用率。它能近距离向罐内喷射泡沫。避免了因灭火人员近距离扑救火灾而造成伤害或危险。但是其升降机钢材上涂覆的防火涂料对耐火性能要求高。否则在火灾初期，该灭火装置也会失去应有的作用。

1.4.4　几种典型油罐火灾的扑救方法

(1) 喷射火炬形油罐火灾扑救

火灾发生时油罐顶盖未被炸掉，油蒸气通过油罐裂缝、透气阀、量油孔等处冒出，在罐外形成稳定的火炬形燃烧。对于这种燃烧，可采用水封法、覆盖法扑救。

水封法是用数支强有力的直流水枪从不同的方向交叉射向裂缝或空洞火焰的根部，使火焰与尚未燃烧的油蒸气分隔开，造成瞬间可燃气体中断供应，使火焰熄灭，或者使数支水枪射流同时由下而上移动，用密集的水流将火焰“抬走”。用直流水流扑救裂缝喷油燃烧时，每个裂缝喷油火点至少使用 3～4 支水枪的强力水流喷射，最好使用带架水枪。

覆盖法是使用覆盖物盖住火焰，造成瞬时燃烧缺氧，致使火焰熄灭。这是扑救油罐裂缝、呼吸阀、量油孔处火炬形燃烧火焰的有效方式。在覆盖进攻前，用水流对覆盖物及燃烧部位进行冷却；进攻开始后，覆盖组人员拿覆盖物，掩护人员射水掩护，覆盖组自上风向靠近火焰，用覆盖物盖住火焰，使火焰熄灭。若油罐上孔洞较多，同时形成多个火炬燃烧，应用水流充分冷却油罐的全部表面，尽量使罐内温度及蒸气压降低，再从上风方向将火炬一个一个地扑灭。扑救火炬形燃烧的覆盖物可用湿毛毡、浸湿的棉被、麻袋、石棉被等。对从缝隙流淌出的燃烧油，可用沙土或其他覆盖物覆盖，也可喷射泡沫覆盖灭火。

扑救这类火灾时应特别注意，发生火炬燃烧时，不要将罐内油料抽走，使罐内形成负压，将罐外燃烧的火焰吸入罐内引起爆炸。由于油品从油罐内抽出后，油位下降，油罐内气体空间增大，大量空气补充入罐内，使罐内蒸气达到爆炸浓度，导致爆炸。

（2）无顶盖油罐火灾扑救

油罐爆炸后罐顶常被掀掉、炸破或塌落，随后液面上形成稳定燃烧，油罐上的固定式或半固定式灭火设备同时可能会被破坏。扑救这类火灾，应按下述方法扑救。

首先集中力量冷却着火油罐，不使其变形、破裂；同时，组织冷却邻近受热辐射威胁的罐，特别是下风位置的邻罐。为了防止邻罐的油蒸气被引燃或引爆，应用石棉被、湿棉被等把邻罐的透气阀、量油孔等覆盖起来。

若油罐所设固定灭火设施未受影响，应立即启动进行灭火。若无固定泡沫灭火设施或因爆炸破坏，则应迅速组织力量，采用移动式泡沫灭火装备（泡沫枪、炮等）灭火。使用移动式泡沫枪炮时，阵地应选在停靠油罐的上风方向，尽可能在地势较高处，并与油罐有一定的距离。

（3）罐盖部分破坏或塌入油罐火灾扑救

油罐发生爆炸燃烧，多数情况下罐盖塌入罐内，部分在液面下，部分在液面上，液面敞露部分燃烧猛烈，火焰能将液面上的罐顶烧得很热，对泡沫有破坏作用。罐盖遮住部分，火焰微弱，泡沫不易覆盖住被罐盖遮挡的那一部分火焰，影响灭火的效果。在此情况下，当条件允许时，可以提高油品液面，使液面高出暴露的部分罐顶，形成水平的液面，然后用泡沫扑灭火灾。也可采用泡沫钩管挂在暴露在液面上的那部分罐盖的一侧，喷射泡沫灭火。同时，灭火人员利用登高工具接近罐顶，用泡沫枪直接射击高出液面的罐盖根部，配合泡沫钩管灭火。

（4）油品外溢型油罐火灾扑救

油罐破裂后油品外溢，残存的油罐及其防火堤内均出现油品燃烧，油罐周围全是燃烧的油火，灭火人员难以接近油罐灭火。这时，即使固定泡沫灭火设备未被破坏，也不能使用，因为着火油罐中火焰即便能扑灭，也由于罐外仍有流淌火，罐内被扑灭的油火又会很快复燃。扑救这类火灾，如有可能应先冷却着火油罐，避免油罐在火焰中进一步破裂和损坏，使更多的油品流出罐外；如果油罐破坏十分严重，比如只剩一底座或底部破裂，可不必冷却，而应集中力量先扑救防火堤内的油火，然后再扑救油罐火灾，或者同时扑救。扑救防火堤内的油火时，要集中足够的泡沫枪或泡沫炮，形成包围态势，从防火堤边沿开始喷射泡沫，使泡沫逐渐向中心流动，覆盖整个燃烧液面，然后迅速向罐内火灾发起进攻，扑灭罐内火灾。

在扑救过程中，应注意油品流淌状况，防止其流出堤外，火灾扩大。必要时应及时加高加固防火堤，提高防火堤的阻油效能。对大面积地面流淌性火灾，采取围堵防流、分片消灭的灭火方法。

（5）多个油罐同时燃烧火灾扑救

当油罐区有多个油罐同时发生火灾时，应采取全面控制、集中兵力、逐个消灭的办法扑救。应组织力量，冷却燃烧的油罐和受到火灾威胁的邻近油罐，尽力控制住火势的发展。尽量输转油料。当没有足够的力量同时扑灭数个油罐火灾时，可逐个依次扑灭。一般情况下，应先扑灭上风方向的燃烧油罐，然后依次扑灭。当有数个并列的上风油罐时，应先扑灭对邻近油罐威胁较大的油罐。若灭火力量充足，则可在做好灭火充分准备的基础上，集中兵力，对燃烧的油罐发起猛攻。利用未遭损坏的固定式泡沫灭火设备和移动式泡沫灭火设备（例如泡沫钩管、泡沫枪、泡沫炮等）和其他器材，分配力量，同时扑灭数个油罐的火灾。

在扑救过程中，应注意不能急于求成，不允许在无把握情况下盲目喷射泡沫，在人员、装备、泡沫均不足的条件下去扑救全部燃烧罐，防止出现灭火剂用完，而一个油罐火焰也未扑灭的情况。

（6）重质油品油罐火灾扑救

扑救重质油品的油罐火灾，争取时间尽快扑灭是非常重要的。如果燃烧时间延长，重质油品就会沸溢喷溅，造成扑救困难。

重质油品的燃烧，发生沸溢喷溅的主要原因之一，是其液面下形成随时间不断增厚的高温油层。破坏其高温油层的形成或冷却降低其温度是防止沸溢喷溅的有效措施。倒油搅拌是一种降低高温油层温度，破坏油品形成热波的条件，从而抑制沸溢的方法。通常采取倒油搅拌的手段主要有：由罐底向上倒油，即在罐内液位较高的情况下，用油泵将油罐下部冷油抽出，然后再由油罐上部注入罐内，进行循环；用油泵从非着火罐内泵出，将与着火罐内油品相同质量的冷油注入着火罐；使用储罐搅拌器搅拌，使冷油层与高温油层融在一起，降低油品表面温度。倒油操作时应注意：由其他油罐向着火罐倒油时，必须选取相同质量的冷油；倒油搅拌前，应判断好冷热油层的厚度及液位的高低，计算好倒油量和时间，防止倒油超量，造成溢流；倒油搅拌时不得将罐底积水注入热油层，以免造成发泡溢流；同时还要对罐壁加强冷却，以加速油品降温，并做好灭火准备，倒油停止时，即刻灭火；当发现火情异常时，应立即停止倒油。

重质油品在燃烧过程中发生喷溅的原因主要是油层下部水垫汽化膨胀而产生压力。防止沸溢喷溅，还可以从排出罐底的水垫层入手。排水防溅是一种可行方法，即通过油罐底部的虹吸栓将沉积在罐底的水层排出，消除发生沸溢喷溅的条件。在排水操作前，应估算出水垫层的厚度及需要的排水时间。排水时，应有专人监视排水口，防止排水过量出现跑油。排水可与灭火同时进行。

扑救火灾中，要指定专人观察油罐的燃烧情况，判断发生喷溅的时间，保护扑救人员的安全。油罐发生喷溅的时间与罐内重质油品的油层厚度、油品的含水量、油层的热传递速度及液面燃烧速度有关。

根据燃烧油罐外部变化特征，可判断即将出现的沸溢喷溅。重质油罐沸溢喷溅前，会有如下征兆：

① 发生巨大的声响；

② 火焰明显增高，火光显著增亮，呈鲜红色或略带黄色；

③ 烟雾由浓变淡、变稀；

④ 罐壁或其上部发生颤动；

⑤ 罐内出现零星噼啪声或啪啪作响。

在出现这些征兆后，往往持续数秒到数十秒就将会发生沸溢喷溅。

1.4.5 油罐火灾扑救注意事项

(1) 做好灭火防范措施，安全可靠

在灭火的整个过程中，必须始终把人身安全放在首位。消防人员应着防火隔热服，防止高温和热辐射灼伤或高温昏迷。消防人员还应当佩戴空气呼吸器或正压式氧气呼吸器等安全防护器具，防止吸入燃烧的有毒烟气。

预先考虑到火场可能出现的各种危险情况，将灭火人员布置在适当位置，既能灭火，又处于比较安全的地方。

扑救具有发生爆炸、沸溢或喷溅危险的油罐时，尽可能使用移动水炮或遥控水炮，固定位置实施冷却，减少前沿阵地人员。覆土油罐上部不能设置水枪阵地，防止蒸发的气体爆炸造成人员伤害。扑救卧罐火灾时，水枪阵地要避开油罐封头，防止卧罐爆炸时从两头冲出伤人。

在确定灭火方案时，应根据当时实际情况，在控制火势的同时，判断灭火的可能性和火灾蔓延的危害性。必要时，可放弃灭火，让其在限制范围内燃烧，把重点放在控制和防止火灾蔓延上，以防止造成更多的损失。

(2) 合理停车，确保安全

消防车尽量停在上风或侧风方向，与燃烧罐保持一定的安全距离。扑救重质油罐火灾时，消防车头应背向油罐，一旦出现危及生命的状况，可及时撤离。

(3) 监视火情，防止危险

在扑救人员登上罐顶灭火前，要根据火焰燃烧的特点来判断在短期内罐是否发生爆炸。一般认为当火焰呈橘黄色、发亮有黑烟时，油罐则不会发生爆炸，这时罐内油气混合气体的浓度超过爆炸极限，处于富气状态。因为混合气体中缺氧，燃烧不完全，有黑烟冒出，还伴有烧得火红的细微炭粒，使火焰显得亮。当火焰呈蓝色，不亮，无黑烟时，说明罐内油气混合的浓度处在爆炸极限范围内，有可能在短期内发生爆炸。如果着火油罐随时都可能发生爆炸，灭火人员千万不能靠近油罐，可用喷射水流、泡沫进行切割、封闭的方法灭火。

对有发生沸溢或喷溅危险的油罐火灾，应当设置观察哨，预先确定应急撤退信号和信号传递方式、人员撤离的方向，并落实撤离通道上越过障碍的措施。根据计算可能发生沸溢喷溅的时间，严密注视油罐的燃烧状态，发现异常情况，立即发出撤退信号，一律徒手撤退。

(4) 集中优势兵力，一举扑灭火灾

油罐着火后，必须在火灾初期集中优势兵力，力图快速一举扑灭火灾。因为油品着火预燃期短，燃烧速度快，如不能及时扑灭，扑救会更加困难。例如，重质油罐火灾随着热波厚度增加，当热波触及乳化水层或水垫层时，会引起油爆、喷溅、沸溢现象。

扑救大型油罐火灾，在一般情况下必须按照一冷却、二准备、三灭火的程序进行。根据油罐面积和泡沫的供给强度计算一次灭火需要的泡沫量和泡沫储备量、灭火供水量和冷却供水量，保证在规定灭火的短期内用泡沫将油面完全覆盖。因为泡沫的抗烧时间一般为6min，如果没有集中足够的灭火力量有效地进行灭火，迅速将油面封闭，隔绝火源，而是零星进行扑救，那么火焰将继续燃烧，时间一长，燃烧面积会继续扩大，从而达不到灭火作用。严禁在泡沫和供水量不足的情况下采取灭火行动。

(5) 防止复燃复爆

燃烧油罐经过泡沫扑救，燃烧停止后，为了防止罐内油品复燃，应继续供给泡沫3～5min。此时，必须对油罐内整个已燃烧的油面全部泡沫覆盖，还要继续冷却罐壁，直至油温降到常温为止。

对于罐顶一半塌落在内的油罐火灾，从地面观察已经扑灭后，不要轻易利用铁梯登高观察，应不断加大泡沫供给强度，并实时对罐顶实施冷却，以阻止未塌落部分油品蒸发，消除罐顶内不完全燃烧的结炭火星，防止意外爆炸造成伤害。

参考文献

[1] 陶其刚，熊伟．大连石油储备库爆炸火灾扑救的几点启示 [J]．消防科学与技术，2011，30 (01)：73-75.

[2] 叶智勇，王栋武．油罐火灾的灭火救援 [J]．安全，2016，37 (09)：61-63.

[3] 任常兴，安慧娟．油储罐火灾事故回顾及对策 [J]．现代职业安全，2015 (06)：17-21.

[4] 杨光辉．大型油罐火灾爆炸危害性研究 [D]．青岛：中国石油大学，2007.

[5] 李思成，杜玉龙，张学魁，等．油罐火灾的统计分析 [J]．消防科学与技术，2004，23 (04)：117-120.

[6] 张斌，曾烨．油库火灾的风险特点及防范措施 [J]．化学工程与装备，2017 (10)：261-263.

[7] 张启波，袁凤丽，付钰．大型浮顶油罐的危险性分析及安全对策 [J]．中国安全生产科学技术，2012，8 (06)：134-138.

[8] 殷晓波．浅析大型浮顶油罐雷击火灾的原因及处置 [J]．安全、健康与环境，2012，12 (06)：3-5.

[9] 梁国福，郑巍．油罐爆炸火灾成因调查与分析 [J]．消防科学与技术，2008，27 (07)：545-547.

[10] 贾文宝．浅析大型原油储罐火灾危险性及预防措施 [J]．化工管理，2014，7 (20)：56.

[11] 董希琳，康青春，舒中俊，等．超大型油罐火灾纵深防控体系构建与实现 [J]．消防科学与技术，2013，32 (09)：1020-1022.

[12] 张学智．油罐火灾的扑救行动原则与措施 [J]．科技促进发展，2010，1 (s1)：124.

[13] 杨玉成. 10万立方米大型油罐火灾扑救策略探讨 [J]. 消防科学与技术，2017，36（05）：693-695.
[14] 于永. 大型储油罐区火灾特点及扑救难点分析 [J]. 消防技术与产品信息，2018，31（04）：21-25.
[15] 李建华，黄郑华. 火灾扑救 [M]. 北京：化学工业出版社，2012.
[16] 康青春，姜连瑞，李驰原. 消防灭火救援工作实务指南 [M]. 北京：中国人民公安大学出版社，2011.
[17] 袁岗，白帆，刘高，等. 浅谈提高处置油罐火灾灭火救援能力 [J]. 水上消防，2018（05）：31-33.

第 2 章 火灾条件下油罐罐壁失效坍塌数值分析

2.1 油罐火灾特性

油罐火灾是一种典型的油池火，可燃液体一旦着火并完成液面上的传播过程之后，就进入稳定燃烧状态，液体的稳定燃烧一般呈水平平面的“池状”燃烧形式，也有一些呈“流动”燃烧的形式。本节主要介绍油罐液体燃烧的基本特性。

2.1.1 传热学基本知识

在关于燃烧的研究中，传热理论都起着重要的作用。以下将简要介绍传热学的基本知识。

(1) 热传导

热传导又称导热，属于接触传热，是连续介质就地传递热量而又没有各部分之间相对的宏观位移的一种传热方式。从微观角度讲，之所以发生导热现象，是由于微观粒子（分子、原子或它们的组成部分）的碰撞、转动和振动等热运动引起能量从高温部分传向低温部分。在固体内部，只能依靠导热的方式传热；在流体中，尽管也有导热现象发生，但通常被对流运动所掩盖。

热传导服从傅里叶定律，即在不均匀温度场中，由于导热所形成的某地点的热流密度正比于该时刻同一地点的温度梯度，在一维温度场中，数学表达式为：

$$q_x'' = -\lambda \frac{\mathrm{d}T}{\mathrm{d}x} \tag{2.1}$$

式中 q_x'' ——热通量，在单位时间，经单位面积传递的热量，$\mathrm{W/m^2}$；

$\frac{\mathrm{d}T}{\mathrm{d}x}$ ——沿 x 方向的温度梯度，℃/m；

λ ——热导率，W/（m·℃）。

热导率表示物质的导热能力，即单位温度梯度时的热通量。不同物质的热导率不同，同一物质的热导率也会因为材料的结构、密度、湿度、温度等因素的变化而变化。

式（2.1）中负号表示热量传递是从高温向低温传递，即热流密度和温度梯度方向相反。

热传导可分为稳态导热和非稳态导热两种形式。稳态导热是指物体内的温度分布不随时间变化的导热过程；非稳态导热是指物体内的温度分布随时间变化的导热过程。

导热理论的首要问题是确定导热体内部的温度分布。利用傅里叶定律只能求解一维的稳态温度场。对于多维温度场和非稳态导热问题，则必须以能量守恒和傅里叶定律为基础，分析导热体的微元体，得出表示导热现象基本规律的导热微分方程，然后结合所给的具体条件求得导热体内部的温度分布。

（2）热对流

热对流又称对流，是指流体各部分之间发生相对位移，冷热流体相互掺混引起热量传递的方式。所以热对流中热量的传递与流体流动有密切关系。当然，由于在流体中存在温度差，所以也必然存在导热现象，但导热在整个传热中处于次要地位。

工程上，常把具有相对位移的流体与所接触的固体壁面之间的热传递过程称为对流换热。

对流换热的热通量服从牛顿冷却公式：

$$q'' = h\Delta T \tag{2.2}$$

式中 q'' ——单位时间内，单位壁面面积上的对流换热量，W/m^2；

ΔT ——流体与壁面间的平均温差，℃；

h ——表面传热系数，表示流体和壁面温度差为1℃时，单位时间内单位壁面面积和流体之间的换热量，W/（m^2·℃）。

与热导率不同的是，表面传热系数 h 不是物理常数，而是取决于系统特性、固体壁面形状与尺寸，以及流体特性，且与温差有关。

（3）热辐射

辐射是物体通过电磁波来传递能量的方式。热辐射是因为热的原因而发出的辐射能的现象。辐射换热是物体之间以辐射方式进行的热量传递。与热传导和对流不同的是，热辐射在传递能量时不需要相互接触即可进行，是一种非接触传递能量的方式，即使空间是高度稀薄的太空，热辐射也照常能进行。最典型的例子是太阳向地球表面传递热量的过程。热辐射的波长在 0.1～100μm 的范围内，在该波长范围内的辐射线称为热辐射线，其大部分能量位于红外线区段中的 0.7～25μm。

在工程中，通常考虑两个或者两个以上物体间的辐射，系统中每个物体辐射并同时吸收热量。它们之间的净热量可以通过斯蒂芬-玻尔兹曼方程表示：

$$Q_{1,2} = \varepsilon F_{1,2} A_1 \sigma (T_1^4 - T_2^4) \tag{2.3}$$

式中 $Q_{1,2}$ —— Δt 时间内从表面 1 到表面 2 的辐射换热量，W/m^2；

$F_{1,2}$ ——角系数，或称有限面对有限面的角系数；

A_1 ——表面 1 的面积，m^2；

ε ——表面 1 的灰度；

σ ——斯蒂芬-玻尔兹曼常数，取 5.67×10^{-8} W/（m^2 • K^4）；

T_1 ——表面 1 的温度，K；

T_2 ——表面 2 的温度，K。

2.1.2　燃烧速度

（1）燃烧速度的两种表示方法

液体燃烧速度有两种表示方法，即燃烧线速度和质量燃烧速度。

① 燃烧线速度（v）：单位时间内燃烧掉的液层厚度。可以表示为

$$v = \frac{H}{t} \tag{2.4}$$

式中　H ——燃烧掉的液层厚度，mm；

t ——液体燃烧所需时间，h。

② 质量燃烧速度（G）：单位时间内单位面积（S，m^2）燃烧的液体的质量（m，kg），可以表示为

$$G = \frac{m}{St} \tag{2.5}$$

（2）影响燃烧速度的因素

① 液体的初温影响。液体的质量燃烧速度 G 可表示为

$$G = \frac{\dot{Q}''}{L_V + \bar{C}_p(T_2 - T_1)} \tag{2.6}$$

式中　$\dot{Q}''$ ——液面接收的热量，kJ/（m^2 • h）；

G——液体质量燃烧速度，kg/（m^2 • h）；

L_V ——液体的蒸发热，kJ/kg；

$\bar{C}_p$ ——液体的平均比热容，kJ/（kg • ℃）；

T_2 ——燃烧时的液面温度，℃；

T_1 ——液体的初温，℃。

从式（2.6）可以看出，初温 T_1 升高，燃烧速度加快。这是因为初温高，液体预热到 T_2 所需的热量就少，从而使更多的热量用于液体的蒸发。

② 容器直径大小的影响。液体通常盛装于圆柱形立式容器中，其直径大小对液体的燃烧速度有很大的影响（如图 2.1 所示）。

从图中可以看出，火焰有三种燃烧状态：液池直径（罐径）小于 0.03m 时，火焰为层流状态，燃烧速度随直径增加而减小；直径大于 1m 时，火焰呈充分发展的湍流状态，燃烧速度为常数，不受直径变化的影响；直径介于 0.03～1.0m 的范围内时，随着

直径的增加，燃烧状态逐渐从层流状态过渡到湍流状态，燃烧速度在 0.1m 处到达最小值，之后燃烧速度随直径增加逐渐上升到湍流状态的恒定值。

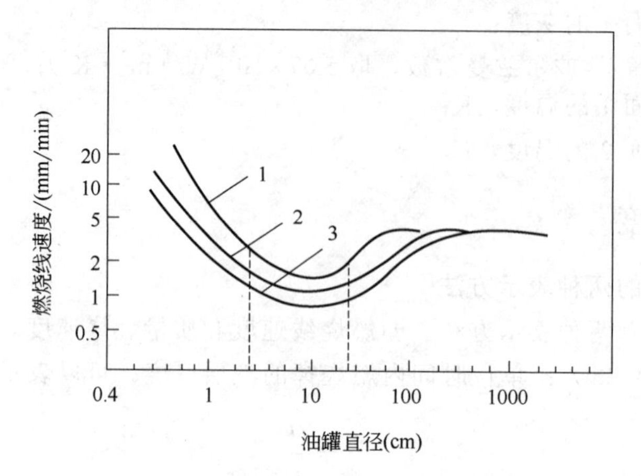

图 2.1　液体燃烧速度随罐径的变化

1—汽油；2—煤油；3—轻油

液面燃烧速度随直径变化的关系可由火焰向液面传热的三种机理中，每种传热机理在不同阶段的相对重要性发生变化来解释。如果没有外界热源存在，式（2.6）中的 $\dot{Q}''$ 为火焰传递给液面的热量。整个液面接受火焰的热量 $\dot{Q}_{\mathrm{f}}$ 可表示为导热（$\dot{q}_{\mathrm{cond}}$）、对流（$\dot{q}_{\mathrm{conv}}$）和辐射（$\dot{q}_{\mathrm{rad}}$）三项热量之和，即

$$\dot{Q}_{\mathrm{f}} = \dot{q}_{\mathrm{cond}} + \dot{q}_{\mathrm{conv}} + \dot{q}_{\mathrm{rad}} \tag{2.7}$$

导热项 $\dot{q}_{\mathrm{cond}}$ 表示的是通过容器壁传递的热量，可表示为

$$\dot{q}_{\mathrm{cond}} = K_1 \pi D (T_{\mathrm{f}} - T_{\mathrm{l}}) \tag{2.8}$$

式中，T_{f} 和 T_{l} 分别表示火焰和液面的温度，℃；K_1 是考虑了从火焰向器壁传热、器壁内传热和器壁向液体传热三项传热的传热系数；D 为容器直径，m。

对流传热项可表示为

$$\dot{q}_{\mathrm{conv}} = K_2 \frac{\pi D^2}{4} (T_{\mathrm{f}} - T_{\mathrm{l}}) \tag{2.9}$$

式中，K_2 是对流传热系数。

辐射传热项中包含了液面的再辐射，因此可表示为

$$\dot{q}_{\mathrm{rad}} = K_3 \frac{\pi D^2}{4} (T_{\mathrm{f}}^4 - T_{\mathrm{l}}^4)(1 - \mathrm{e}^{-K_4 D}) \tag{2.10}$$

式中，K_3 为常数，包含了斯蒂芬-玻尔兹曼常数 σ 和火焰向液面辐射的角系数等因素；$1 - \mathrm{e}^{-K_4 D}$ 是火焰的辐射率，其中 K_4 是考虑了火焰向液面辐射的平均射线行程及火焰内的辐射粒子的浓度和辐射率的一个常数。

将式（2.8）～式（2.10）相加并除以液面面积 $\frac{\pi D^2}{4}$ 即得式（2.6）中 $\dot{Q}''$ 的具体表达式为

$$\dot{Q}'' = \frac{4\sum \dot{q}}{\pi D^2} = \frac{4K_1(T_\mathrm{f} - T_1)}{D} + K_2(T_\mathrm{f} - T_1) + K_3(T_\mathrm{f}^4 - T_1^4)(1 - \mathrm{e}^{-K_4 D}) \tag{2.11}$$

式（2.11）表明，当直径 D 很小时，导热项占主导地位，D 越小，$\dot{Q}''$ 越大，因此，燃烧速度越大，如式（2.6）所示，当 D 很大时，导热项趋近于 0，而辐射项占主导地位，且 $\dot{Q}''$ 趋于一个常数，因此根据式（2.6），燃烧速度为常数；在过渡阶段，导热、对流和辐射共同起作用，又因为燃烧从层流向湍流过渡，加强了火焰向液面的传热，因此，燃烧速度随直径增加迅速减小到最小值，最后随直径增加而上升，直至达到最大值。

③ 容器中液体高度的影响。容器中的液体高度是指液面距离容器上口边缘的高度。表 2.1 中列出了几种液体在不同高度时的直线燃烧速度试验结果。表中的数字表明，随着容器中液位的下降，直线燃烧速度相应降低。这是因为随着液位下降，液面到火焰底部的距离加大，所以火焰向液面的传热速度降低。

表 2.1　几种液体在液体高度不同时的燃烧速度

容器直径 D/mm / 燃烧速度/（mm/min） / 液体高度/mm / 液体名称	5.2				10.9				22.6			
	0	2.5	6.5	8.5	0	2.5	6.5	8.5	0	2.5	6.5	8.5
乙 醇	—	7.1	3.1	1.0	3.6	2.5	1.0	0.4	2.0	1.4	0.6	0.45
煤 油	9.0	6.2	—	—	3.3	2.4	0.4	—	1.9	1.2	0.55	0.3
汽 油	—	15	5.7	2.4	6.4	5.4	1.9	0.9	2.9	2.3	1.2	0.8

④ 液体中含水量的影响。液体中含水时，由于从火焰传递出的热量有一部分要消耗于水分蒸发，因此液体的燃烧速度下降。而且含水量越多，燃烧速度越慢。图 2.2 为含水量不同的重油在直径为 0.8m 的储罐中燃烧时液面高度的变化情况。

⑤ 有机同系物液体的密度的影响。同系物液体的密度（ρ）的高低可以表示液体的挥发性的大小，而挥发性大小又可以说明燃烧速度的快慢。一般地，液体的密度越小，其燃烧速度越快。利用 24.4mm 直径的容器测定几种石油产品的燃烧速度，结果如图 2.3 所示。由图可见，石油产品（烷烃同系物）的直线燃烧速度（v_1）与其密度成反比关系。

⑥ 风的影响。风有利于空气和液体蒸气的混合，可使燃烧速度加快。图2.4 给出了三种石油产品的燃烧速度（v_1）与风速（v）的关系。从图中可以看出，风速对汽油和柴油的燃烧速度影响大，但对重油几乎没有影响。如果风速增大到超过某一个程度，几乎所有液体的燃烧速度都将趋于某一固定值。这可作如下解释：火焰向液面的辐射热通量同时受到火焰的辐射强度和火焰倾斜度这两个因素的影响。当风速增大时，随着燃烧速

度的加快，火焰的辐射强度增加，但同时火焰的倾斜强度也增大，这使从火焰到液面的辐射角系数减小。综合两个因素对辐射热通量的影响，液体的表面所得到的辐射热通量趋于常数，所以燃烧速度趋于一定值。

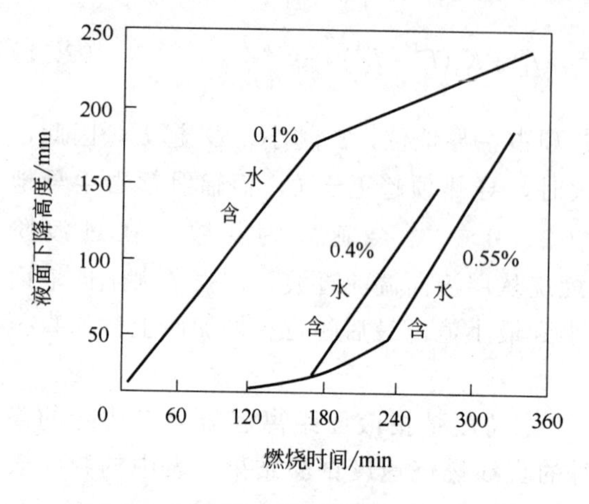

图 2.2　含水量对重油燃烧速度的影响

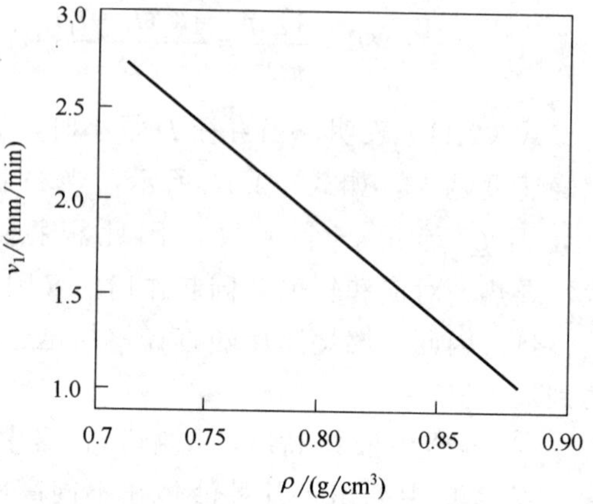

图 2.3　燃烧线速度与石油产品密度的关系

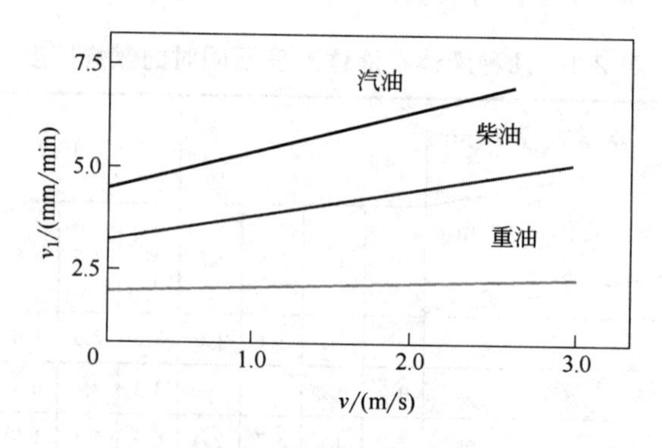

图 2.4　燃烧线速度与风速的关系

在小直径油罐内做燃烧试验时，某些液体燃料的燃烧速度可能出现随风速增大而减慢的现象。在直径很大的地面油池模拟火灾试验中也有类似的现象发生。人们认为，前者主要是因为罐径小，风使燃烧不稳定；后者是火焰被层层烟雾包围导致供氧不足。

2.1.3　稳定燃烧的火焰特征

（1）火焰的燃烧状态与倾斜度

如前所述，当液池直径 $D<0.03$m 时，火焰呈层流状态。这时空气向火焰面扩散，可燃液体蒸气也向火焰面扩散，所以燃烧的主要方式是扩散燃烧；当直径 $0.03\text{m}\leqslant D\leqslant 1.0$m 时，燃烧由层流向湍流转变；当直径 $D>1.0$m 时，火焰发展为湍流状态，火焰的形状由层流状态的圆锥形变为形状不规则的湍流火焰。

大多数实际液体火灾为湍流火焰。在这种情况下，油面蒸发速度较大，火焰燃烧剧烈。由于火焰的浮力运动，在火焰底部与液面之间形成负压区，结果大量的空气被吸入，形成激烈翻卷的上下气流团，并使火焰产生脉动，烟柱产生蘑菇状的卷吸运动，使大量的空气被卷入。图 2.5 是湍流型火焰的示意图。

液池内油品的火焰大体上呈锥形，锥形底就等于燃烧的液池面积。锥形火焰受到风的作用而产生一定的倾斜角度，这个角度的大小与风速有直接关系。当风速大于或等于 4m/s 时，火焰会向下方向倾斜 60°～70°。此外，试验还表明，在无风的条件下，火焰会在不定的方向倾斜 0°～5°，这也许是空气在液池边缘被吸入得不平衡或火焰卷入空气不对称所造成。

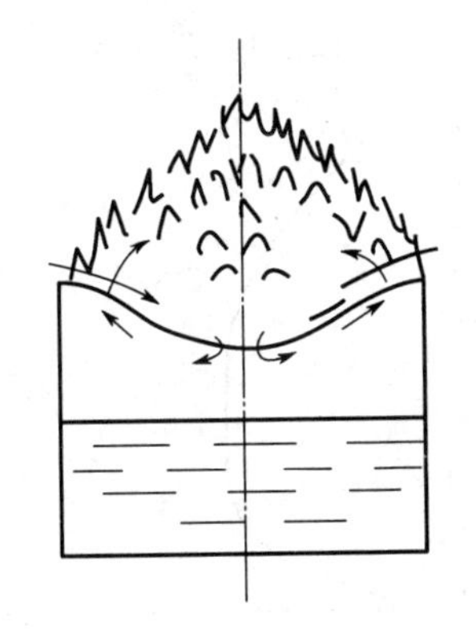

图 2.5　湍流型火焰的示意图

（2）火焰的高度

火焰的高度通常是指由可见发光的碳微粒所组成的柱状体的顶部高度，它取决于液池直径和液体种类。如果以圆池直径 D 为横坐标，以火焰高度 H 与圆池直径 D 之比 H/D 为纵坐标，可以得出如图 2.6 所示的试验结果。

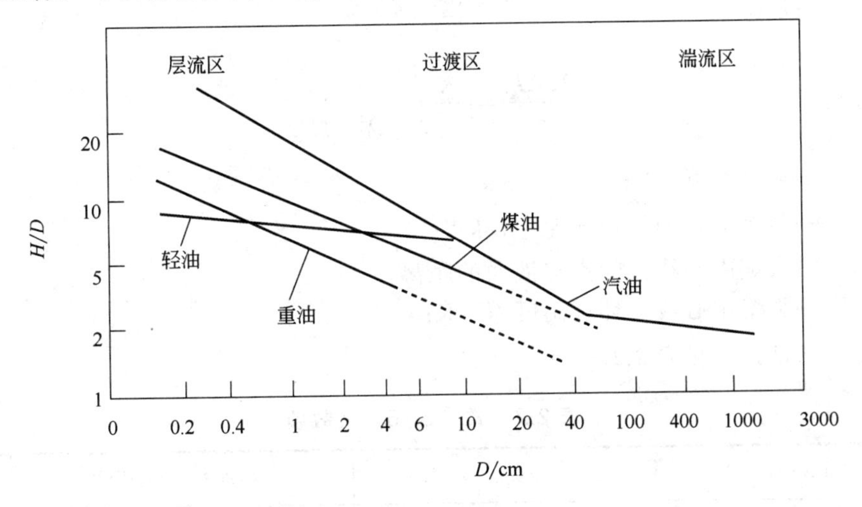

图 2.6　石油产品的火焰高度

从图中可以看出，在层流火焰区域内，H/D 随 D 的增大而降低；而在湍流火焰区域内，H/D 基本与 D 无关。一般地，有如下的关系：

层流火焰区：

$$H/D \propto D^{-0.3\sim-0.1} \tag{2.12}$$

湍流火焰区：

$$H/D \approx 1.5\sim2.0 \tag{2.13}$$

Heskestad 对大量的试验数据进行数学处理，得到了下面的火焰高度公式：

$$H = 0.23\dot{Q}_C^{2/5} - 1.02D \tag{2.14}$$

式中，$\dot{Q}_C$ 是整个液池火焰的热释放速率，kW；H 和 D 的单位均为 m。

式（2.14）在 $7\mathrm{kW}^{2/5}/\mathrm{m}<\dot{Q}_\mathrm{C}^{2/5}/D<700\mathrm{kW}^{2/5}/\mathrm{m}$ 的范围内与试验结果符合很好。对大池火焰（如 $D>100\mathrm{m}$），由于火焰破裂为小火焰，上式不适用。

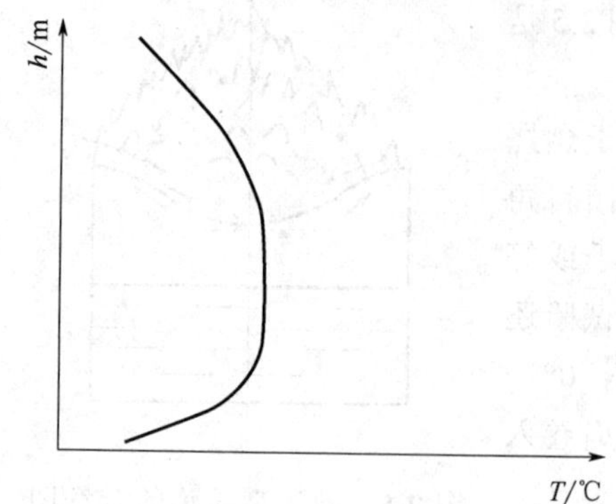

图 2.7　火焰沿纵轴的温度分布

（3）火焰的温度

火焰温度主要取决于可燃液体种类，一般石油产品的火焰温度在 900～1200℃之间。火焰沿纵轴的温度分布如图 2.7 所示。

从油面到火焰底部存在一个蒸气带，从火焰辐射到液面的热量有一部分被蒸气带吸收，因此，温度从液面到火焰底部迅速增加；到达火焰底部后有一个稳定阶段；高度再增加时，则由于向外损失热量和卷入空气，火焰温度逐渐下降。

McCaffrey 应用数学模拟理论对试验结果进行整理，得到了火焰中心线上火焰内、火焰顶部过渡段及火焰上方的浮烟羽的温度分布公式为

$$\frac{2g\Delta T_0}{T_0}=\left(\frac{K}{C}\right)^2\left(\frac{h}{\dot{Q}_\mathrm{C}^{2/5}}\right)^{2\eta-1} \tag{2.15}$$

式中　T_0 ——环境温度，K；

$\dot{Q}_\mathrm{C}$ ——整个火焰的热释放速率，kW；

h ——火焰中心线上的点与液面的距离，m；

ΔT_0 ——火焰中心线与环境温度差，K；

K，C，η ——常数，见表 2.2。

表 2.2　式（2.15）常数项

区域	K	η	$h/\dot{Q}_\mathrm{C}^{2/5}(\mathrm{m}/\mathrm{kW}^{2/5})$	C
火焰	$6.8\mathrm{m}^{1/2}/\mathrm{s}$	1/2	<0.08	0.9
火焰间断区	$1.9\mathrm{m}/(\mathrm{kW}^{1/5}\cdot\mathrm{s})$	0	0.08～0.2	0.9
烟羽	$1.1\mathrm{m}^{4/3}/(\mathrm{kW}^{1/3}\cdot\mathrm{s})$	−1/3	>0.2	0.9

（4）火焰的辐射

火焰通过辐射对液池周围的物体传热，这是火焰的另一个特征。火焰对物体的辐射热通量取决于火焰温度与厚度，火焰内辐射粒子的浓度和火焰与被辐射物体之间的几何关系等因素。计算火焰的辐射对确定油罐间的防火安全距离、设计消防洒水系统是十分必要的。下面介绍两种近似计算方法。

① 点源法。油罐火灾辐射示意图如图 2.8 所示。

火焰高度近似地由式（2.16）计算：

$$H=0.23\dot{Q}_\mathrm{C}^{2/5}-1.02D \tag{2.16}$$

液池的热释放速率 $\dot{Q}_C$ 为

$$\dot{Q}_C = G\Delta H_C A_f \tag{2.17}$$

式中，A_f 是液面面积，m^2；G 是单位面积的液面上的质量燃烧速度，kg/（m^2 • s）。

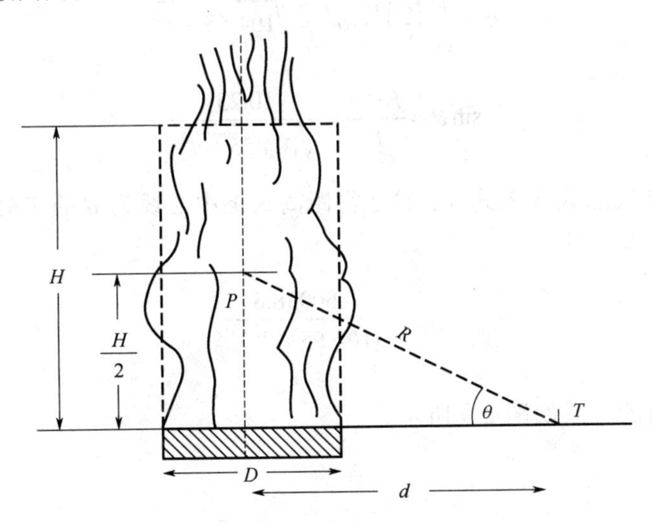

图 2.8　油罐火灾辐射示意图

假定总热量的 30%以辐射能的方式向外传递，则辐射热速率为

$$\dot{Q}_r = 0.3G\Delta H_C A_f \tag{2.18}$$

所谓点源法即是假定 $\dot{Q}_r$ 是从火焰中心轴上离液面高度为 $H/2$ 处的点源发射出。因此，离点源 P 距离处的辐射热通量为

$$\dot{q}_r'' = 0.3G\Delta H_C A_f / (4\pi R^2) \tag{2.19}$$

在图 2.8 中，存在如下关系：

$$R^2 = (H/2)^2 + d^2 \tag{2.20}$$

式中，d 是火焰中心轴到被辐射体的水平距离，m。

假定被辐射体与视线 PT 的夹角为θ，则投射到辐射接受体表面的辐射热通量为

$$\dot{q}_r'' = 0.3G\Delta H_C A_f \sin\theta / (4\pi R^2) \tag{2.21}$$

例如，汽油罐直径为 10m，质量燃烧速度为 0.058kg/（m^2 • s），汽油的燃烧热为 $\Delta H_C = 45\text{kJ}/\text{g}$。发生火灾时，火焰热释放速率为

$$\dot{Q}_C = G\Delta H_C A_f \approx 204989(\text{kW})$$

火焰高度为

$$H = 0.23\dot{Q}_C^{2/5} - 1.02D = 20.45(\text{m})$$

火焰的总辐射速率为

$$\dot{Q}_{\mathrm{r}} = 0.3\dot{Q}_{\mathrm{C}} = 614967(\mathrm{kW})$$

P、T 两点距离为

$$R = \sqrt{\left(\frac{H}{2}\right)^2 + d^2} = \sqrt{104.55 + d^2}$$

$$\sin\theta = \frac{H/2}{R} = \frac{10.23}{\sqrt{104.55 + d^2}}$$

将以上数据及表达式代入式（2.21）得距离火焰中心线为 d 的 T 处的水平面上的辐射热通量 $\dot{q}''_{\mathrm{r},T}$ 的表达式为

$$\dot{q}''_{\mathrm{r},T} = \frac{50038.6}{(104.55 + d^2)^{3/2}}$$

$\dot{q}''_{\mathrm{r},T}$ 与 d 之间的关系如图 2.9 所示。

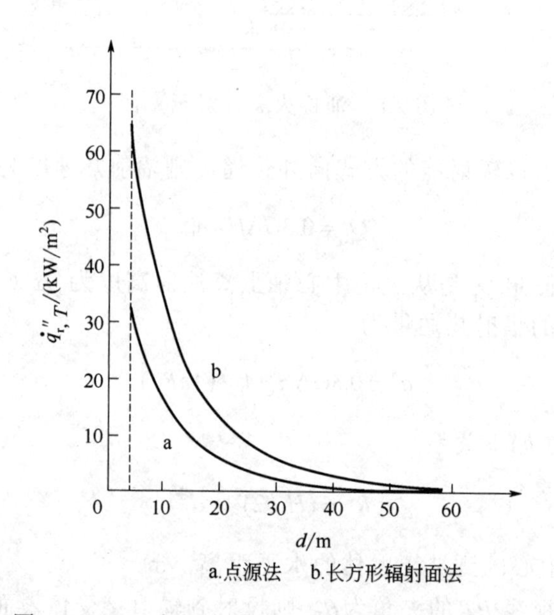

图 2.9　10m 直径汽油罐火灾辐射热通量计算值

② 长方形辐射面法。在该方法中，火焰被假定为高 H、宽 D 的长方形平板，热量由平板面向外辐射，两面的辐射力均为

$$E = \frac{1}{2}[0.3G\Delta H_{\mathrm{C}} A_{\mathrm{f}} / (HD)] \tag{2.22}$$

根据辐射热通量计算公式，图 2.8 中点 T 处的辐射热通量为

$$\dot{q}''_{\mathrm{r},T} = \phi E \tag{2.23}$$

式中，ϕ是 T 处的水平微元面对火焰矩形面的角系数。

由长方形辐射面法得到的 $\dot{q}''_{r,T}$ 与 d 的关系也示于图 2.9 中。从图中可以看出，在相同的 d 值下，由长方形辐射面法计算得到的 T 点处的辐射热通量比由点源法计算所得相应值要高，这是因为它将辐射体作为放大源来讨论，且忽略了火焰内的温度不均匀性及烟尘对辐射的遮蔽效应。

2.1.4　油罐液体燃烧时热量在液层的传播特点

可燃液体的蒸气与空气在液面上边混合边燃烧，燃烧放出的热量会在液体内部传播。由于液体特性不同，热量在液体中的传播具有不同的特点，在一定的条件下，热量在液体中的传播会形成热波。

（1）单组分液体燃烧时热量在液层的传播特点

单组分液体（如甲醇、丙酮、苯等）和沸程较窄的混合液体（如煤油、汽油等），在自由表面燃烧时，很短时间内就形成稳定燃烧，且燃烧速度基本不变。这类物质的燃烧具有以下特点。

① 液面的温度接近但稍低于液体的沸点。液体燃烧时，火焰传给液面的热量使液面温度升高。达到沸点时，液面的温度则不再升高。液体在敞开空间燃烧时，蒸发在非平衡状态下进行，且液面要不断地向液体内部传热，所以液面温度不可能达到沸点，而是稍低于沸点。

② 液面加热层很薄。单组分油品和沸程很窄的混合油品，在池状稳定燃烧时，热量只传播到较浅的油层中，即液面加热层很薄。这与我们想象认为“液面加热层随时间不断加厚”是不符合的。图 2.10 是汽油和丁醇稳定燃烧时液面下的温度分布。

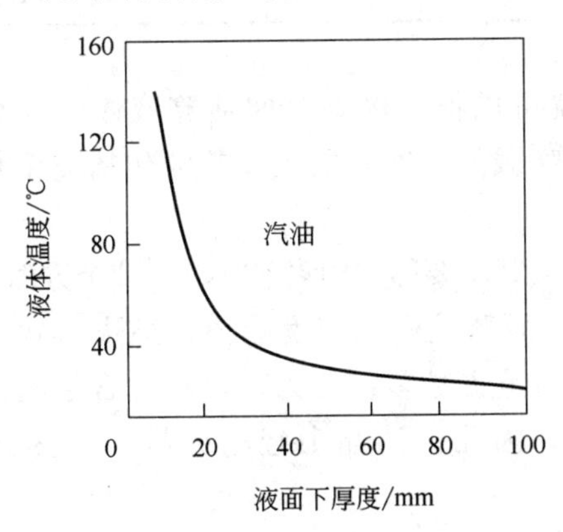

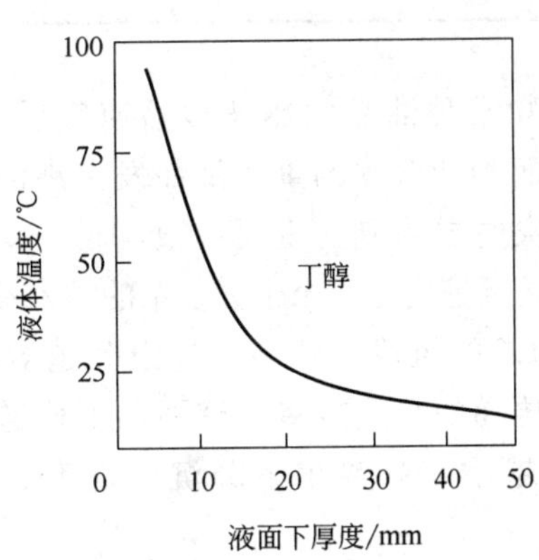

图 2.10　汽油和丁醇燃烧时液面下温度分布

液体稳定燃烧时，液体蒸发速度是一定的，火焰的形状和热释放速率是一定的，因此火焰传递给液面的热量也是一定的。这部分热量一方面用于蒸发液体，另一方面向下加热液体层。如果加热厚度越来越厚，则根据导热的傅里叶定律，通过液面传向液体的热量越来越少，而用于蒸发液体的热量越来越多，从而使火焰燃烧加剧。显然，这与液体稳定燃烧的前提是不符合的。因此液体在稳定燃烧时，液面下的温度分布是一定的。

需要注意的是，不同的液体其液面下温度分布是不同的，即加热层厚度是不同的。这是由于不同的液体具有不同的热参数。

(2) 原油燃烧时热量在液层的传播特点

沸程较宽的混合液体，主要是一些重质油品，如原油、渣油、蜡油、沥青、润滑油等，由于没有固定的沸点，在燃烧过程中，火焰向液面传递的热量首先使低沸点组分蒸发并进入燃烧区燃烧，而沸点较高的重质部分，则携带表面接受的热量向液体深层沉降，形成一个热的锋面向液体深层传播，逐渐深入并加热冷的液层。这一现象称为液体的热波特性，热的锋面称为热波。

热波初始温度等于液面的温度，等于该时刻原油中最轻组分的沸点。随着原油的连续燃烧，液面蒸发组分的沸点越来越高，热波的温度会由 150℃逐渐上升到 315℃，比水的沸点高很多。

热波在液层中向下移动的速度称为热波传播速度，它比液体的直线燃烧速度（即液面下降速度）快。表 2.3 给出了几种油品的热波传播速度与直线燃烧速度的比较。

表 2.3 热波传播速度与直线燃烧速度的比较

油品种类		热波传播速度/（mm/min）	直线燃烧速度/（mm/min）
轻质油品	含水＜0.3%	7～15	1.7～7.5
	含水＞0.3%	7.5～20	1.7～7.5
重质燃油及燃料油	含水＜0.3%	≤8	1.3～2.2
	含水＞0.3%	3～20	1.3～2.3
初馏分（原油轻组分）		4.2～5.8	2.5～4.2

在已知某种油品的热波传播速度后，就可以根据燃烧时间估算液体内部高温层的厚度，进而判断含水的重质油品发生沸溢和喷溅的时间。因此，热波传播速度是扑救重质油品火灾时要用到的重要参数。

热波传播速度是一个十分复杂的技术参数，其主要影响因素包括以下几个方面。

① 油品的组成。油品中轻组分越多，液面蒸发汽化速度越快，燃烧越猛烈，油品接受火焰传递的热量越多，液面向下传递的热量也越多；此外，轻组分含量越大，则油品的黏性越小，高温重组分沉降速度越大。因此，油品中轻组分越多，热波传播速度越大。

对于含水量≤0.1%，190℃以下馏分含量为 5%～6%原油，热波传播速度 v_t 与 190℃以下馏分的体积百分数[CH]有如下近似关系：

$$v_t = 1.65 + 4.69\lg[\mathrm{CH}] \tag{2.24}$$

② 油品中的含水量。在一定的数值范围内（如小于 4%），含水量增大，热波传播速度加快。这是因为含水量大的油品黏度小，油品中的高温层易沉降。但含水量大于 10%时，油品燃烧不稳定；而含水量超过 6%时，点燃很困难，即使着火了，燃烧也不稳定，影响热波传播速度。

对原油，当含水量[H_2O]小于 2%时，有

$$v_t = 5.12 + 1.62\lg[H_2O] + 4.69\left(\lg[CH] - \frac{1}{2}\right) \tag{2.25}$$

当含水量$[H_2O]$为 2%～4%时，有

$$v_t = 5.45 + 0.5\lg[H_2O] + 4.69\left(\lg[CH] - \frac{1}{2}\right) \tag{2.26}$$

③ 油品储罐的直径。试验研究表明，在一定的直径范围内，油品的热波传播速度随着储罐直径的增大而加快。但当储罐直径大于 2.5m 后，热波传播速度基本上与储罐直径无关。如图 2.11 所示的是某种原油的热波传播速度与储罐直径的关系。

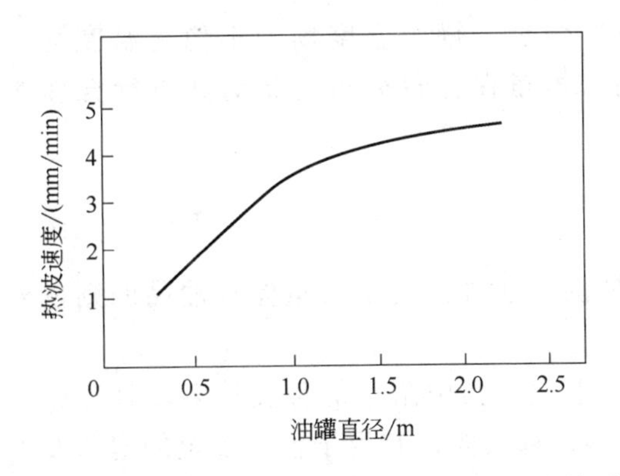

图 2.11　原油热波传播速度与油罐直径的关系

④ 储罐内的油品液位。储罐内的油品发生液面燃烧时，如果液位较高，空气就较容易进入火焰区，燃烧速度就快，火焰向液面传递的热量就多，所以热波传播速度就快；反之，液位低，热波传播速度就慢。例如，含水量为 2%的原油，在储罐中油面距离罐口高度分别为 145mm 和 710mm 时，热波的传播速度分别为 5.94mm/min 和 5.00mm/min。

除了上述因素，还有一些外界条件也影响热波传播速度的大小，甚至影响热波形成。例如，试验发现，裂化汽油、煤油、二号燃料油和六号燃料油混合物几乎不能形成热波。这说明，油品中的杂质、游离碳等，对热波的形成起了很大的作用。而且油品中的杂质有利于形成重组分微团，从而加快了热波传播速度；风使火焰偏向油罐的一侧，使下风向的罐壁温度升高，罐内液体的温度分布不均匀，从而加快了液体的热对流和热波传播速度；对较小直径的储罐用水冷却罐壁，能够带去高温层中的热量，阻止高温层下降，从而降低热波传播速度。

2.2　油罐着火时罐壁温度场计算

为了开展油罐罐壁在火灾条件下的力学分析，必须了解罐壁在油罐着火时的温度分布。本节就罐壁在火灾条件下的温度场计算作简要介绍。

2.2.1　温度场

在某一瞬时，空间各点温度分布的总体称为“温度场”，它是以某一时刻在一定时间内所有点上的温度值来描述的，可以表示成空间坐标和时间坐标的函数。在直角坐标系中，温度场可表达为

$$T = f(x, y, z, t) \tag{2.27}$$

若温度场各点的值均匀不随时间而变化，则温度场称为稳定温度场；否则，称为不稳定温度场。

若温度场只是一个空间坐标的函数，则称为一维温度场，如

$$T = f(x), \quad T = f(x,t) \tag{2.28}$$

如温度场是两个空间坐标的函数，则称为二维温度场，如

$$T = f(x,y), \quad T = f(x,y,t) \tag{2.29}$$

若温度场是三个空间坐标的函数，则称为三维温度场。

油罐罐壁在火灾条件下的导热属于不稳定传热，罐壁温度场为不稳定温度场。实际情况下，罐壁温度场是一个三维温度场。本章在计算分析时将对其进行合理的简化。

2.2.2 油罐工况及火作用

我国国内所使用的数量最为庞大的油罐是拱顶油罐，用于大量储存油品的则以外浮顶罐和内浮顶罐为主。

拱顶油罐一般由罐底、罐壁、罐顶及附件组成。其中附件的种类较多，且分布于油罐各处，功能各异，有用于进行泄压的呼吸阀、释放阀，有用于保证安全的泡沫发生器，有用于人员进出油罐的人孔等。拱顶油罐的结构图如图 2.12 所示。

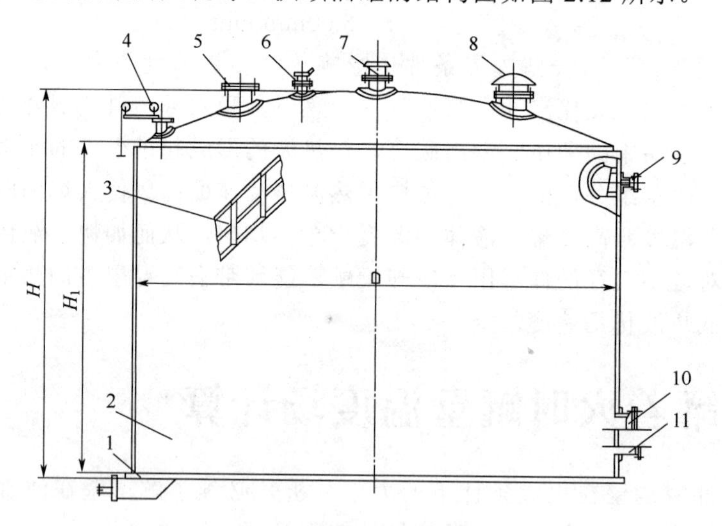

图 2.12　拱顶罐结构图

1—排污孔；2—罐体；3—盘梯平台；4—就地液位计；5—透光孔；6—量油孔；7—阻火呼吸阀；8—紧急释放阀；9—泡沫发生器口；10—罐壁人孔；11—进出管口

为了便于进行计算，需要对油罐结构进行简化。对油罐内部压力和油罐安全没有影响的附件进行简化，去除盘梯平台、就地液位计、透光孔、量油孔、泡沫发生器口、罐壁人孔和进出管口等附加设施，将其重量叠加到罐壁上。最后模型中存留的结构为罐底、罐壁、包边角钢、罐顶、中心顶板五个部分。拱顶罐模型简图如图2.13

所示。

有关学者通过对不同容积拱顶罐的实体模型进行研究分析，得出不同容积的拱顶罐在内部压力上升时，受力最高的部位是其弱连接结构，即包边角钢焊接部分。也就是当拱顶罐内部燃烧等原因而致使压力上升的情况下，最易发生失效的部位就是其弱连接结构。

根据以上分析，将油罐火灾下的工况简化如下：假设油罐在某种情况下发生爆炸，将罐顶部分从罐壁顶部弱连接结构焊缝处全部炸飞，油罐呈现开口圆柱形状。把火焰形状视为圆柱状，火焰稳定燃烧温度 T_f 取 1050℃，并在燃烧过程中保持不变。油罐受火作用的计算简图如图 2.14 所示。

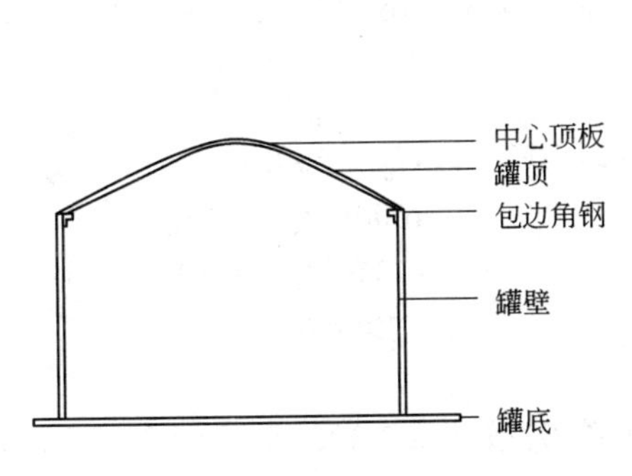

图 2.13　拱顶罐模型简图

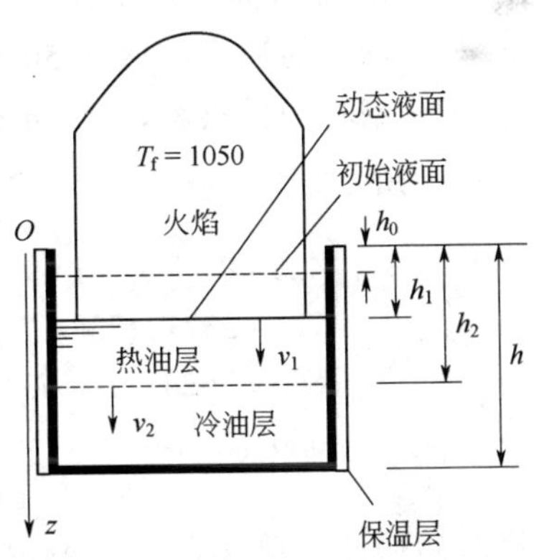

图 2.14　油罐受火作用的计算简图

图 2.14 中，v_1 为油料燃烧线速度，v_2 为油料热波传播速度，h 为罐壁高度，h_1 为原油液面到罐壁顶端的距离，h_2 为热油层下端到罐顶端的距离，h_0 为原油初始液面到罐壁顶端的距离。

另外需要注意的是，原油储罐出于对工艺技术的考虑，罐外壁常常需要敷有保温层。保温层具有良好的隔热性，能够有效阻隔罐壁内外的热量传递，使罐内油品常年保持一定的恒温，防止夏季罐内油品温度升高，造成油气大量挥发；冬季罐内油品温度下降，造成油品黏度增大。

2.2.3　罐壁热平衡方程

根据上述关于油罐受火作用计算的模型分析，由于对称性，沿竖向截取宽度为 1m 的罐壁作为研究对象计算其温度分布。取坐标系如图 2.14 所示，原点在罐壁顶部。将研究对象罐壁沿竖向按高为 Δz 划分为若干单元，如图 2.15 所示。

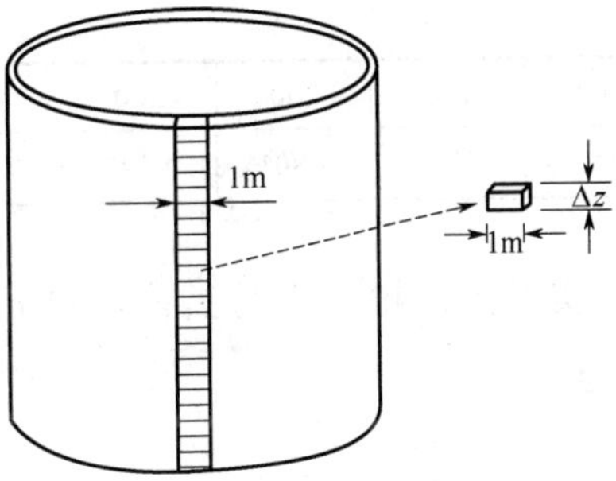

图 2.15　罐壁研究对象单元格划分示意图

为方便计算，把罐壁温度计算分成两步。

第一步，把罐壁各单元分界面看作绝热面，在 h_1 范围内只考虑罐壁与火焰的辐射换热；在油层范围内，只考虑原油与罐壁的接触换热。而罐壁外侧通常设有保温层，可以视为绝热。在微小时间增量 Δt 内，在液面以上罐壁计算单元的热平衡方程如式（2.30）所示：

$$\Delta T_s(z,t)=\frac{Q_s}{c_s\rho_s V_s}=\frac{Q_g-Q_f}{c_s\rho_s V_s}(0\leqslant z\leqslant h_1) \tag{2.30}$$

式中 Q_s —— Δt 时间内罐壁计算单元表面净吸收的热量，J，Δt 为时间间隔，s；

Q_g ——火焰对罐壁计算单元表面在 Δt 内的辐射传热量，J；

Q_f ——计算单元表面在时间间隔 Δt 内向外辐射热量，J；

V_s ——罐壁计算单元体积，m^3；

ΔT_s ——在 Δt 时间内罐壁计算单元温升，℃；

ρ_s ——钢材的密度，取 7850kg/m³；

c_s ——钢材的比热容，J/（kg·℃），按欧洲规范 3 给出的公式计算，如式（2.31）所示：

$$c_s=\begin{cases}425+0.773T_s-1.69\times10^{-3}T_s^2+2.22\times10^{-6}T_s^3 & (T_s\leqslant 600)\\ 721+5371/(738-T_s) & (600<T_s\leqslant 735)\\ 605+7624/(T_s-731) & (735<T_s\leqslant 900)\\ 650 & (T_s>900)\end{cases} \tag{2.31}$$

火焰对罐壁计算单元表面在 Δt 内的辐射传热量 Q_g 按式（2.32）进行计算：

$$Q_g=5.67\times b\Delta z\Delta t\left[\varepsilon_g\left(\frac{T_f+273}{100}\right)^4-\alpha_g\left(\frac{T_s(z,t)+273}{100}\right)^4\right] \tag{2.32}$$

式中 ε_g ——火焰气体的发射率，经计算可取 0.48；

α_g ——火焰气体对黑体外壳辐射的吸收比，经计算可按表 2.4 取值；

b ——罐壁计算单元宽度，m；

Δz ——罐壁计算单元高度，m。

表 2.4 α_g 取值表

T_s / ℃	100	200	300	400	500	600	700	800	900	>900
α_g	0.907	0.801	0.742	0.698	0.688	0.670	0.633	0.613	0.596	0.574

实际上，罐壁不是黑体，单元表面在时间间隔 Δt 内向外辐射热量 Q_f 按式（2.33）计算：

$$Q_f=5.67\times b\Delta z\varepsilon_s\Delta t\left[\frac{T_s(z,t)+273}{100}\right]^4 \tag{2.33}$$

式中，ε_s 为钢材黑度，取 0.8。

在微小时间增量 Δt 内，在液面以下罐壁计算单元与原油接触换热，依据传热学基本知识有：

$$\Delta T_s(z,t) = b\Delta z\Delta t \times \frac{h_c[T_s(z,t)-T_o(z,t)]}{c_s\rho_s V_s}(h_1 < z \leqslant h) \tag{2.34}$$

式中，h_c 为原油与罐壁的接触换热系数，取 70W/（m^2 • ℃）。

罐壁计算单元在 $t+\Delta t$ 时刻考虑火焰热辐射后，与原油接触换热后的温度 $T_s(z,t+\Delta t)$ 按式（2.35）计算：

$$T_s(z,t+\Delta t) = T_s(z,t) + \Delta T_s(z,t) \tag{2.35}$$

第二步，撤销每个计算单元的分界面上人为设置的绝热面，考虑热量在罐壁竖向各计算单元之间进行热传导，在罐壁端部近似绝热。对罐壁计算单元在 $t+\Delta t$ 时刻后的温度直接给出差分方程：

$$T_s(z,t+\Delta t) = \frac{\lambda_s\Delta t}{c_s\rho_s(\Delta z)^2}\left[T_s(z+\Delta z,t)+T_s(z-\Delta z,t)-2T_s(z,t)\right]+T_s(z,t)\ (0<z\leqslant h) \tag{2.36}$$

式中　$T_s(z,t+\Delta t)$ ——坐标为 z 的罐壁计算单元在 $t+\Delta t$ 时刻的温度，℃；
$T_s(z+\Delta z,t)$ ——坐标为 $z+\Delta z$ 的罐壁计算单元在 t 时刻的温度，℃；
$T_s(z-\Delta z,t)$ ——坐标为 $z-\Delta z$ 的罐壁计算单元在 t 时刻的温度，℃；
$T_s(z,t)$ ——坐标为 z 的罐壁计算单元在 t 时刻的温度，℃；
λ_s ——钢材的热导率，W/（m • ℃），按欧洲规范 3 给出的公式计算，如式（2.37）所示：

$$\lambda_s = \begin{cases} 54-3.33\times10^{-2}T_s & (800 \leqslant T_s) \\ 27.3 & (800 < T_s \leqslant 1200) \end{cases} \tag{2.37}$$

把罐内原油在平面上的温度视为均匀，只考虑在竖向热传导。同样，用 Δz 划分原油高度。在热油层内，油温度保持稳定，热波温度不变。在热波以下，进行一维传导：

$$T_o(z,t+\Delta t) = \frac{\lambda_o\Delta t}{c_o\rho_o(\Delta z)^2}[T_o(z+\Delta z,t)+T_o(z-\Delta z,t)-2T_o(z,t)]+T_o(z,t)(h_2<z\leqslant h) \tag{2.38}$$

式中　$T_o(z,t+\Delta t)$ ——坐标为 z 的原油计算单元在 $t+\Delta t$ 时刻的温度，℃；
$T_o(z+\Delta z,t)$ ——坐标为 $z+\Delta z$ 的原油计算单元在 t 时刻的温度，℃；
$T_o(z-\Delta z,t)$ ——坐标为 $z-\Delta z$ 的原油计算单元在 t 时刻的温度，℃；
$T_o(z,t)$ ——坐标为 z 的原油计算单元在 t 时刻的温度，℃；
λ_o ——原油的热导率，取 0.14W/（m • ℃）；
c_o ——原油的比热容，取 2700J/（kg • ℃）；
ρ_o ——原油密度，取 800kg/m^3。

在热油层内，油温视为不变：

$$T_o(z,t+\Delta t) = T_1(h_1<z\leqslant h_2) \tag{2.39}$$

式中　T_1 ——热波稳定高温层温度，通常在 150～300℃。

液面位置按式（2.40）计算：

$$h_1 = h_o + v_1 t \tag{2.40}$$

热波下端位置按式（2.41）计算：

$$h_2 = h_o + v_2 t \tag{2.41}$$

式中　v_1 ——原油燃烧线速度，取 2mm/min；

　　　v_2 ——热波传播速度，取 4.4mm/min。

2.2.4 罐壁温度场计算结果

按上述热平衡方程，建立原油罐罐壁温度计算模型，并编程计算可得到罐壁温度随火灾持续时间的变化规律。表 2.5 为液面附近罐壁的温度计算数值。该计算相关工况及参数如下：罐壁高度为 13.5m，罐体直径为 22.85m，罐体钢材为 Q235B，壁厚δ=10mm，罐壁外设置 80mm 厚岩棉保温层。原油初始液面到罐壁顶端的距离 h_0=6m，原油燃烧线速度 v_1=2mm/min，热波传播速度 v_2=4.4mm/min，热波稳定高温层温度 T_1=150℃，时间间隔Δt=60s，原油与罐壁的接触换热系数 h_c=70W/（m^2 • ℃），罐壁计算单元宽度 b=1m，计算单元高度Δz=0.1m。

表 2.5　液面附近罐壁温度　　单位：℃

z/m	火灾持续时间 /min																			
	30	60	90	120	150	180	210	240	270	300	330	360	390	420	450	480	510	540	570	600
8.25	735	736	737	737	737	737	737	737	737	737	737	737	737	737	737	737	737	737	737	737
8.35	734	735	736	736	737	737	737	737	737	737	737	737	737	737	737	737	737	737	737	737
8.45	696	729	734	736	736	737	737	737	737	737	737	737	737	737	737	737	737	737	737	737
8.55	298	679	698	733	734	736	736	737	737	737	737	737	737	737	737	737	737	737	737	737
8.65	117	275	322	697	702	734	735	736	736	737	737	737	737	737	737	737	737	737	737	737
8.75	48	117	184	318	426	699	730	734	736	736	736	737	737	737	737	737	737	737	737	737
8.85	27	47	116	184	207	326	686	699	734	734	736	736	737	737	737	737	737	737	737	737
8.95	21	26	51	126	155	199	302	328	698	699	734	735	736	736	737	737	737	737	737	737
9.05	20	21	28	63	126	157	183	203	323	328	699	729	734	736	736	737	737	737	737	737
9.15	20	20	22	31	79	133	152	164	198	203	327	682	699	734	734	736	736	737	737	737
9.25	20	20	20	22	38	98	136	150	161	165	202	298	328	698	702	734	735	736	736	737
9.35	20	20	20	20	24	45	112	140	150	153	164	183	203	323	427	699	730	734	736	736
9.45	20	20	20	20	21	26	57	120	142	149	153	157	165	198	211	327	686	699	733	734
9.55	20	20	20	20	20	21	30	76	127	144	149	151	154	163	166	202	302	328	697	699
9.65	20	20	20	20	20	20	22	36	95	134	145	149	150	153	154	165	185	203	322	328
9.75	20	20	20	20	20	20	20	24	44	110	138	146	149	150	151	154	157	166	198	203
9.85	20	20	20	20	20	20	20	21	26	55	119	141	147	149	150	151	151	154	162	166

续表

z/m	火灾持续时间/min																			
	30	60	90	120	150	180	210	240	270	300	330	360	390	420	450	480	510	540	570	600
9.95	20	20	20	20	20	20	20	20	21	29	73	126	143	148	149	150	150	151	153	154
10.05	20	20	20	20	20	20	20	20	20	22	35	92	133	145	148	149	150	150	150	151
10.15	20	20	20	20	20	20	20	20	20	20	23	43	109	138	146	149	149	150	150	150
10.25	20	20	20	20	20	20	20	20	20	20	20	25	53	118	140	147	149	149	149	150
10.35	20	20	20	20	20	20	20	20	20	20	20	21	28	71	125	143	148	149	149	149
10.45	20	20	20	20	20	20	20	20	20	20	20	20	22	34	90	133	145	148	149	149
10.55	20	20	20	20	20	20	20	20	20	20	20	20	20	23	42	107	137	146	148	149
10.65	20	20	20	20	20	20	20	20	20	20	20	20	20	20	25	51	117	140	147	149
10.75	20	20	20	20	20	20	20	20	20	20	20	20	20	20	21	28	69	124	142	148
10.85	20	20	20	20	20	20	20	20	20	20	20	20	20	20	20	22	34	87	132	144
10.95	20	20	20	20	20	20	20	20	20	20	20	20	20	20	20	20	23	41	106	137
11.05	20	20	20	20	20	20	20	20	20	20	20	20	20	20	20	20	20	25	49	116
11.15	20	20	20	20	20	20	20	20	20	20	20	20	20	20	20	20	20	21	27	66
11.25	20	20	20	20	20	20	20	20	20	20	20	20	20	20	20	20	20	20	22	33
11.35	20	20	20	20	20	20	20	20	20	20	20	20	20	20	20	20	20	20	20	23
11.45	20	20	20	20	20	20	20	20	20	20	20	20	20	20	20	20	20	20	20	20

根据表 2.5 绘制罐壁温度随高度的变化趋势，如图 2.16 所示。

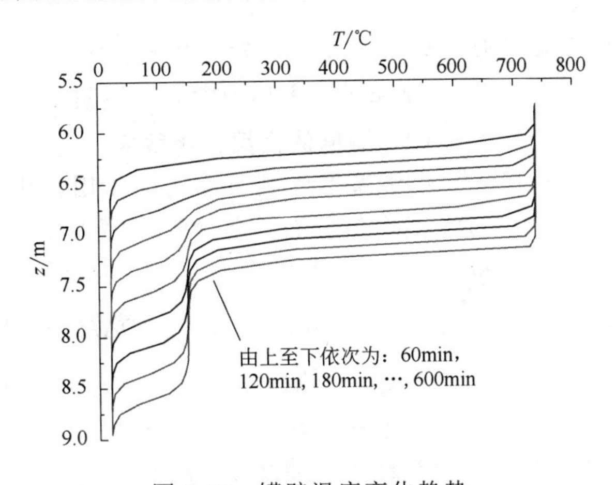

图 2.16　罐壁温度变化趋势

由表 2.5 和图 2.16 可见，随燃烧时间持续，液面以上罐壁直接受到火焰辐射和对流换热，温度很快达到稳定温度 737℃。在液面以下，因罐壁不受火焰辐射，其温升热量来自相邻罐壁的热传导和热油层的接触换热，其热流强度远小于上部罐壁，所以在液面处形成第一个温差，其值可达到约 400℃，且该温差以原油燃烧线速度 v_1 向下推进。在热油层下部，因热-冷油层热交换强度较小，罐壁也形成第二个温度差，其值大约为 50℃。

2.3 油罐罐壁受力分析及失效坍塌判据

研究油罐罐壁在火灾下，由于高温作用而失效坍塌，最终将归结为罐壁作用效应与其抗力的比较。当作用效应大于抗力时，失效坍塌，反之安全。其中，作用效应又分为常温作用效应和高温作用效应。抗力也需要考虑高温对于罐壁钢材力学性能的影响。

2.3.1 罐壁的作用效应

罐壁的作用效应是常温作用效应和高温作用效应在罐壁上引发的结果，常温作用效应包括罐壁自重，罐壁上敷设的抗封圈、走道、冷却喷淋管道等自重，风力，油压作用引起的罐壁应力或变形。高温作用效应是罐壁温度升高或温差引起的罐壁应力或变形。本章研究的是罐体坍塌问题，所以作用效应选取罐壁的竖向应力。

（1）罐壁的常温作用效应

因假设罐顶已从罐壁顶部全部炸飞，计算对象在常温下可视为悬臂柱，宽度为1m，厚度δ=10mm。计算表明，风力引起的罐壁竖向应力非常小，不予考虑。油压只产生环向拉应力，不产生竖向应力，也不予考虑。取液面处单元为计算单元，只需考虑罐壁自重 p_1 和附加设施自重 p_2。

考察实际油罐设计，附加设施有抗封圈、走道、冷却喷淋管道，自重为沿罐壁周长 30kg/m，设置在罐壁外侧，对罐顶处罐壁偏心距 e_0=200mm。

根据力学基本知识，计算单元处（坐标为 z）的罐壁自重荷载可用式（2.42）计算：

$$p_1 = 1.1\times 9.8z\delta\gamma = 1.1\times 9.8\times 0.01\times 7850z = 846.23z \tag{2.42}$$

其作用位置在上部罐壁形心处（式中 1.1 为荷载系数）。

常温下，上述力学分析简图如图 2.17 所示。

图 2.17 常温下力学分析简图

（2）罐壁的高温作用效应

由于罐壁受到对称的火作用，用 Δz 划分的罐壁圆环的温度均匀分布。每个圆环受热后向外膨胀，其半径增量为

$$\Delta R(z,t) = \alpha_s(z,t)D\Delta T(z,t)/2 \tag{2.43}$$

式中 α_s ——钢材的线膨胀系数，按表 2.6 取值；

D ——油罐直径，m；

$\Delta T(z)$ ——某圆环的温升，℃。

表 2.6 钢材的线膨胀系数

钢材温度/℃	100	150	200	250	300	350	400	450	>500
线膨胀系数/[10^{-5}m/（m·℃）]	0.70	0.95	1.14	1.27	1.35	1.40	1.44	1.46	1.50

按式(2.43)计算的每个罐壁圆环在火灾持续 10h 时，罐壁半径膨胀增量如图 2.18

所示（计算工况与图 2.16 相同）。

在液面上部罐壁达到稳定温度后，其半径增量可达 122.9mm。由于在液面处上下罐壁存在巨大温差，所以在该处罐壁半径膨胀增量也存在巨大差别。

取液面处罐壁圆环作为研究对象，该圆环下截面处为最危险截面，该截面上部的罐壁自重对该截面形成偏心压力，如图 2.19 所示。

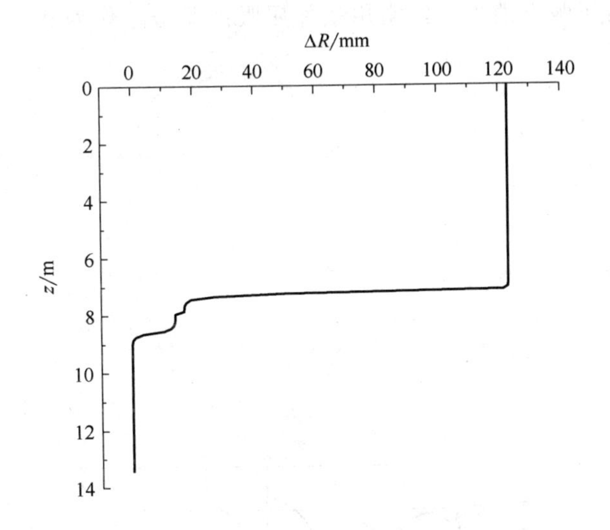

图 2.18　罐壁半径膨胀增量

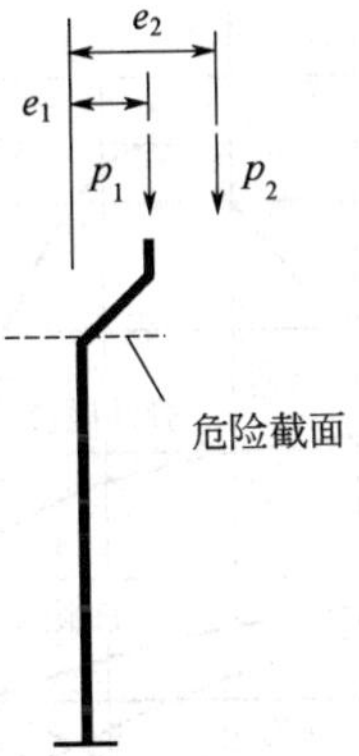

图 2.19　火灾下罐壁危险截面力学分析简图

假设罐壁受热后仍保持圆柱状，沿罐壁竖向截取宽度 1m 的研究对象，因对称性，该研究对象仍可视为悬臂柱（如沿圆周每 1m 划分罐壁，每个单元均受到相同的作用），其截面为矩形，宽度为 1m，厚度为 10mm。将图 2.19 中 p_1 和 p_2 向危险截面形心平移，忽略其轴心压应力（很小），则由附加弯矩所产生的弯曲正应力，亦即此处讨论的罐壁的作用效应为

$$\sigma_{\mathrm{f}}(z,t)=\frac{M}{W}=\frac{p_1e_1+p_2e_2}{b\delta^2/6} \tag{2.44}$$

式中　M ——罐壁附加设施自重对危险截面产生的弯矩；

W ——罐壁计算单元截面的抵抗矩；

e_1 ——上部罐壁自重对危险截面的偏心距，取危险截面上一个圆环的半径膨胀增量与危险截面下一个圆环的半径膨胀增量之差；

e_2 ——上部罐壁附加设备自重对危险截面的偏心距，取 $e_2=e_0+e_1$。

2.3.2　罐壁的抗力

罐壁抗力是受到高温作用，钢材材料力学性能变化后罐壁抵抗作用效应的能力。

钢材虽然属于不燃性材料，但耐火性能很差。在火灾高温下钢材的物理力学性能发生明显变化。在高温下钢材强度随温度升高而降低，降低的幅度因钢材温度的高低和钢材种类而不同。

广泛使用的普通低碳钢在高温下的力学性能如图 2.20 所示。抗拉强度在 250～300℃达到最大值（由于蓝脆现象，强度比常温时略有提高）；温度超过 350℃时，强度开始大幅度下降，在温度为 500℃时约为常温时的 1/2，600℃时约为常温时的 1/3。普通低碳钢应力-应变曲线随温度升高，曲线形状发生很大变化（图 2.21），在室温下钢材屈服平台明显，并呈现锯齿状；温度升高，屈服平台降低，且原来呈现的锯齿状逐渐消失；当温度超过 400℃时，低碳钢特有的屈服点消失，经常用条件屈服极限 $\sigma_{0.2}$ 作为其屈服强度。

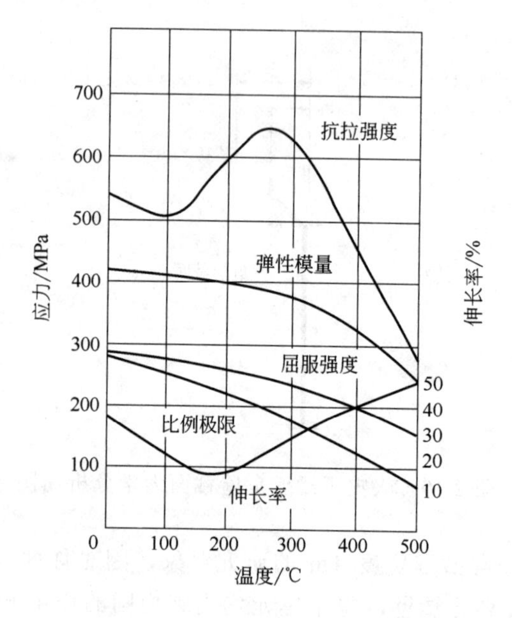

图 2.20　普通低碳钢高温力学性能

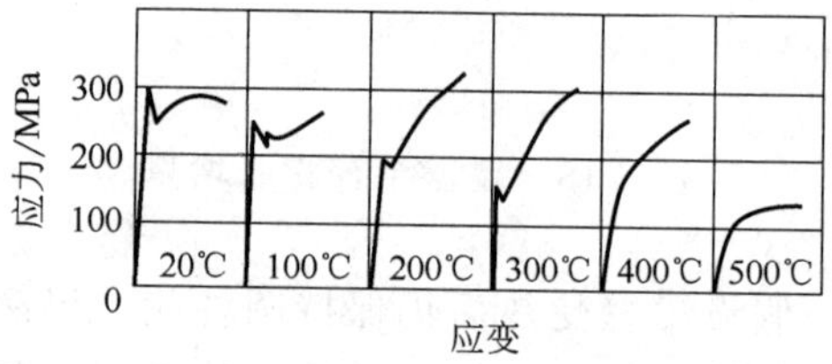

图 2.21　普通低碳钢高温下的应力-应变曲线

普通低合金钢在高温下的强度变化与普通碳素钢基本相同，在 250～300℃的温度范围内强度增加，当温度超过 300℃后，强度逐渐降低。

高强硬钢主要包括高碳钢及用于预应力钢筋混凝土构件中的冷加工钢筋及高强钢筋等。这类钢材往往无明显的屈服台阶，高温下的性能与一般钢材不同。大量试验表明：高强硬钢与具有明显屈服台阶的软钢相比，对温度更为敏感。当温度超过 175℃以后，强度急剧下降，500℃时降至常温强度的 30%，温度达 750℃则完全丧失其强度。所以，预应力构件耐火性能要低于普通混凝土构件，其原因除上述硬钢对温度比较敏感外，还因为在高温下预应力极易损失，构件难以正常工作。如对于强度为 600MPa 的低碳钢冷拔钢丝，当温度升高至 300℃时，其预应力几乎全部丧失。

在设计计算中，一般假定钢材的应力-应变曲线和常温下的相似，如图 2.22 所示。

在进行钢材高温强度计算时，取钢材的高温设计强度 f_{yT} 作为材料的强度指标。所谓高温设计强度是指钢材在某一温度水平时的实际屈服强度或条件屈服强度，它是温度的函数。目前，国内尚无系统试验数据发表，国外各研究机构的结果也不尽相同。

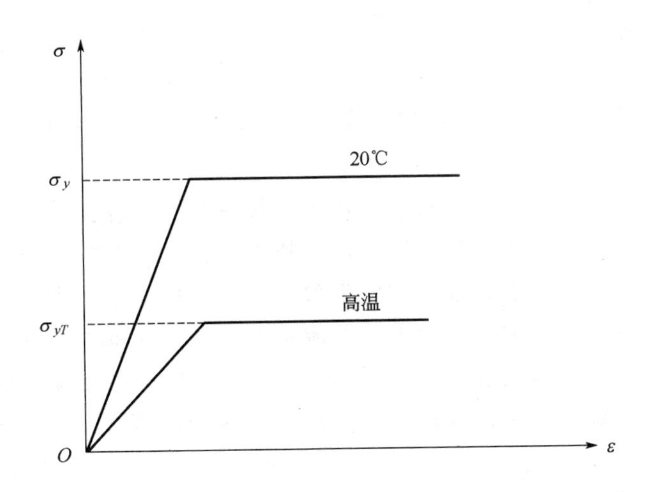

图 2.22 钢材高温时的应力-应变曲线

当作用效应以应力形式表达时，抗力就是罐壁钢材在高温下的设计强度。定义钢材的高温设计强度与其常温设计强度之比为强度降低系数：$k_s = f_{yT} / f_y$，k_s按 BS 5950 取值，如表 2.7 所示。

表 2.7 钢材的强度折减系数 k_s

温度/℃	100	150	200	250	300	350	400	450	500
k_s	0.970	0.959	0.946	0.884	0.854	0.826	0.798	0.721	0.622
温度/℃	550	600	650	700	750	800	850	900	950
k_s	0.492	0.378	0.269	0.186	0.127	0.071	0.045	0.030	0.024

2.3.3 罐壁失效判据与失效机理

(1) 罐壁失效判据

在火灾任意时刻，当油罐罐壁在温度作用下的抗力大于其作用效应，即下式成立时，罐壁处于可靠状态：

$$f_{yT}(z,t) = k_s(z,t) \quad f \geqslant \sigma_f(z,t) \tag{2.45}$$

否则，罐壁失效倒塌。

对本章第 2 节算例计算得知，当火灾持续 645min 时，液面距罐壁顶端 7.29m，该处温度达到 731℃，钢材强度降低系数为 0.149，上一个罐壁圆环的半径膨胀增量为 122.7mm，下一个罐壁圆环的半径膨胀增量为 50.2mm，由自重和附加设备自重引起的弯曲正应力与钢材常温设计强度之比为 0.15（f_y取 215N/mm^2），所以，罐壁处于极限状态，此后将失效坍塌。

（2）罐壁失效机理讨论

金属构件在使用过程中，由于压力、时间、温度和环境介质以及操作失误等因素的作用，丧失其规定功能的现象就是金属构件的失效。油罐火灾中，金属罐壁在火灾高温和相应荷载效应的耦合作用下，丧失其油罐罐壁基本功能和作用的现象即是罐壁的失效。本章将关注点集中在罐壁在火灾作用下的失效坍塌。

失效机理分析是一门综合性学科，是对金属装备及其构件在使用过程中发生各种形式失效现象的特征及规律进行分析研究，从中找出产生失效的主要原因及防止失效的措施。进行失效分析的目的在于通过对罐壁失效坍塌的分析，找出失效原因和影响因素，采取改进和预防措施，防止类似失效事件在罐壁设计寿命范围内再发生。期望对油罐罐壁在以后的设计、使用，以及发生火灾后消防救援队伍的扑救工作提供指导。

金属构件发生失效是由多种因素共同作用引起的，包括温度、材料特性、应力、时间和环境介质等。对金属失效的分析与金属材料的性能、组织分析有密切的关系。其中材料性能的研究分析包括物理性能、化学性能和力学性能。本章中所研究的油罐罐壁在火灾下的失效机理研究，只涉及罐壁的力学性能随温度的变化，不考虑罐壁材料发生的化学反应、材料的缺陷（裂缝、夹杂物等）和组织结构的变化。

在本章计算分析假设的理想条件下，油罐罐顶从罐壁顶部圆周焊缝处完全炸飞，罐壁受到对称的火作用，受热后仍能保持圆柱状。由于液面以上罐壁直接受到强大的火焰作用，换热面积大，其温度很高，而液面以下罐壁仅受到热油层的接触换热和相邻上部罐壁的传导换热，其热流强度有限，温度较低，所以在液面附近罐壁上下形成巨大的温差。这个温差使罐壁圆环形成半径增量差，上部自重对罐壁由原来的轴向受压变成偏心受压，产生了附加弯矩，罐壁的受力状态发生本质变化。随火灾持续，罐壁上的这个最危险截面位置以原油燃烧线速度向下推进，罐壁自重 p_2 不断增大，弯曲正应力也不断增大。

因油罐罐壁厚度较小，本身抗弯能力有限，随着火灾的持续发展，高温使钢材强度大幅度降低。对于受弯构件，在有效重力荷载作用下，构件截面上的正应力按三角形分布（弹性状态），如图 2.23（a）所示。当构件受火后，有效屈服强度降低到和截面上最大正应力相等时该截面开始屈服；随火烧时间持续，f_{yT} 进一步降低。由于外荷载维持不变，构件为维持平衡，必然是由外向内发展塑性，应力图形如图 2.23（b）所示。当温度继续升高，强度继续下降，最终的结果是全截面屈服，应力图形如图 2.23（c）所示。此时，该截面不适于继续承载而宣告破坏。本章研究对象为沿竖向截取的宽度为 1m 的罐壁，可看作压弯构件，其失效过程为危险截面正应力较大的一侧先屈服，另一侧后屈服，进而全截面屈服破坏。最终使整个油罐罐壁不能自持而发生失效坍塌。

本章中火灾条件下油罐罐壁的失效坍塌机理分析过程可用图 2.24 描述。

当然，在其他非理想条件下，罐壁的失效坍塌可能更为复杂。例如，爆炸后部分罐顶钢板仍连接在罐壁上，其自重造成的初始偏心距更大，这种自重荷载不是沿圆周均匀作用，也不能把罐壁视为悬臂柱进行分析计算。此时，本节结论除温度计算外将失效。

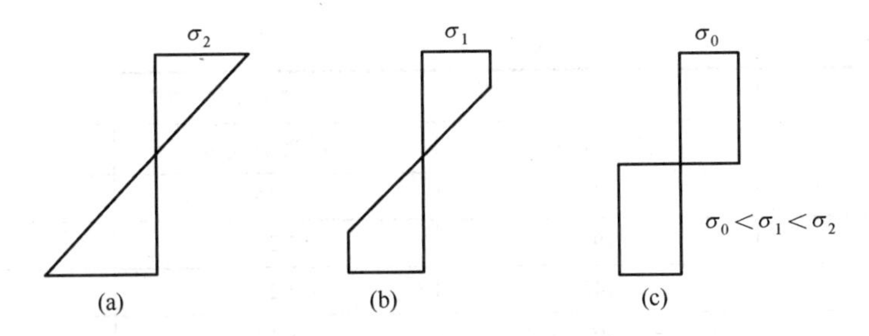

图 2.23　受弯构件破坏过程截面应力变化

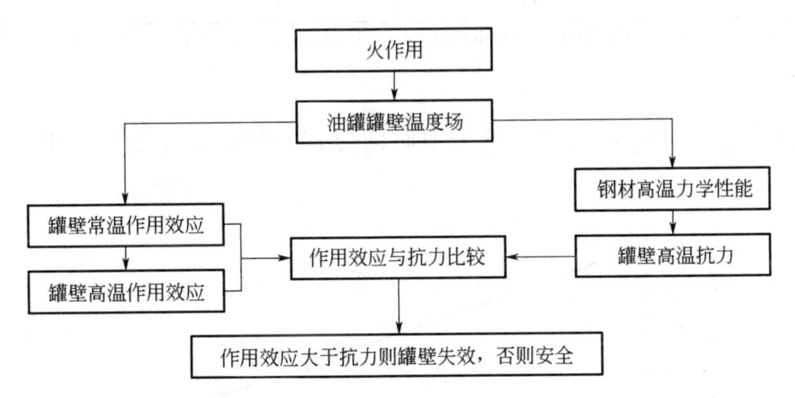

图 2.24　油罐罐壁失效坍塌机理分析流程

2.4　罐壁失效影响因素分析及建议

上节分析表明，罐壁在火灾中失效坍塌主要是在液面处罐壁存在巨大温度差所致。因油罐工况不同，原油的热参数不同，可能的失效坍塌时间就不同。本节将在第 3 节油罐工况条件下，研究原油初始储存高度 h_0、原油燃烧线速度 v_1、稳定热波温度 T_1 和设置壁保温层与否这 4 个因素对罐壁失效坍塌时间的影响。

2.4.1　原油初始储存高度 h_0 对罐壁失效坍塌时间的影响

原油初始储存高度 h_0 决定了罐壁直接暴露在火焰中的初始高度，所以影响罐壁危险截面的高度位置和弯曲正应力，因而也影响罐壁失效时间。在其他参数不变的情况下，仅单一改变 h_0，计算的罐壁失效参数列于表 2.8。

表 2.8　罐壁失效参数与 h_0 的变化关系

h_0/m	失效参数		
	失效时间/min	失效时液面高度/m	失效时罐壁温度/℃
5.0	1145	7.25	731
5.5	895	7.25	731
6.0	645	7.25	731
6.1	595	7.25	731

续表

h_0/m	失效参数		
	失效时间/min	失效时液面高度/m	失效时罐壁温度/℃
6.2	545	7.25	731
6.3	495	7.25	731
6.4	445	7.25	731
6.5	45	6.55	730
6.6	44	6.65	728

注：h=13.5m，D=22.85m，δ=10mm，v_1=2mm/min，v_2=4.4mm/min，T_1=150℃，Δt=60s，h_c=70W/（m^2·℃），Δz=0.1m。

根据表 2.8 计算结果，绘制罐壁失效时间与初始储存高度之间的变化趋势图，如图 2.25 所示。

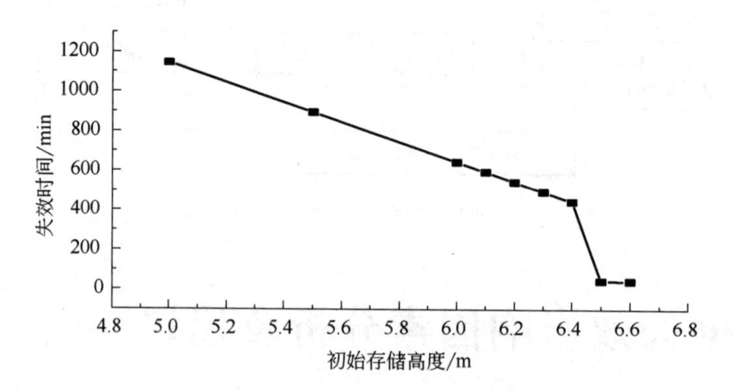

图 2.25　罐壁失效时间与初始储存高度的关系

观察表 2.8 数据和图 2.25 曲线可见：罐壁失效时间与原油初始储存高度 h_0 有关，初始高度越小，罐壁失效时间越长。在罐体参数确定条件下，存在一个临界储存高度：当实际储存高度小于临界储存高度时，罐壁失效时间较长；当实际储存高度大于临界原油初始储存高度时，罐壁失效时间很短。

定义：在某种确定工况下，原油初始储存高度在某一数值附近，罐壁失效时发生突变的原油初始储存高度称为临界储存高度。

本例工况下，临界储存高度为 6.4m。之所以存在这样一个临界原油初始储存高度，是因为液面上部罐壁受火作用，很快就可以达到稳定温度，液面上下的温差是一个定值，上部罐壁自重的偏心距也是一个定值，而作用效应 σ_f（z,t）由上部罐壁高度唯一确定。在本算例中，当初始储存高度为 6.4m，燃烧时间持续 445min 时，液面高度为 7.25m，其温度为 731℃，钢材强度降低系数为 0.149，作用效应水平为 0.15，所以罐壁失效。当初始储存高度增加到 6.5m，燃烧时间持续 45min 时，液面高度为 6.55m，其温度为 730℃，钢材强度降低系数为 0.15，作用效应水平为 0.15，所以罐壁失效。可以看出，当初始储存高度由 6.4m 增加到 6.5m 时，罐壁失效时间却由 445min 急剧减小至 45min。这就是临界存储高度的意义所在。

在原油罐火灾扑救中，罐体存在临界储存高度这一现象应当引起足够重视。

2.4.2　原油燃烧线速度 v_1 对罐壁失效坍塌时间的影响

原油燃烧线速度 v_1 决定了液面向下的推进速度，所以影响油罐罐壁危险截面的高度位置和弯曲正应力，因而也影响罐壁失效时间。在其他参数不变的情况下，仅单一改变 v_1，计算的罐壁失效参数列于表 2.9。

表 2.9　罐壁失效参数与 v_1 的变化关系

v_1/(mm/min)	失效参数		
	失效时间/min	失效时液面高度/m	失效时罐壁温度/℃
1.0	1288	7.25	731
1.25	1031	7.25	731
1.5	860	7.25	731
1.75	737	7.25	731
2.0	645	7.25	731
2.25	574	7.25	731
2.5	517	7.25	731
2.75	470	7.25	731
3.0	431	7.25	731

注：h=13.5m，D=22.85m，δ=10mm，h_0=6m，v_2=4.4mm/min，T_1=150℃，Δt=60s，h_c=70W/(m^2·℃)，Δz=0.1m。

根据表 2.9 计算结果，绘制罐壁失效时间与原油燃烧线速度 v_1 之间的变化趋势图，如图 2.26 所示。

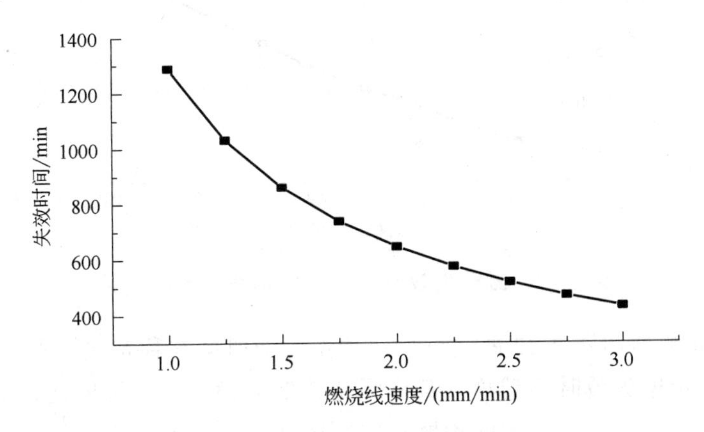

图 2.26　罐壁失效时间与燃烧线速度的关系

观察表 2.9 数据和图 2.26 曲线可见，随原油燃烧线速度 v_1 增大，罐壁失效时间减小。当着火罐存在原油的燃烧线速度较大时，火灾扑救中应当保持警惕。

2.4.3　稳定热波温度 T_1 对罐壁失效坍塌时间的影响

稳定热波温度 T_1 是液面下罐壁热交换的环境温度，所以影响罐壁危险截面的温度、上部罐壁的偏心距和弯曲正应力，因而也影响罐壁失效时间。在其他参数不变的情况下，仅单一改变 T_1 计算的罐壁失效参数列于表 2.10。

表 2.10 罐壁失效参数与 T_1 的变化关系

T_1/℃	失效参数		
	失效时间/min	失效时液面高度/m	失效时罐壁温度/℃
150	645	7.25	731
175	795	7.55	731
200	996	7.95	731
225	1148	8.25	732
250	1345	8.65	732
275	1599	9.15	733
300	1845	9.65	732
325	2096	10.15	733
350	2600	11.15	734

注：h=13.5m，D=22.85m，δ=10mm，v_1=2mm/min，v_2=4.4mm/min，T_1=150℃，Δt=60s，h_c=70W/(m^2·℃)，Δz=0.1m。

根据表 2.10 计算结果，绘制罐壁失效时间与稳定热波温度 T_1 之间的变化趋势图，如图 2.27 所示。

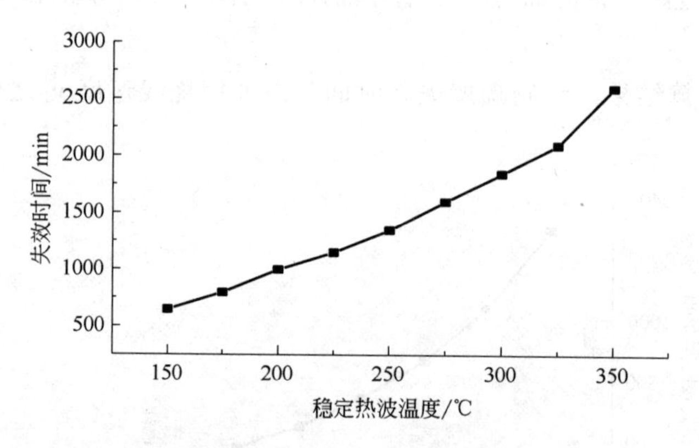

图 2.27 罐壁失效时间与稳定热波温度的关系

观察表 2.10 数据和图 2.27 曲线可见：罐壁失效时间与稳定热波温度 T_1 有关，稳定热波温度越低，罐壁失效时间越短。其原因是较低的稳定热波温度使罐壁在液面上下部分产生较高的温差，也产生较大的罐壁径向膨胀（偏心距）。

2.4.4 罐壁保温层对罐壁失效坍塌时间的影响

当罐壁未设置保温层时，其温度升高后，外壁也向外辐射散热，罐壁最高温度比设置保温层时低约 100℃，相同工况下不会失效。

综上所述，依据传热学和钢结构耐火设计理论建立了理想条件下钢制原油罐在火灾中倒塌分析模型，采用数值分析方法研究了罐壁的可靠性。根据研究和计算结果做如下讨论：

① 随燃烧时间持续，液面以上罐壁直接受到火焰辐射和对流换热，温度很快达到稳定温度。在液面以下罐壁不受火焰辐射，其温升热量仅来自相邻罐壁的热传导和热油层的接触换热，其热流强度远小于上部罐壁，所以在液面处形成第一个温差，其值可达到约 400℃，且该温差以原油燃烧线速度 v_1 向下推进。

② 由于在液面处上下罐壁存在巨大温差，所以在该处罐壁半径膨胀增量也存在巨大差别，截面上部的罐壁自重对该截面形成偏心压力，加之该处罐壁温度较高，钢材强度大幅度降低，可能引发罐壁失效坍塌。

③ 罐壁失效时间与原油初始储存高度 h_0、原油燃烧线速度 v_1、原油稳定热波温度 T_1 和是否设置保温层有关：初始高度越小，罐壁失效时间越长，在罐体参数确定条件下，存在一个临界储存高度，当实际储存高度大于临界储存高度时，罐壁失效时间很短；随原油燃烧线速度 v_1 增大，罐壁失效时间减小；稳定热波温度越低，罐壁失效时间越短；当罐壁未设置保温层时，外壁也向外辐射散热，罐壁最高温度比设置保温层时低约 100℃，相同工况下不会失效。

2.4.5　应对罐壁火灾失效坍塌措施建议

根据以上关于原油初始储存高度 h_0、原油燃烧线速度 v_1、稳定热波温度 T_1 和设置壁保温层与否这 4 个因素对罐壁失效坍塌时间的影响分析，对防止火灾时罐壁失效坍塌，提出如下几点建议：

① 充分考虑罐体存在临界储存高度这一现象。根据油罐和存储油品特征参数，提前分析油罐着火时的临界存储高度，做好前期预案，避免油罐存储量少于临界高度，或对于危险油罐要加强防控。

② 做好油罐火灾火情侦查。消防力量出动途中及到场后，应迅速查明着火油罐和邻近油罐的位号、类型、规格（容量、直径、高度）、罐体参数、存储介质、液位、油温、水垫层厚度及油罐本身的破坏情况等，为开展罐壁失效坍塌分析做好调查准备。

③ 及时开展着火罐体的冷却。快速估算冷却力量，并合理部署，利用水枪或储罐区设置的固定水炮、移动水炮等对着火罐，特别是液位低、燃烧线速度大、稳定热波温度低、设置了罐壁保温层的着火油罐。

④ 合理破拆油罐保温层。根据本节分析，当罐壁未设置保温层时，其温度升高后，外壁也向外辐射散热，罐壁最高温度比设置保温层时低约 100℃，相同工况下不会失效。因此，在冷却着火油罐罐壁时，可合理破拆罐体保温层，以利于罐体热量向外辐射的同时，提高冷却水对罐体的冷却作用。

⑤ 适时提升油品液位。当着火油罐内油品液位较低，低于本节分析的临界存储高度时，宜向油罐内注入同质冷油或水，提升液位，在预防罐体坍塌失效的同时，可有利于油罐火灾的扑灭。

⑥ 做好着火油罐罐壁坍塌失效预测，确保扑救人员安全。油罐火灾扑救时，应根据本章内容，对具体的着火油罐罐壁的坍塌失效做出合理预测分析。在达到失效判据前，应及时撤离火灾扑救人员，保证人员安全。

参考文献

[1] 杜文峰．消防燃烧学［M］．北京：中国人民公安大学出版社，1997．

[2] Eurocode3：Design of steel structures：Part 1．2：General rules structural fire design［S］．ENV 2000．

[3] 李玉，徐春明，韩帅，等．火灾条件下拱顶油罐弱连接结构的失效分析［J］．化工学报，2020，71（07）：3372-3378．

[4] 史可贞，屈立军，高小明．钢原油罐罐壁火灾失效数值分析论文［J］．消防科学与技术，2016，35（07）：892-895．

[5] 中华人民共和国住房和城乡建设部．立式圆筒形钢制焊接油罐设计规范：GB 50341—2014［S］．北京：中国计划出版社，2015．

[6] 潘翀．强约束轴心受压钢柱耐火性能试验研究与数值模拟［D］．廊坊：中国人民武装警察部队学院，2009．

[7] British Standard Institution，BS 5950：Structural Use of Steelwork in Building，Part 8．Code of Practice for Fire Resistance Design［S］．BSI 1990．

[8] 廖景娱，金属构件失效分析［M］．北京：化学工业出版社，2017．

[9] 中华人民共和国应急管理部．石油储罐火灾扑救行动指南：XF/T 1275—2015［S］．北京：煤炭工业出版社，2016．

第3章 大型油罐火灾扑救灭火剂及其供给装备与技术

大型油罐火灾一旦发生，处置不当将造成巨大的经济损失、人员伤亡和严重的环境污染，甚至危及城市安全。从“7·16”大连石化火灾事故、“4·6”漳州PX项目爆炸事故、“7·16”日照工厂爆炸事故等几起典型大型油罐火灾事故处置的案例中，可以看出，水和泡沫灭火剂是扑救此类火灾最常用、最为有效的两类灭火剂。科学、高效、不间断的冷却水和泡沫灭火剂供给，是整个战斗环节的重要保障。本章重点介绍用于大型油罐火灾扑救的灭火剂及其应用、灭火设施与装备、消防车辆、泡沫灭火系统以及灭火剂供给方法与技术。预期为大型油罐火灾扑救提供一定的技术参考。

3.1 灭火剂及其应用

3.1.1 泡沫灭火剂及其应用

泡沫是一种体积较小、表面被液体包围的气泡群，相对密度为0.001～0.5。由于泡沫的密度远远小于一般可燃液体的密度，因而可以漂浮于液体的表面，形成一个泡沫覆盖层。同时，泡沫又具有一定的黏性，可以黏附于一般可燃固体的表面。泡沫灭火剂是大型油罐火灾扑救最为有效的灭火剂。

（1）泡沫灭火剂的主要灭火作用

灭火泡沫在油品表面形成的泡沫覆盖层，可使油品表面与空气隔离；泡沫层封闭了油品表面，可以遮断火焰对油品的热辐射，阻止油品的蒸发或热解挥发，使可燃气体难以进入燃烧区；泡沫析出的液体对油品表面有冷却作用；泡沫受热蒸发产生的水蒸气有稀释燃烧区氧气浓度的作用。

（2）泡沫灭火剂的分类

① 按混合比分类。按照泡沫液与水混合的比例，泡沫灭火剂可分为1.5%型、3%型、6%型等。

② 按发泡倍数分类。泡沫灭火剂按其发泡倍数可分为低倍数泡沫、中倍数泡沫和高倍数泡沫三类。低倍数泡沫灭火剂的发泡倍数一般在20倍以下，中倍数泡沫灭火剂发泡倍数在20～200倍，高倍数泡沫灭火剂的发泡倍数一般在200～1000倍。

③ 按使用特点分类。泡沫灭火剂按其使用场所和特点可分为A类泡沫灭火剂和B类泡沫灭火剂。B类泡沫灭火剂又可分为非水溶性泡沫灭火剂（如蛋白泡沫灭火剂、氟蛋白泡沫灭火剂、“轻水”泡沫灭火剂）和抗溶性泡沫灭火剂（凝胶型抗溶泡沫灭火剂）。

（3）泡沫灭火剂的性能指标

泡沫灭火剂及其产生的灭火泡沫，有下述一些性能指标，这些指标从不同的角度评价了灭火剂的优劣和灭火性能。

① 抗冻结、融化性能。这是衡量泡沫液稳定性的一个参数。抗冻结、融化性能好，则泡沫液无分层、非均相和沉淀现象。

② pH值。是衡量泡沫液中氢离子浓度的一个指标。泡沫液的pH值一般在6～9。

③ 沉淀物。指除去沉降物的泡沫液与水按规定的比例制成混合液时，所产生的不溶固体的含量。

④ 流动性。是衡量泡沫液流动状态的性能参数。

⑤ 扩散系数。是衡量泡沫液在另一种液体表面上扩散能力的参数。

⑥ 发泡倍数。泡沫液按规定的混合比与水混合制成混合液，则混合液产生的泡沫体积与混合液体积的比值称为发泡倍数。对于低倍数泡沫，发泡倍数在6～8的范围较好，用于液下喷射灭火时，则采用发泡倍数为 2～4 的泡沫液。高倍数泡沫的发泡倍数一般在500～1000之间。

⑦ 25%析液时间和50%析液时间。是衡量泡沫稳定性的一个指标。它是指从开始生成泡沫，到泡沫中析出1/4质量的液体所需的时间，为25%析液时间。同样，到泡沫中析出1/2质量液体所需的时间则为50%析液时间。

⑧ 灭火时间。是指从喷射泡沫开始，至火焰全部熄灭的时间。灭火时间，要用规定的燃料、燃烧面积和混合液供给强度来测量。

⑨ 抗烧时间。是衡量低倍数泡沫的热稳定性和抗烧性能的一个指标。它是指一定量的泡沫，在规定面积的火焰热辐射作用下，被全部破坏的时间。抗烧时间越长，说明泡沫的热稳定性越好。抗烧时间有1%抗烧时间和25%抗烧时间两种。

（4）常用泡沫灭火剂

① 蛋白泡沫灭火剂（P）。蛋白泡沫灭火剂分动物蛋白和植物蛋白两种，它的主要成分是水和水解蛋白。蛋白泡沫液中还含有一定量的无机盐，如氯化钠、硫酸亚铁等。蛋白泡沫灭火剂属空气泡沫灭火剂，平时储存在包装桶或储罐内，灭火时通过比例混合器与压力水流按6∶94（体积比）或3∶97（体积比）的比例混合，形成混合液，混合液在流经泡沫管枪或泡沫产生器时吸入空气，并经机械搅拌后产生泡沫，喷射到燃烧区实施灭火。蛋白泡沫的主要优点是稳定性好（25%和50%的析液时间长）。

它的缺点是：流动性较差，灭火速度较慢；抵抗油类污染的能力低，不能以液下喷射的方式扑救油罐火灾；不能与干粉灭火剂联合使用（其泡沫与干粉接触时，很快就被破坏）。

② 氟蛋白泡沫灭火剂（FP）。在蛋白泡沫灭火剂中加入适量的“6201”预制液，即可成为氟蛋白泡沫灭剂。“6201”预制液，又称FCS溶液，是由“6201”氟碳表面活性剂、异丙醇和水按3∶3∶4的质量比配制而成的水溶液。氟蛋白泡沫灭剂与蛋白泡沫相比具有以下优点：

a. 表面张力和界面张力显著降低；b. 泡沫的流动性能好，灭火速度快；c. 氟蛋白泡沫抵抗油类污染的能力强，可以液下喷射的方式扑救大型油罐火灾；d. 可与干粉联用。

③ 水成膜泡沫灭火剂（AFFF）。水成膜泡沫灭火剂又称“轻水”泡沫灭火剂，主要成分是氟碳表面活性剂和碳氢表面活性剂。“轻水”泡沫灭火剂中还含有0.1%～0.5%的聚氧化乙烯，用以改善泡沫的抗复燃能力和自封能力。

“轻水”泡沫灭火剂在扑救油品火灾时的灭火作用，是依靠泡沫和水膜的双重作用，其中泡沫起主导作用。a. 泡沫的灭火作用。由于氟碳表面活性剂和其他添加剂的作用，“轻水”泡沫具有很低的临界剪切应力，因而具有非常好的流动性。当把“轻水”泡沫喷射到油面上时，泡沫迅速在油面上展开，并结合水膜的作用把火扑灭。b. 水膜的灭火作用。由于氟碳表面活性剂和碳氢表面活性剂联合作用的结果，“轻水”泡沫灭火剂能在油面形成一层很薄的水膜。漂浮于油面上的这层水膜可使燃油与空气隔绝，阻止燃油的蒸发，并有助于泡沫的流动，加速灭火。

水成膜泡沫灭火剂的优点是：水成膜泡沫具有极好的流动性。它在油面上堆积的厚度仅为蛋白泡沫的1/3时，就能迅速扩散，再加上水膜的作用，更能迅速扑灭火焰。水成膜泡沫灭火剂的缺点是：25%的析液时间很短，仅为蛋白泡沫或氟蛋白泡沫的1/2左右，因而泡沫不够稳定，容易消失。抗烧时间很短，仅为蛋白泡沫或氟蛋白泡沫的40%多一点，因而对油面的封闭时间短，防止复燃和隔离热液面的性能较差。

④ 抗溶性泡沫灭火剂（AR）。水溶性可燃液体，例如醇、酯、醚、醛、酮、有机酸和胺等，由于它们的分子极性较强，能大量吸收泡沫中的水分，使泡沫很快破坏而不起灭火作用，所以不能用蛋白泡沫、氟蛋白泡沫和“轻水”泡沫来扑救此类液体火灾，而必须用抗溶性泡沫来扑救。目前，国产抗溶性泡沫灭火剂主要有三种类型：

a. 凝胶型抗溶泡沫灭火剂。它由氟碳表面活性剂和触变性多糖制成。当凝胶型抗溶泡沫灭火剂喷射到燃烧液体表面时，泡沫与水溶性液体接触析出液体，泡沫液中的水分析出，由于触变性多糖的凝胶性，在液体表面形成一层薄胶，阻止了泡沫与水溶性液体进一步接触，在液体表面形成泡沫堆积层，起到灭火作用。b. 氟蛋白型抗溶泡沫灭火剂。在蛋白泡沫液中添加特制的氟碳表面活性剂和多价金属盐制成；c. 抗溶性“轻水”泡沫灭火剂。在“轻水”泡沫中添加某种添加剂，可以使其成为抗溶性泡沫灭火剂。

⑤ 高倍数泡沫灭火剂。以合成表面活性剂为基料，发泡倍数达数百乃至上千的泡沫灭火剂称为高倍数泡沫灭火剂。高倍数泡沫的特点是：气泡直径大，一般在10mm以上；发泡倍数高，可高达1000倍以上；发泡量大，大型高倍数泡沫产生器可在1min内产生1000m^{3}以上的泡沫。由于这些特点，高倍数泡沫可以迅速充满着火的空间，使燃烧物与空气隔绝，火焰窒息。尽管高倍数泡沫的热稳定性较差，泡沫易被火焰破

坏，但因大量泡沫不断补充，破坏作用微不足道，仍可迅速覆盖可燃物，扑灭大火。其优点为灭火强度大、速度快；水渍损失少，容易恢复工作；产品成本低；无毒、无腐蚀性。

（5）泡沫灭火剂的应用

① 蛋白泡沫灭火剂、氟蛋白泡沫火火剂和“轻水”泡沫灭火剂。被广泛应用于扑救可燃液体的大型储罐火灾。特别是氟蛋白泡沫，由于流动性比蛋白泡沫好，可以采用液下喷射的方式扑救大型石油储罐的火灾，并在扑救大面积油类火灾中与干粉联用。

② 抗溶性泡沫灭火剂。主要应用于扑救乙醇、甲醇、丙酮、乙酸乙酯等一般水溶性可燃液体的火灾；不宜用于扑救低沸点的醛、醚以及有机酸、胺类等液体的火灾。它虽然也可以扑救一般油类火灾和固体火灾，但因价格较贵，一般不予采用。

③ 高倍数泡沫灭火剂。主要适用于扑救非水溶性可燃液体火灾和一般固体物质火灾。可用于扑救油池火灾和可燃液体泄漏造成流散液体火灾。高倍数泡沫由于密度小，流动性较好，在产生泡沫的气流作用下，通过适当的管道可以被输送到一定的高度或较远的地方去灭火。采用高倍数泡沫灭火时，要注意进入高倍数泡沫产生器的气体不得含有燃烧产物和酸性气体，否则泡沫容易被破坏。

3.1.2 水灭火剂及其应用

水是自然界分布广、成本低、污染小的天然灭火剂，也是应用历史最长、应用范围最广灭火剂。水在大型油罐火灾扑救中的应用，主要表现在以下几个方面。

（1）水的冷却作用。

通过移动灭火装备（设施）射水或油罐固定水喷淋系统喷水等方式，对着火罐、邻近罐进行冷却抑爆，还可以用开花水（滴状水）对消防员进行热辐射防护。水的比热容和汽化潜热很大，其比热容为 4.18J/（g·℃），汽化潜热为 2256.7J/g。当水与炽热的燃烧物接触时，在被加热和汽化的过程中，就会大量吸收燃烧产生的热量。

（2）水的灭火作用。

直流水和开花水（滴状水）可用于扑救闪点在 120℃以上，常温下呈半凝固状态的重油火灾；喷雾水（雾状水）可用扑救重油或沸点高于 80℃的其他油产品火灾。

3.2 灭火设施与装备

3.2.1 泡沫灭火设施与装备

3.2.1.1 空气泡沫比例混合器

空气泡沫比例混合器是将泡沫液和水按比例（3%、6%或其他比例）混合的设备，按其吸取泡沫液的压力不同，可分为负压比例混合器和压力比例混合器。

（1）空气泡沫负压比例混合器

空气泡沫负压比例混合器包括环泵式泡沫比例混合器和管线式泡沫比例混合器。

① 环泵式泡沫比例混合器。泡沫比例混合器的进口与消防水泵的出口连接，其出

口与消防水泵的进口相连，形成环形支路，因此称之为环泵式泡沫比例混合器，其结构原理图如图 3.1 所示、安装图如图 3.2 所示。当有压力水进入混合器后，以高速从喷嘴喷出进入混合室，由于射流质点的横向紊动扩散作用，将泡沫吸入管的空气带走，管内形成真空，泡沫液被吸入。两股流体在扩散管前喉管内混合并进行能量交换，其流速趋于一致，通过扩散管继续混合输出。比例混合器上的调节球阀上有控制吸入空气泡沫液的不同直径的孔，通过调节手柄，可按需要调整空气泡沫液的吸入量，从而控制混合液的比例。

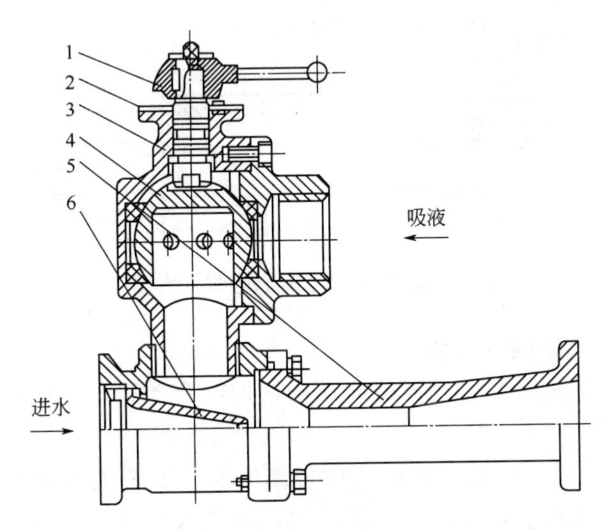

图 3.1 环泵式泡沫比例混合器结构原理图

1—手柄；2—指示牌；3—阀体；4—调节球阀；5—扩散管；6—喷嘴

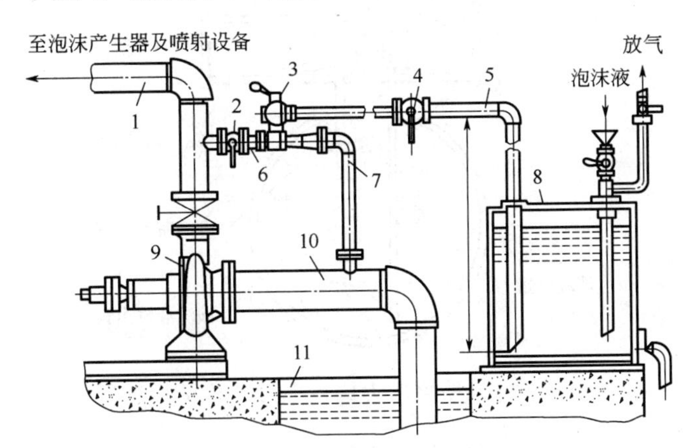

图 3.2 环泵式泡沫比例混合器安装图

1—水泵出水口；2—进水阀；3—比例混合器；4—进液阀；5—吸液管；6—进水管；7—出液管；8—储液罐；9—水泵；10—水泵进水口；11—水源

使用环泵式泡沫比例混合器时，水泵进水管压力不得超过 0.05MPa，否则，压力水倒灌，影响吸液；比例混合器的吸液高度不得超过 1.5m；比例混合器的参数按吸入 6%型泡沫液标定，如使用 3%型泡沫液，应适当调节比例混合器示数。如使用 6%型泡沫液供应两支 PQ8 泡沫枪时，比例混合器的示数应调至 16，改用 3%泡沫液时，则示数调至 8；这种泡沫比例混合器适用于低倍数泡沫灭火系统。

② 管线式泡沫比例混合器。管线式泡沫比例混合器工作原理（图 3.3）与环泵式泡沫比例混合器相同。其工作压力较大，约为进口压力的1/3，故推荐使用衬里水带；混合器应水平安装，其吸液高度不得大于1m；混合器主要与高倍数泡沫发生器联用，二者安装距离不应大于 40m。

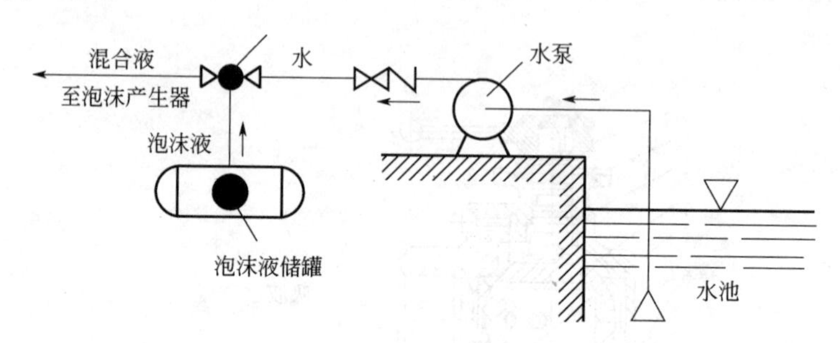

图 3.3 管线式泡沫比例混合器工作原理图

（2）空气泡沫压力比例混合器

空气泡沫压力比例混合器包括储罐式压力比例混合器、压力输送比例混合器和平衡压力输送比例混合器。

① 储罐式压力比例混合器。储罐式压力比例混合器的供水支管向泡沫液储罐内注入压力水，作用于泡沫液上，使泡沫液通过出液阀进入比例混合器，并与水混合形成混合液，卧式储罐压力比例混合器构造原理如图 3.4 所示。

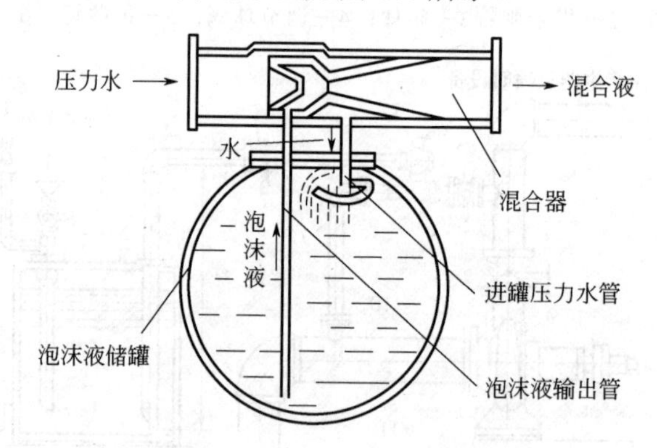

图 3.4 卧式储罐压力比例混合器构造原理图

当泡沫液储量较大时，可在储罐内设置柔性橡胶隔膜，以阻止压力水与泡沫液接触，柔性橡胶隔膜压力比例混合器结构原理图如图 3.5 所示。

储罐式压力比例混合器适用于低倍数泡沫灭火系统，灭火时，先开启排气阀，当排气阀出水（或泡沫液）时即可关闭，当罐内压力升到需要值时，打开各出液阀，调整消防水泵供水压力，满足比例混合器进口压力，即可输出混合液。灭火结束后，关闭出液阀、进水阀，开启放液阀，把残留泡沫液和水排出储液罐。柔性橡胶隔膜压力比例混合器可不排除残留泡沫液，下次再用。

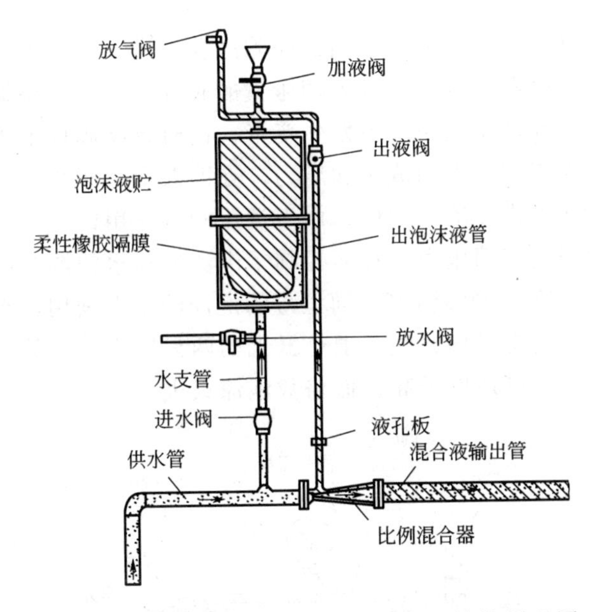

图 3.5　柔性橡胶隔膜压力比例混合器结构原理图

② 压力输送比例混合器。压力输送比例混合器构造与储罐式压力比例混合器大致相同。工作原理如图 3.6 所示，由配套的泡沫泵向其输送有压力的泡沫液，在标定的工况下，使泡沫液与水按比例混合，形成泡沫混合液，输送给高倍数泡沫发生器，适用于固定式高倍数泡沫灭火系统。水泵流量和压力调节好后，利用节流阀调整泡沫液量，并保证混合比精度在 1%以内。液孔板孔径应按要求确定，不得更换，安装时有记号一面应朝上。

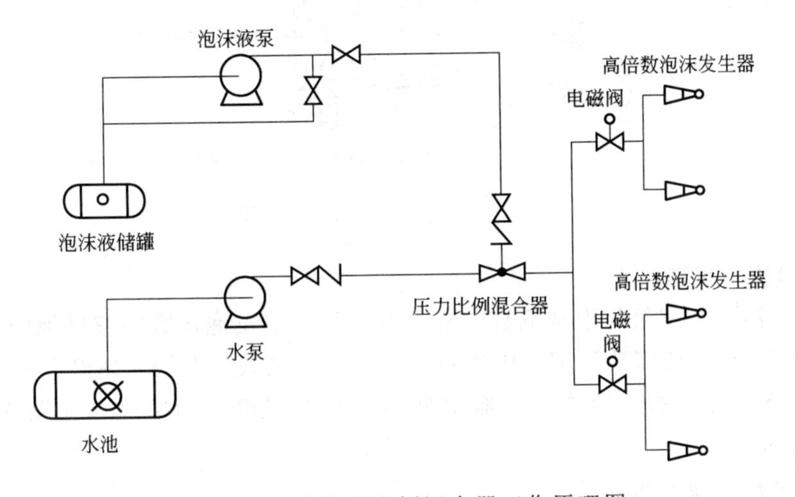

图 3.6　压力输送比例混合器工作原理图

③ 平衡压力输送比例混合器。这种比例混合器的特点是泡沫液和水在不同压力情况下，能够在相当大的流量范围内按规定比例自动实现水和泡沫液的混合。其结构原理图如图 3.7 所示，当水泵的压力水通过混合器时，在混合器扩散管外腔形成低压区。另外在进入混合器之前，有另一小股压力水，通过导水管流至调压室阀片上腔；由泡沫液

泵输送的泡沫液，通过阀芯与双座阀之间的间隙经孔板进入低压区，同时从双座阀流出的少量泡沫液经调压室底座的两个孔进入调压室的阀片下腔。如果调压室上下腔的水和泡沫液压力不同，则阀片在差压作用下发生变形，同时带动阀杆上下移动，从而使阀芯移动，控制泡沫液进入双座阀内的流量和压力，亦即改变了阀片上下腔的压力，直至上下腔压力平衡时，阀杆停止移动。这样，由于调压阀的作用，把比例混合系统中水和泡沫液的不同压力，改变为相同压力，从而控制了泡沫液与水的混合比。平衡压力比例混合器必须垂直安装，孔板与3%或6%不同型号的泡沫液配合使用，水和泡沫液入口应安装过滤器，以利平衡阀正常工作。注意混合器上的两只压力表示数应相同，才能达到混合比要求。该比例混合器可适用于高、低倍数泡沫灭火系统。

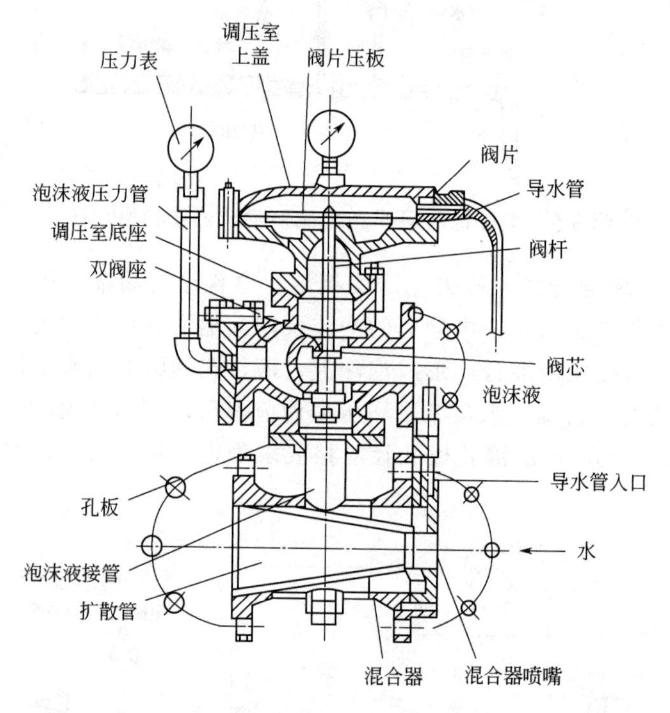

图 3.7　平衡压力比例混合器

3.2.1.2　泡沫产生器

泡沫产生器是使空气与泡沫混合液混合并产生一定发泡倍数的空气泡沫的设备，分为吸气型和吹气型。低倍数和部分中倍数泡沫产生器是吸气型的，高倍数和部分中倍数泡沫产生器是吹气型的。泡沫产生器根据结构与型式可分为横式（如图 3.8）和立式（如图 3.9）两种。

（1）低倍数泡沫产生器

产生低倍数泡沫的泡沫产生器称为低倍数泡沫产生器，包括液上喷射型低倍数泡沫产生器和液下喷射型低倍数泡沫产生器。

① 液上喷射型低倍数泡沫产生器。其构造原理图如图 3.10 所示。该产生器固定安装在油罐上，由泡沫消防车或固定消防泵供给泡沫混合液流，当混合液流通过产生器喷嘴时，形成扩散雾化射流，在其周围产生负压，从而吸入大量空气形成空气泡沫。

空气泡沫通过泡沫喷管和导板输入储罐内，沿罐壁流下，覆盖在燃烧的油面上。为防止油罐内易燃液体蒸气外漏，产生器壳体出口端必须安装密封玻璃。该玻璃有一面刻有易碎刻痕，当混合液流压力在 0.1～0.2MPa 时即能冲碎，易碎刻痕应朝泡沫出口方向安装。

图 3.8　横式泡沫产生器

图 3.9　立式泡沫产生器

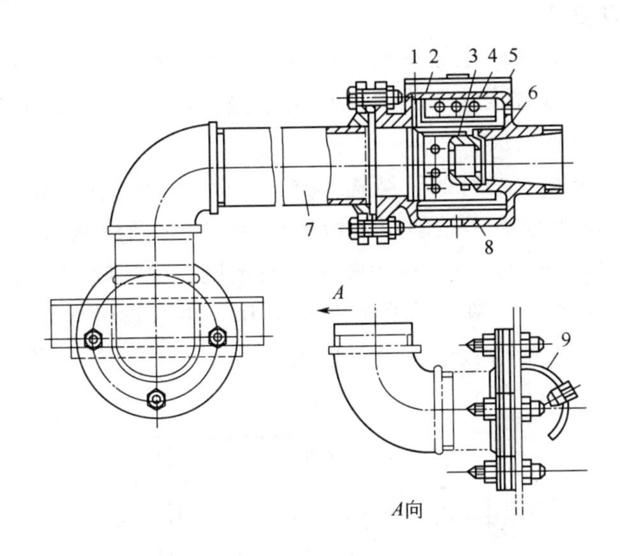

图 3.10　液上喷射型低倍数泡沫产生器构造原理图

1—密封玻璃；2—玻璃压圈；3—喷嘴；4—滤网；5—罩板；6—壳体；
7—泡沫液管组；8—壳体组；9—导板组

② 液下喷射型低倍数泡沫产生器。PCY 系列泡沫产生器是液下喷射型，又称高背压泡沫产生器，它是从储罐内底部液下喷射空气泡沫灭火的关键设备。其构造原理图如图 3.11 所示，当压力泡沫混合液流经喷嘴高速射出时，由于射流质点的横向紊动作用，将混合室内的空气带走形成真空区，这时空气由进气口进入混合室。空气与混合液通过混合管混合形成细微泡沫，当它通过扩散管时，由于扩散管的逐步扩大而使流速不断下降，部分动能转变为势能，压力逐渐上升，流出扩散管后，形成具有较高背压的空气泡沫，以克服管道阻力和油层静压而浮出油面灭火。

高背压泡沫产生器适用于拱顶油罐以及汽油、柴油、煤油和黏度小于 $40\times10^{-6}m^2/s$ 的原油浮顶罐和内浮顶罐。应配用氟蛋白泡沫或水成膜泡沫液。高背压泡沫产生器空气泡沫输送距离应小于 800m，大于 15m。伸入油罐内的泡沫管长度应为管径的 10 倍为宜，且应在水垫层以上。油品内泡沫流速，在汽油、煤油、柴油中宜小于 3m/s，在原油中宜小于 3.5m/s。背压应高于沿程阻力和油面静压。

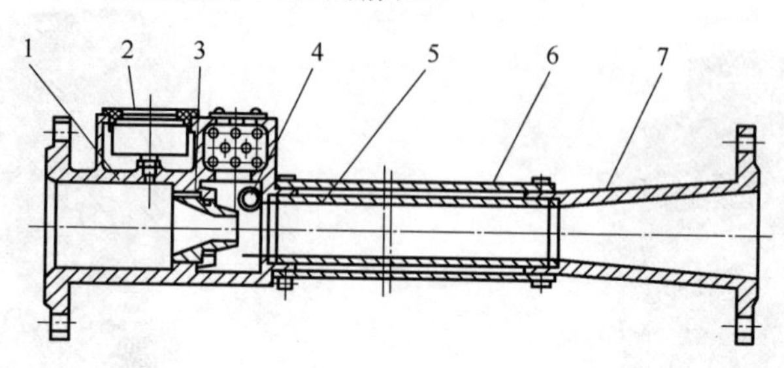

图 3.11　液下喷射型低倍数泡沫产生器构造原理图

1—本体；2—压力表；3—喷嘴；4—止回球；5—混合管；6—罩管；7—扩散管

（2）中倍数泡沫产生器

产生中倍数泡沫的泡沫产生器称为中倍数泡沫产生器，分为固定式、半固定式和移动式三种类型。国产中倍数泡沫产生器主要是手提式，型号有 PZ2～PZ6。可用于扑救油类火灾和一般固体物质火灾。

手提式中倍数泡沫发生器有两种结构形式。一种由 QD 型多用水枪和发泡筒配套组成，当具有压力的泡沫混合液通过多用水枪雾化后，喷射到成泡网上，产生中倍数泡沫，其发泡筒结构如图 3.12 所示。另一种由喷嘴、发泡网、泡沫喷筒三部分组成，当具有压力的泡沫混合液通过喷嘴时，在喷嘴附近形成负压，空气被吸入，与混合液较均匀地喷洒在金属发泡网上，产生中倍数泡沫喷射出去。

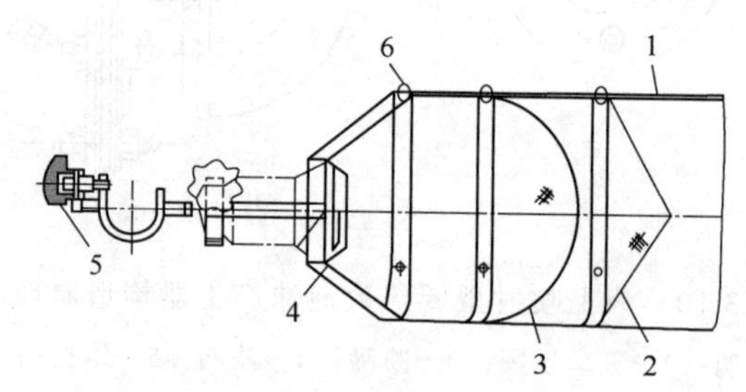

图 3.12　中倍数泡沫产生器发泡筒构造原理

1—筒体；2—锥形网；3—球面网；4—枪头座；5—手柄；6—铆钉

（3）高倍数泡沫产生器

产生高倍数泡沫的泡沫产生器称为高倍数泡沫产生器，可在短时间内产生大量泡沫，迅速输送到火场，在很短时间内就可控制和扑救一般固体物质火灾和油类火灾。特别适用于船舶、机库、动力机房、矿道等有限空间大面积立体火灾扑救或排烟工作。

高倍泡沫的泡沫倍数为 100～1000 倍，过高的泡沫倍数将导致灭火能力的下降以致不能灭火。在实际应用中泡沫倍数一般不超过700倍，使用时可在受灾空间的上方灌填，或者由通道向远距离输送。

高倍泡沫发生器如图3.13所示，主要由产生器、轴流风机和支架等部分组成，供给的混合液在产生器中经喷嘴均匀地喷洒在产生器的发泡网上，风机提供的正压鼓风与混合液在发泡网上形成高倍泡沫。

图3.13　高倍数泡沫产生器

按发泡机构不同，高倍数泡沫发生器主要包括三类：一是水力驱动高倍数泡沫发生器，二是电动机驱动高倍数泡沫发生器，三是发动机驱动高倍数泡沫发生器。

① 水力驱动高倍数泡沫发生器。水轮机式是水力驱动高倍数泡沫发生器的常见形式。这种形式的高倍数泡沫发生器是以有压液体驱动小型混流式水轮机，从而带动风扇旋转，吹动混合液通过发泡网形成高倍数泡沫。与发动机驱动高倍数泡沫发生器及电动机驱动高倍数泡沫发生器相比，水轮机式高倍数泡沫发生器在运转过程中不会产生电火花或火星，适用于不具备或不允许使用电动机、汽油机、柴油机为动力驱动叶轮的场所。水轮机式高倍数泡沫发生器有两种型式：一种自带比例混合器，另一种不带比例混合器。如图3.14所示为自带比例混合器PFS系列水轮机式高倍数泡沫发生器结构原理图。

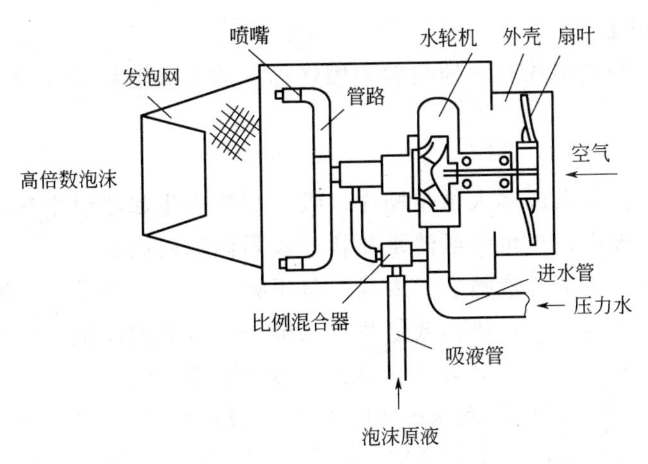

图3.14　自带比例混合器PFS系列水轮机式高倍数泡沫发生器结构原理图

PFS系列水轮机式高倍数泡沫发生器体积小、重量轻，可作为移动式灭火设备，亦可用在固定灭火系统中。它主要由喷嘴、涡流式微型水轮机、叶轮、金属发泡网、圆形或方形筒体等组成。当直接使用高倍数泡沫混合液时，混合液从压力水进口流入，经管路全部输送入水轮机，驱动安装在主轴上的水轮机旋转，与水轮机同轴安装的风扇扇叶同时旋转，产生气流。推动水轮机旋转后的全部泡沫混合液，由水轮机泡沫液出口流出，进入管道，送至混合液喷嘴，再以雾状喷向发泡网，在其表面形成一层液体薄膜，在运动气流的作用下，穿过发泡网小孔，混入空气形成大量泡沫。

在配备外吸液管和泡沫液桶条件下，PFS型系列水轮机式高倍数泡沫发生器可完成泡沫液与水按比例混合以及产生高倍数泡沫两项功能，此时由进水管流入的压力水流一部分输送入水轮机，驱动与水轮机同轴安装的风扇叶轮旋转，产生气流，另一部分压力水流经比例混合器，通过吸液管从泡沫液桶中吸取泡沫液，使水与泡沫液按比例混合。

② 电动机驱动高倍数泡沫发生器。PF20型电动机驱动高倍数泡沫发生器主要由发泡网、雾化喷嘴、混合液管组、电动机、电动执行机构、多叶调节阀、扇叶、导风筒、底座等构成。工作时，当混合液进入发生器混合管的同时，立即启动电动执行机构，将多叶调节阀开启，使外界空气通入发生器，在此同时，电动机也开始启动，扇叶旋转，空气流经整流叶片，使之吹动由雾化喷嘴均匀喷洒在发泡网上的混合液，从而形成高倍数泡沫。

这种泡沫发生器一般与PHY20型比例混合器配套使用，固定安装在大型飞机库、飞机检修库、大型仓库及地下设施等场所。

③ 发动机驱动高倍数泡沫发生器。这种发生器由风扇、喷雾喷头、发泡网、整流板、发动机、比例混合器和吸入口组成。发生器接到消防车供水的同时，管线式比例混合器就吸入泡沫液，并与水混合形成泡沫混合液，混合液从喷头到发泡网上，发动机带动风扇旋转，形成强力气流，将泡沫混合液吹出，形成高倍数泡沫，然后通过导管将泡沫输送到火场。

3.2.1.3 泡沫喷射器具

泡沫喷射器具是把泡沫有效地喷射到燃烧物上的灭火器具，包括泡沫枪、泡沫炮和泡沫钩管。

(1) 泡沫枪

泡沫枪是一种由单人或多人携带操作，吸入空气产生和喷射空气泡沫的消防枪。适用于扑救可燃液体火灾，也可喷射清水扑救一般固体物质火灾。

泡沫枪在枪内利用混合液喷嘴形成局部负压吸入空气，并进行气液两相机械搅拌，最终以泡沫的形式进行喷射。包括低倍数泡沫枪、中倍数泡沫枪。此外，直流喷雾水枪喷嘴上配置泡沫喷管可具备喷射A类泡沫或B类泡沫的功能。

① 低倍数泡沫枪。低倍数泡沫枪（图3.15）一般由接口、产生器、枪管和吸液管等部件组成。利用孔板使水流产生的真空压差吸入泡沫液，并使之与空气混合后喷射。泡沫倍数一般小于10倍，具备较远的射程。低倍数泡沫枪分为带混合装置的自吸混合式和不带混合装置的预混式两种，前者除了后方提供混合液外，也可由泡沫枪端吸入泡沫液进行混合，后者仅能由后方提供混合液。

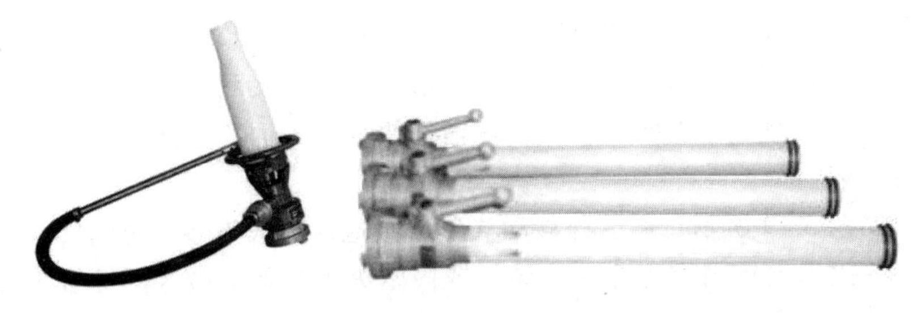

图 3.15 低倍数泡沫枪

② 中倍数泡沫枪。中倍数泡沫枪（图3.16）由导流式直流喷雾水枪和端部的泡沫筒组合而成，泡沫筒内设有双层金属发泡网，向中倍数泡沫枪提供规定比例的水-高倍数泡沫混合液时，可形成中倍数泡沫，适用于扑灭一般A、B类火灾。其泡沫倍数在20～50倍的范围。使用时，可根据扑灭需要调节多功能水枪的喷雾角，以选择泡沫倍数较低、射程远或泡沫倍数较高、射程较近的不同喷射工况。

（2）泡沫炮

泡沫炮是产生和喷射泡沫，远距离扑救甲、乙、丙类液体火灾或固体物质火灾的消防炮，分为移动式泡沫炮和固定式泡沫炮。

图 3.16 中倍数泡沫枪

① 移动式泡沫炮。移动式泡沫炮如图3.17所示，按控制类型可分为手动型和电控型两类。移动式泡沫炮的炮座及附件与移动式消防水炮相同。炮身根据使用要求分为预混式与自吸式两类。预混式泡沫炮的炮身由泡沫消防车提供水-泡沫混合液形成泡沫射流；自吸式泡沫炮的炮身内设有自吸混合装置，即可由消防车供水在自吸式混合装置中与泡沫液形成规定比例的混合液，也可由消防车提供混合液形成泡沫喷射。

(a) 手抬移动式泡沫炮

(b) 拖车移动式泡沫炮

图 3.17 移动式泡沫炮

② 固定式泡沫炮。按照控制类型，固定式消防泡沫炮可分为手动固定式泡沫炮、电控固定式泡沫炮、液控固定式泡沫炮。当电、液控失效时，必须能手动操作，手动固定式消防泡沫炮如图3.18所示。

扩展型固定式泡沫炮是固定式消防泡沫炮的一种特殊类型。该类泡沫炮是在炮身出口端配置可调节开合的鸭嘴形扩散器。闭合扩散器可将充实状的泡沫射流转变为扇形喷洒射流，适用于机场跑道、机库和油罐区等需要快速、大面积泡沫喷洒灭火的场所。

(3) 泡沫钩管

泡沫钩管如图 3.19 所示，是一种移动式低倍数泡沫灭火设备，由钩管和泡沫产生器组成。适用于扑灭未设置固定泡沫灭火装置或固定灭火装置被破坏的油罐火灾。

钩管上端的弯型喷管用来钩挂在着火油罐壁上，当混合液进入泡沫钩管，在泡沫产生器喷射并吸入空气，在钩管中进行两相混合形成泡沫，输入着火油罐。由于泡沫钩管的长度有限（3.38m），在使用中与消防拉梯结合，可以达到油罐顶部。泡沫钩管的国内产品流量为 6L/s。

图 3.18　手动固定式消防泡沫炮

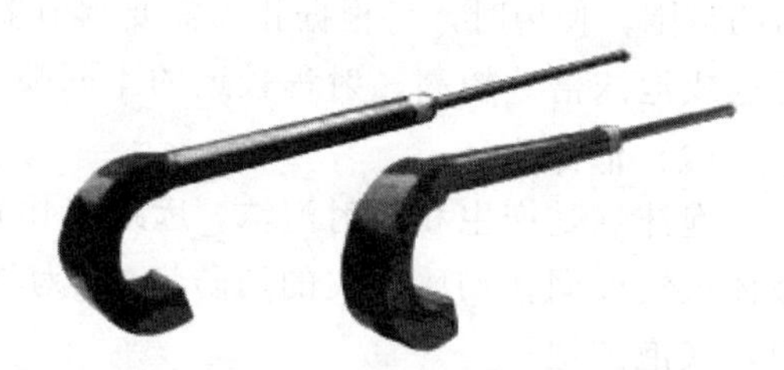

图 3.19　泡沫钩管

3.2.2　水灭火设施与装备

3.2.2.1　吸水器具

把水从水源输送到水泵内的器具叫作吸水器具，包括吸水管和吸水附属器具。

(1) 吸水管

吸水管是把从水源引向水泵的输水管，要求耐压强度高、挠性好、吸水阻力小、使用方便。

① 分类。我国吸水管按内径分有 65mm、80mm、90mm、100mm、125mm 和 150mm 等六种；按在消防车上放置形式，可分为直管式（2m、4m 两种）和盘吸式（8m、10m 和 12m 三种）；按材质分，可分为橡胶、合成橡胶、PVC 和合成树脂吸水管。

② 结构组成。橡胶吸水管由橡胶或合成橡胶、胶布层及金属或硬质合成树脂加强螺旋线构成。不同直径的吸水管，金属螺旋线所用钢丝直径也不一样。为防腐蚀，钢丝表层应镀铬。胶布层通常为 1～2 层。为减少重量，橡胶层应尽量薄；为提高可挠性，钢丝的螺距为 10～11mm。

合成树脂吸水管由硬质合成树脂或软质合成树脂、夹布层及金属或硬质合成树脂加强螺旋线构成。这种吸水管在负压、正压时伸缩性大，对气候适应性差。

PVC 轻型吸水管是 PVC 软料和 PVC 硬料一次性紧密结合成的、内部有螺旋增强线的半软性导管，可替代橡胶吸水管。与橡胶消防吸水管相比，其优点包括：

a. 重量轻，单位长度重量仅为橡胶吸水管的 60%；b. 单根长度大，可达 12m 以上；

c．颜色多样，色泽鲜艳，便于识别。

（2）吸水管接口

吸水管接口用于连接消防泵与吸水管，每副接口有内螺纹式、外螺纹式各一个。外螺纹接口可接滤水器，内螺纹接口可连接水泵进水口或消火栓。

吸水管接口由雄接头、雌螺环、胶管接头与垫圈等零件组成。吸水管接口的材料采用 EL104 号铸铝合金，外观光洁，表面阳极氧化处理。组合后应按要求进行密封和强度试验。

（3）吸水附属器具

主要包括滤水器、滤水筐、三角架、垫木和拉索。

① 滤水器。滤水器装于吸水管末端，用于防止河水等水源杂物进入吸水管内。滤水器由滤网和单向阀等主要部件组成。单向阀作用在于：水泵吸水时，水自下把阀门顶起进入吸水管中；水泵停止时，吸水管内的水，以自身重量将阀门关闭，把水截止在水泵和吸水管内，水泵短时停机，重新启动时，就可直接吸水，不需要再进行排气引水了。如果不需要继续吸水，可以提起单向阀，将水从吸水管中放出。

② 滤水筐。滤水筐是用藤条或聚乙烯编织的筒状体，进口部分缝以帆布或胶布。另外，也有使用拧入吸水管端阳螺纹中的筒状网，其材料可采用金属或合成树脂。

3.2.2.2 消防水带

消防水带是一种用于输送水或其他液态灭火药剂的软管。

（1）分类

按衬里材料不同，消防水带可分为橡胶衬里消防水带、乳胶衬里消防水带、聚氨酯衬里消防水带和 PVC 衬里消防水带；按承受的工作压力不同，可分为低压水带（0.8MPa、1.0MPa、1.3MPa）、中压水带（1.6MPa 和 2.5MPa）和高压水带（4.0MPa）；按内口径，可分为 25mm、40mm、50mm、65mm、80mm、100mm、125mm、150mm 和 300mm 消防水带；按使用功能可分为通用消防水带、消防湿水带、抗静电消防水带、A 类泡沫专用水带和水幕水带；按结构可分为单层编织层消防水带、双层编织层消防水带和内外涂层消防水带；按编织层编织方式可分为平纹消防水带和斜纹消防水带。

（2）结构组成

用于大型油罐火灾扑救的消防水带主要为聚氨酯衬里通用消防水带和水幕水带。消防水带的结构组成包括编织层和衬里。

① 通用消防水带的结构。编织层是用高强度合成纤维涤纶材料，大多是高强度涤纶长丝编织成的管状耐压骨架层。衬里是在编织内层涂覆橡胶（合成橡胶）、乳胶、聚氨酯、PVC 等高分子材料，形成不同种类的通用消防水带。

② 水幕水带的结构。编织层大多是用高强度合成纤维涤纶材料编织成的管状耐压骨架层。衬里是在编织层内涂覆高分子材料。在整根水带上，以均匀的间隔打上一排孔。当水带接上水源后，在压力作用下，水从每个孔中喷出，形成一个水幕（水帘），用以隔绝易燃易爆气体或其他有毒有害气体，也可借助水幕，实现对油罐火灾热辐射的防护。

3.2.2.3 消防接口

消防接口用于水带与水带、消防车、消火栓、水枪等之间的连接，以便输送水或泡沫、泡沫混合液。

（1）分类

消防接口按连接方式可分为内扣式消防接口、卡式消防接口和螺纹式消防接口；按接口用途可分为水带接口、管牙接口、内螺纹固定接口、外螺纹固定接口、闷盖、吸水管接口、同型接口、异型接口和异径接口等。目前国际上的消防接口主要采用内扣式、卡式和螺纹式消防接口（英式和美式）。各种形式消防接口见图 3.20。

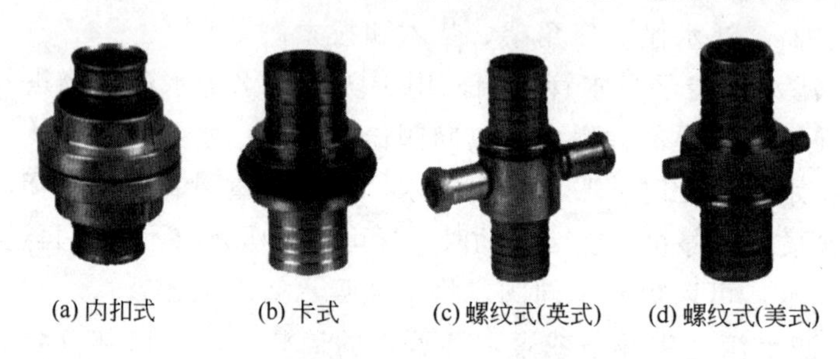

(a) 内扣式　(b) 卡式　(c) 螺纹式(英式)　(d) 螺纹式(美式)

图 3.20　消防接口

（2）技术性能参数

接口成对连接后，在 2min 内均匀升压至 0.3MPa 水压和公称压力水压下保压 2min，均不发生渗漏现象。接口在 1.5 倍公称压力水压下，保压 2 min，不出现可见裂缝或断裂现象。

卡式接口的弹簧疲劳寿命不低于 10000 次。除内、外螺纹固定接口外，其他接口从 1.5m 高处自由落下 5 次，无损坏并能正常操作使用。

接口选用耐腐蚀材料制造，铝合金铸件表面进行阳极氧化处理或其他方式的防腐处理。

3.2.2.4 分水器和集水器

（1）分水器

分水器是将消防供水干线的水流分出若干直线水流所必需的连接器具。

① 分类。国内使用的分水器主要有二分水器和三分水器，部分地区使用四分水器。各种分水器见图 3.21。

图 3.21　分水器

② 组成及功能特点。分水器主要由本体、出水口的控制阀门、进水口和出水口连接用的管牙接口、密封圈等组成，其型式和规格见表 3.1。

表 3.1　分水器的型式和规格

名称	进水口		出水口		公称压力/MPa	开启力/N
	接口型式	公称通径/mm	接口型式	公称通径/mm		
二分水器	消防接口	65、80、100、125、150	消防接口	50、65、80、100、125	1.6、2.5	≤200
三分水器						
四分水器						

③ 性能技术指标

分水器每个出水口的控制阀门和各连接部位在 1.6MPa 水压下保压 2min 无渗漏现象。在 2.4MPa 水压下保压 2min 分水器本体不允许有渗漏现象，其他部件不允许有影响正常使用的残余变形。

分水器经 96h 盐雾腐蚀试验（连续喷雾）后，表层无起层、剥落或肉眼可见的点蚀凹坑，并能正常操作。

分水器出水口上装有阀门装置，阀门通径不小于分水器出水口的通径。阀门开启灵活，无卡阻现象。最大开启力不大于 200N。

分水器铸件表面无结疤、裂纹、砂眼。加工表面无明显的伤痕。本体有“开”“关”字样和表示方向的箭头。

（2）集水器

集水器是将消防水带输送的两股或两股以上的正压水流合成一股所必需的连接器具。

① 组成及功能特点。集水器主要由本体、进水口的控制阀门（单向阀或球阀）、进/出水口连接用的消防接口和密封圈组成，有多个进水口和一个出水口。目前国内常用的集水器见图 3.22，集水器的型式和规格见表 3.2。

图 3.22　集水器

表 3.2　集水器的型式和规格

名称	进水口		出水口		公称压力/MPa	开启力/N
	接口型式	公称通径/mm	接口型式	公称通径/mm		
二集水器	消防接口	65、80、100、125	消防接口	80、100、125、150	1.0、1.6、2.5	≤200
三集水器						
四集水器						

② 性能技术指标。集水器每个进水口的控制阀门和各连接部位在 1.6MPa 水压下保压 2min 无渗漏现象。在 2.4MPa 水压下保压 2min 集水器本体不允许有渗漏现象，其他部件没有影响正常使用的残余变形。

集水器经 96h 盐雾腐蚀试验（连续喷雾）后，表面应无起层、剥落或肉眼可见的点蚀凹坑，并能正常操作。

集水器铸件表面应无结疤、裂纹、砂眼。加工表面无明显的伤痕。铝铸件表面做阳极氧化处理。

3.2.2.5 消防水枪

消防水枪是以水为喷射介质的消防枪，可以通过水射流型式的选择进行灭火、冷却保护、隔离、稀释和排烟等多种消防作业。

（1）分类

根据射流型式和特征不同可分为直流水枪、喷雾水枪、多用水枪等，其中常用的为直流水枪和喷雾水枪；按工作压力范围分为低压水枪（0.2～1.6MPa）、中压水枪（1.6～2.5MPa）、高压水枪（2.5～4.0MPa）和超高压水枪（>4.0MPa）。

（2）特点及用途

低压水枪流量较大，射程较远，是扑救大中型火灾主要的常规水枪。高压水枪可以提供更高雾化程度的水射流，机动性强，灭火效率高，水量损失小，但射程较近，适用于火场内攻作业。中压水枪则兼顾了低压和高压水枪的特征。超高压水枪除了具备灭火功能外，添加研磨剂后还可以进行破拆。

（3）大型油罐火灾扑救常用消防水枪

目前，在大型油罐火灾扑救中，使用最多的为多用水枪、无后坐力多功能水枪和水幕水枪。

① 多用水枪。多用水枪既可喷射直流射流，又可喷射雾状射流，有的还可以喷射水幕，并且几种水流可以互相转换，组合使用，机动性能好，对火场需要适应性好。

我国消防队多用导流式多用水枪，如图 3.23（a）所示，其结构如图 3.23（b）所示。开花圈与本体配合，其上有螺旋槽，喷嘴套可沿螺旋槽转动。支杆上装有分流器，顶端为圆锥体，在水流作用下，可自动调节摆动位置。喷嘴套出口处内壁上均匀地分布着一圈导流槽。当向前时，由于水流通道间隙的变化，可由直流转换为开花或雾状射流。

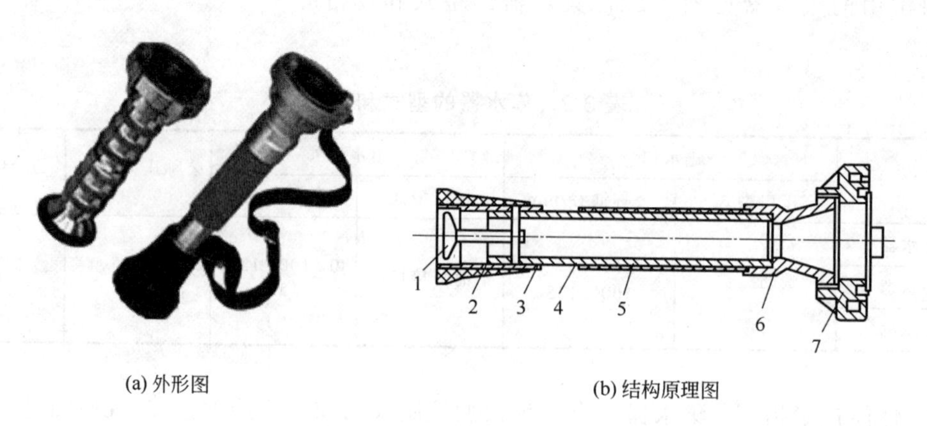

(a) 外形图　　(b) 结构原理图

图 3.23　多用水枪

1—分流器；2—喷嘴套；3—开花圈；4—本体；5—本体套；6—枪体；7—接口

② 无后坐力多功能水枪。无后坐力多功能水枪［图 3.24（a）］是一种新型导流式的多功能水枪。水枪后坐力较低，单人可以操作；既可喷射直流射流，又可喷射雾状射流，有的还可以喷射水幕，并且几种水流可以互相转换，组合使用；通过调节手柄与流量调节套，流量可在 2～12L/s 范围内选择；具有自动冲洗功能，流量调节环调至冲洗档，便可快速、方便地冲出水枪内的石子和其他杂物。除此之外，水带快速接口部位可轻松旋转，自动矫正水带状态，使其自然平直，具有防止水带卷绕的功能。

无后坐力多功能水枪构造如图 3.24（b）所示。由枪头、流量调节环、开关手柄与固定手柄、可旋转水带快速接口等四部分组成。

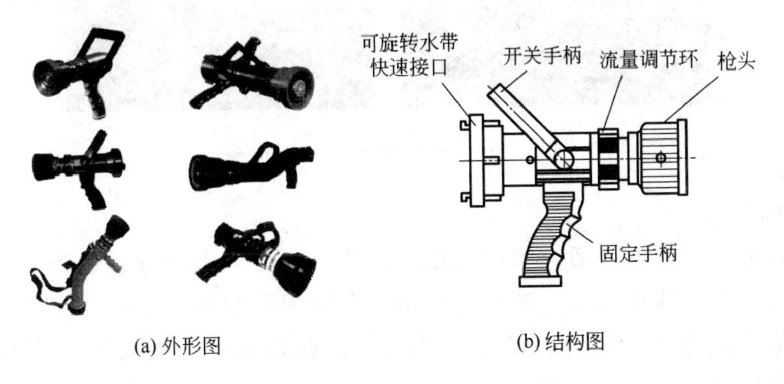

(a) 外形图　　(b) 结构图

图 3.24 无后坐力多功能水枪

水枪的快速接口在保证良好密封性能的前提下能自由旋转，使水带通水后可将扭卷状态自然调直。

主要适用于可燃和有毒气体等危险化学品泄漏场所。与泡沫喷管配合使用后，还可用于扑救 B 类火灾。

③ 水幕水枪。水幕水枪，又称屏风水枪，是一种可以在火源和消防员之间设立保护屏幕墙，有效减少火场热辐射、稀释有毒气体、隔离烟雾的特种消防水枪，如图 3.25 所示。

使用时，将水枪与水带连接，水枪置于地面上并加以固定。消防车供水后，水流呈扇形水幕状发散喷射，其使用的场景如图 3.26 所示。

水幕水枪主要适用于各种火场和有毒气体泄漏场所。在大型油罐火灾现场，可降低烟火温度，掩护灭火救援人员。

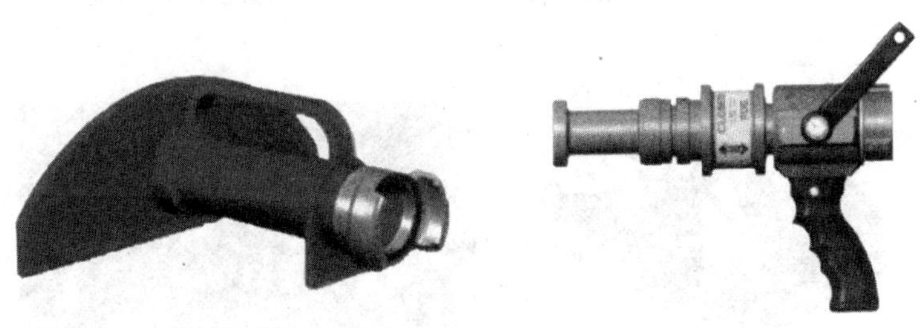

图 3.25 水幕水枪

图 3.26　水幕水枪的使用场景

3.2.2.6　消防水炮

消防水炮是以水作为介质，喷射高压大水量、强力射水流进行远距离火灾扑救的灭火设备。适用于大型油罐火灾扑救，更是消防车理想的车载射水器具。

按操纵形式可分为手动操纵和远距离操纵消防水炮；按安装方式可分为移动式水炮、固定式和车载式。

(1) 移动式消防水炮

移动式消防水炮包括手抬移动式消防水炮和拖车移动式消防水炮。目前移动式消防水炮按控制类型可分为手动型和电控型两类。电控型移动式消防水炮可实现远距离遥控操作，从而减轻了操作强度，保障了消防员的安全。

图 3.27　手抬移动式消防水炮

① 手抬移动式消防水炮。如图 3.27 所示，其是一种可以手抬移动，远距离射水的消防水炮。

近年来，国内开始推广手抬移动式分体消防水炮，如图3.28。该类水炮在炮座的水平回转节下方设置可快速装卸的接头，可将水炮快速分为两部分，方便了手抬移动式消防水炮的移动和存放，手抬移动式消防水炮由于重量、体积以及喷射稳定性等条件限制，其流量一般不超过 50L/s。

图 3.28　手抬移动式分体消防水炮

② 拖车移动式消防水炮。其是指额定流量较大、射程较远、射高较高，以拖车为移动底盘，靠其他机动车辆拖拽行走的移动式消防水炮（如图 3.29）。该类水炮由于不受体积、重量和喷射稳定性的限制，其流量可以远远超过手抬移动式消防水炮，现今世界上最大的拖车移动式消防水炮的流量可以达到 300L/s。

图 3.29　拖车移动式消防水炮

③ 移动式自摆消防水炮。其是炮身可在一定回转角度范围内自动往复回转，进行射水灭火的移动式消防水炮（图 3.30）。其喷嘴一般为具有直流-喷雾功能的导流式结构型式，使用时可根据火场的需要调整水炮的仰角、水平摆幅、摆动频率以及水射流的直流喷雾型式。

图 3.30　移动式自摆消防水炮

（2）固定式消防水炮

固定式消防水炮（图 3.31）按照控制类型，可分为手动固定式消防水炮、电控固定式消防水炮和液控固定式消防水炮。此外，由高压气源控制的气控固定式消防水炮具有动力安全的防爆性能，也应该成为固定式消防

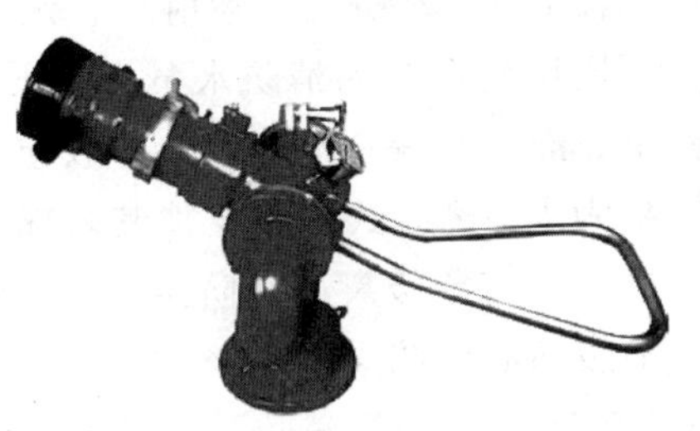

(a) 手动固定消防水炮

(b) 液控固定式消防水炮

(c) 电控固定式消防水炮

图 3.31　固定式消防水炮

水炮的发展方向之一。当电、液、气控失效时，必须能手动操作。手动固定式消防水炮可用于一般场合。电控、液控和气控固定式消防水炮可由远距离有线控和无线遥控，成为重要场合广泛使用的水炮类型。

固定式自摆消防水炮（图 3.32）主要用于消防固定灭火系统，具有较大的水平自摆角范围（≥60°），保证在规定保护范围条件下实现较少配炮的门数要求。

图 3.32　固定式自摆消防水炮

（3）车载消防水炮

车载消防水炮是固定安装于消防车上使用的消防水炮，包括常规消防车车载消防水炮和举高消防车车载消防水炮，如图 3.33 所示。一般采用手动和直流电动的操作形式，按控制方式不同，可分为手动、电控、电-液控、电-气控等形式。

图 3.33　车载消防水炮

3.2.2.7　消防泵

消防泵既是独立的消防装备，也是消防车和有关固定灭火系统的核心配套设备。按其不同的工作原理可分为叶片泵（离心式、轴流式、混流式）、容积泵、喷射泵、水锤泵等；按其不同用途可分为消防水泵、泡沫泵、引水消防泵、液压泵等。消防业务中以使用离心式消防泵为主。离心式消防泵按其内部含有的叶轮数量不同有单级离心消防泵、双级离心消防泵和多级离心消防泵三种形式。按其出水口压力范围不同有低压消防泵、中压消防泵、中低压消防泵、高压消防泵、高低压消防泵等几种形式。其中中压消防泵、高压消防泵使用数量较少。

（1）车用消防泵

车用消防泵是利用消防车自身发动机驱动的消防泵，动力通过取力器传递给泵轴，带动叶轮快速旋转，将能量传递给介质水，经过泵出口到达消防炮或消防枪等装备实施灭火。

车用消防泵（如图 3.34）主要有低压消防泵，中压、中低压消防泵和高压、高低压消防泵。

① 低压消防泵。工作压力≤1.6MPa 的消防泵称为低压消防泵，一般有单级和双级两种形式，单级低压消防泵为蜗壳式泵壳，双极低压消防泵的泵壳一般为导叶式结构。

低压消防泵的运行方式分为单泵运行和联合运行两种模式。

图 3.34　车用消防泵

a．单泵运行。低压消防泵单泵运行可以向距水源一定距离的火场（50m 以上）供水，并可调节发动机油门，满足火场的水压和流量要求。低压消防泵一般可单独通过固定水炮或移动水炮向火场供水，也可单独通过双干线或单干线接分水器的形式实现向多枪供水。大流量的低压消防泵一般可实现同时向水炮、水枪、水幕水带、用水设备等供水，或者单独供应大流量水炮用水，以满足各种火场不同的灭火、冷却的用水需要，火场使用的机动性和灵活性大大提高。

按理论计算，使用 19mm 口径水枪，常用的低压消防泵（车况、泵况较好）单干线（*D*65 水带）水平供水距离可达 1000～1200m，单干线（*D*80 水带）水平供水距离可达 550～700m，单干线（*D*80 水带）接三分水器下，干线水平供水距离可达 250～300m；单干线（*D*65 水带）垂直供水高度可达 80～100m，单干线（*D*80 水带）按两分水垂直供水高度可达 70～90m。

b．联合运行。当单台低压消防泵（低压消防车）无法满足供水设备所要求的压力或流量时，可采用两台或两台以上的消防泵（消防车）串联或并联作业。

低压消防泵的串联。低压消防泵的串联指依次将前一泵的输出水通过 1～2 条水带直接输出到后一级泵进水口再次加压输出的供水方式。串联供水可提高供水的压力，增加泵的垂直供水高度或水平供水距离。几台泵串联时，每台泵的流量相同，而总扬程为几台泵在此流量下对应的扬程之和。

低压消防泵的并联。低压消防泵的并联指几台泵分别由干线供水后经集水器后多供水口型大流量射水器具共同供水的形式，几台泵分别由不同的水泵接合器向同一固定消防系统供水的方式也属于泵的并联供水范畴。

几台泵并联运行时，各泵的扬程相同，而并联后的总流量等于各泵的流量之和。

② 中低压消防泵。中低压消防泵指既能提供中压水流（1.4～2.5MPa）又能提供低压水流的消防泵。它可满足单泵向远距离供水的需要，适应一车多能、一车多用、减少火场战斗车数量、实现快速反应以扑救初期火灾。

中低压消防泵按叶轮数量的不同可分为双级离心式和单级离心式两种形式，双级离心式中低压消防泵又可分为双级串并联式和双级串联式。目前单级离心式中低压消防泵依靠调整叶轮转速以输出低压和中压水流，因供水能力有限，仅使用于少量轻型和中型消防车上，多数中型和重型消防车则使用双级串并联式和双级串联式离心消防泵。

a．单级离心式中低压消防泵。一般依靠改变泵的转速来实现输出低压水流和中压水流的转换。

b．双级串并联式中低压消防泵（串并联中低压消防泵）。串并联中低压消防泵中一级叶轮和二级叶轮并联工作时，泵的出口输出低压水流，一级叶轮和二级叶轮串联工作时则输出中压水流。

串并联中低压消防泵仅设一组出水管，结构紧凑，泵的体积小，适合于中置泵式消防车，该泵既可低压大流量供水，又可中压远距离供水。该泵兼有普通低压泵的特点，可以取代普通低压泵。

c．双级串联式中低压消防泵（串联式中低压消防泵）。串联式中低压消防泵一级叶轮出水口输出低压水流，而二级叶轮出水口输出中压水流。

串联式中低压消防泵分别设有低压出水管路和中压出水管路，因此泵体较大，一般适合安装在后置泵式的消防车上。该泵也可完全取代普通低压泵，其最大特点是：既可单独也可同时输出低压水流、中压水流、软管卷盘水流，使消防车在近距离灭火的同时，又可单车远距离供水，火场使用的机动性大大增强。

③ 高低压消防泵

高低压消防泵是指既可输出高压水流（≥3.5MPa）又可输出低压水流的消防泵。通常它既可单独输出低压或高压水流，也可同时输出高压和低压水流。

a．分类。按高低压消防泵使用叶轮的种类不同可将其分为两级串联式、多级串联式和离心涡旋式三种结构形式。两级串联式高低压消防泵为 2 个离心式叶轮串联，1 级叶轮为低压叶轮，2 级叶轮为高压叶轮；多级串联式高低压消防泵一般为 4 个离心式叶轮串联，其中 1 级叶轮为低压叶轮，后 3 级叶轮均为高压叶轮；离心涡旋式高低压消防泵由 1 个离心式叶轮和 1 个旋涡式叶轮串联而组成，离心叶轮输出低压水，旋涡式叶轮输出高压水。

b．特点。高低压消防泵兼有高压和低压出水能力，可替代普通低压消防泵，但其高压流量较小，一般无法满足直流水枪灭火用水。因此，高压供水部分一般仅供高压软管卷盘及高压多功能水枪射水灭火。

高低压消防泵和低压消防泵相比，多了高压软管卷盘供水系统；与中低压消防泵相比，少了远距离供水能力。因此，高低压消防泵优于普通低压消防泵而弱于中低压消防泵。

c．使用。高低压消防泵可配置于水罐消防车和泡沫消防车上，其高压出水口一般固定连接软管卷盘和高压水枪。软管系统的数量一般为 1～2 套，其一端通过卷轴与高低压泵出水口固定连接，另一端固定连接有高压水枪。低压出水口的供水情况及供泡沫情况与相应的消防水罐车、泡沫车相似。

(2) 引水消防泵

由于离心泵无自吸能力，为使它使用自然水源或消防水池内水时正常工作，必须首先将泵及吸水管内的空气排除。将用于抽吸离心泵及其吸水管中空气，使其形成一定真空度，进而把水源的水引入泵内的泵统称为引水消防泵。

常用的引水泵有水环泵、活塞泵、刮片泵和喷射泵等。

① 水环泵。水环泵属于容积泵，主要靠泵腔内形成的水环工作，故称水环泵，其结构原理简图如图 3.35 所示。

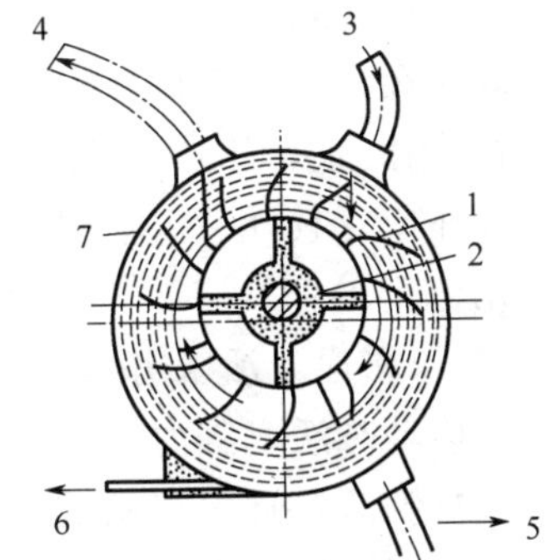

图 3.35　水环泵工作原理简图

1—叶片；2—泵轴；3—吸气管；4—排气管；5—进水管；6—排水管；7—泵壳

由于水环泵结构简单、工作可靠、运转平稳；泵内用水环密封、无金属摩擦面，对制造精度要求不高，也无需进行润滑等特点，使它广泛用于各个部门。而在消防上广泛用作离心泵或手抬机动泵的排气引水装置。

水环泵在车用消防泵上运用时，其工作状况靠一个三通旋塞控制。当旋塞处于非排气引水位置时，水环泵排水管开启而吸水管、进水管均关闭，泵处于空转状态，如图 3.36（a）所示。当旋塞处于排气引水位置时，水环泵进水管、吸水管、进水管（常开）开通而排水管关闭，泵进行排气引水作业，如图 3.36（b）所示。

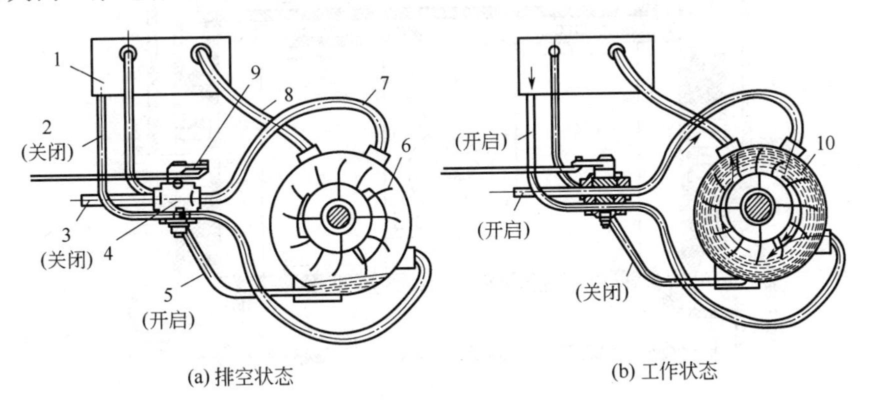

图 3.36　水环泵工作状态示意图

1—储水箱；2—进水管；3、7—吸气管；4—三通旋塞；5—排水管；6—叶轮；8—排气管；9—手柄；10—水环

水环泵的缺点是效率较低，一般只有 30%～50%。另外，水环泵还需设储水箱，在冬季需考虑防冻措施。

水环泵在使用过程中常见的故障是真空度降低和气量不足。

真空度降低的主要原因是泵本身故障或管道系统密封性不好。泵本身故障可能轴承外斜、前后盖不同心或水环发热而引起。管道密封性不好可能是连接松动、填料损坏或垫片损坏造成的。

② 活塞引水泵。活塞引水泵是通过活塞的往复运动达到排气引水的目的。它结构精密、效率高、引水速度快，是排气引水泵较为理想的一种。活塞引水泵的结构分为两种，一种为手动操作型；另一种是全自动型。目前，因结构简单、工作可靠、故障率低，国内外广泛使用手动操作型活塞引水泵。全自动活塞引水泵在国外大型消防车上已有使用。

a．工作原理。活塞引水泵（其机构剖面图如图 3.37 所示）属于容积泵，依靠两个活塞左右移动时活塞缸内容积的周期性变化而工作。当泵轴及偏心轮带动两个活塞向左移动时，左侧活塞缸内容积减小，压力升高，则左侧进气阀盘关闭，排气阀盘开启，排出气体；右侧活塞缸内容积增大，压力降低，则右侧排气阀盘关闭，进气阀盘开启，缸体由吸气管吸入气体。当两个活塞向右移动时，左活塞缸吸气、右活塞缸排气。

b．手动操作型活塞引水泵。一般单独设置泵轴，通过操纵机构和皮带传动系统从离心泵泵轴取得动力。操纵机构由操作手柄、拉线、摇臂、操纵阀、压力水引入管及张紧轮等组成。扳动操作手柄，在拉线的拉动下，操纵阀阀杆移动，带动张紧轮产生位移，使皮带张紧，进而离心泵轴的动力通过皮带转动，带动活塞引水泵运转。离心泵出水后，压力水经过引水管进入操纵阀，使操纵阀阀杆反向运动，使皮带张紧轮脱离传动皮带，活塞引水泵自动停止运转。

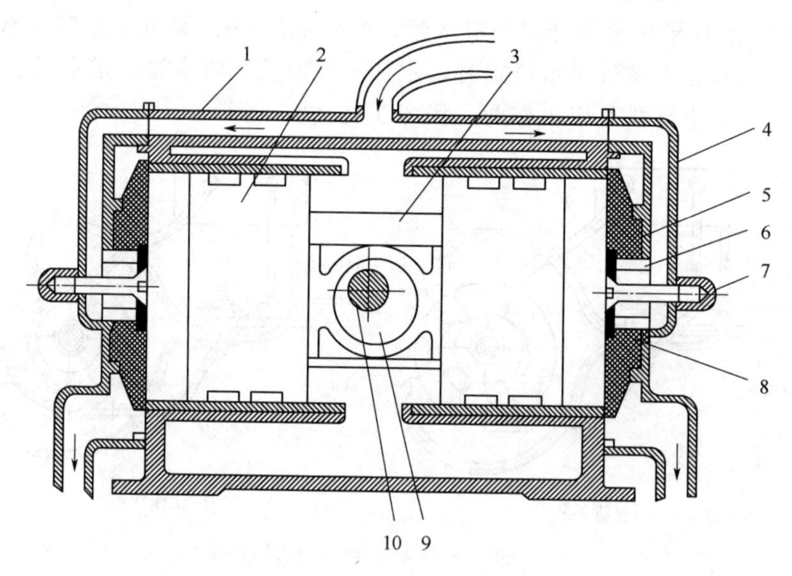

图 3.37　活塞引水泵剖面图

1—泵壳；2—活塞；3—活塞连接杆；4—泵盖；5—排气阀盘；6—进气阀盘支撑架；7—螺帽；8—进气阀盘；9—偏心轮；10—泵轴

③ 刮片泵。刮片泵也属于容积泵，是较早使用的排气引水泵之一。它有单作用刮片泵和双作用刮片泵两种结构形式。单作用刮片泵的叶轮每转一周，每一工作容腔完成一次排、吸气；而双作用刮片泵的叶轮每转一周，每一工作容腔完成两次排、吸气。在

消防车上多配备单作用刮片泵。

单作用刮片泵工作原理与水环泵相似，当泵轴以一定速度转动时（图 3.38 为顺时针转动），受离心力作用，各叶片沿槽孔向外甩出，并与衬套结合摩擦。这样，由相邻叶片、衬套内表面、叶轮轮毂面积泵壳、泵盖形成若干个工作容腔。这些工作容腔随叶轮转动一周，其容积完成由小到大，又由大到小的周期性变化，则可以完成由进气管、负压室、月牙形窗口（左侧）吸气，由月牙形窗口（右侧）、正压室、排气管排气的整个过程。循环往复，即可使离心泵及其吸水管内形成一定真空度，达到排气引水的目的。

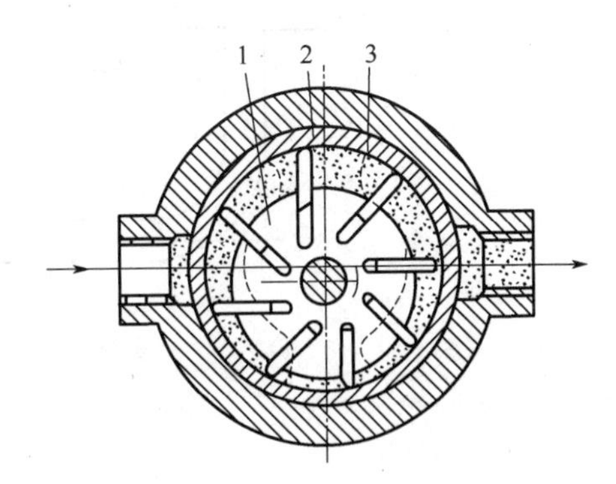

图 3.38　单作用刮片泵

1—叶轮；2—衬套；3—叶片

刮片泵结构紧凑、体积小、重量轻、流量均匀、运转平稳、噪声小、寿命长、效率高。但结构复杂、需要较高的润滑条件、制造精度要求高、加工复杂是其主要缺点，目前主要用于手抬机动泵上，在车用离心泵上的使用越来越少。

刮片泵一般单独设轴，不与离心泵使用同一泵轴。其操纵机构与活塞引水泵相似。

④ 喷射引水泵。喷射引水泵（图 3.39）是利用一定的压力流体通过管嘴喷射引入并输送另一种流体的特殊供液消防泵，它在消防上使用较为广泛，一般作为地下室或地窖等低洼地区的抽排水泵、常规泡沫/水罐消防车配套的管线式泡沫比例混合器和环泵式泡沫比例混合器、泡沫产生器、泡沫枪、排吸器等。车用消防泵和手抬机动泵上有时使用喷射泵进行排气引水，以便离心泵能开始正常输水。其工作介质一般为发动机排出的废气。

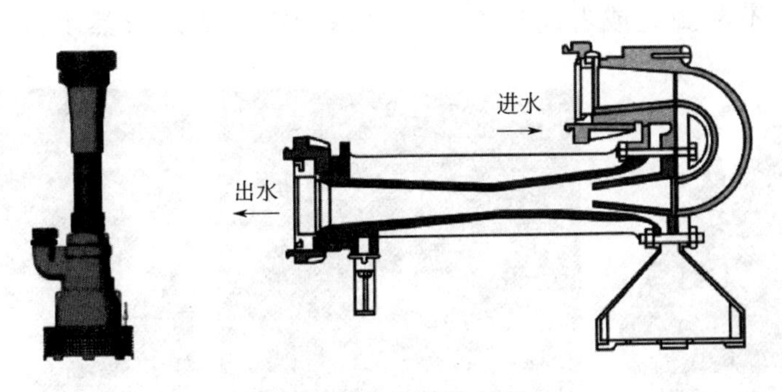

图 3.39　喷射引水泵

喷射引水泵的工作原理如图 3.40 所示，工作液体从动力源沿压力管路引入喷嘴，在喷嘴出口处，由于射流和空气之间的黏滞作用，喷嘴附近空气被带走，喷嘴附近形成真空，在外界大气压力作用下，液体从吸入管路被吸出来，在喉管内两股液体发生动量交换，工作液体将一部分能量传递给被抽送液体。这样，工作液速度减慢，被抽送液体速度逐渐加快，到达喉管末端两股液体的速度逐渐趋于一致，进入扩散管后，在扩散管内流速逐渐降低，压力上升，最后从排出管排出。工作液体的动力源可以是压力水池、水泵或压力管路。

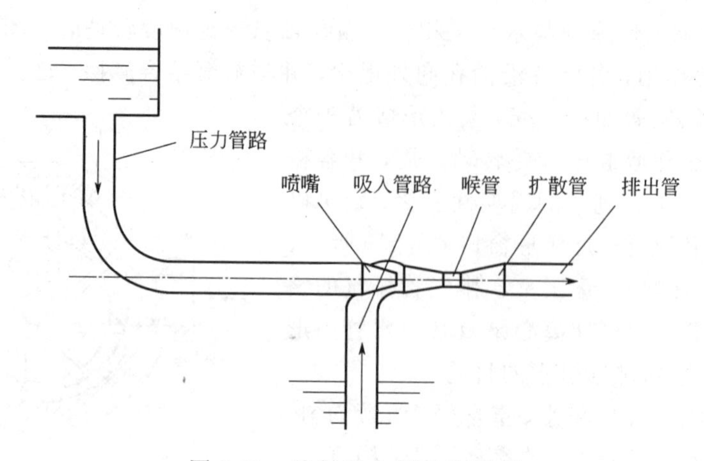

图 3.40　喷射引水泵工作原理

喷射引水泵结构简单、工作可靠、不易出故障、寿命长。但是，它在排气引水时，人为地大大缩小了发动机废气排出的通流面积，使发动机内部工况恶化。经常使用，会影响发动机寿命。因此，喷射引水泵一般多用于轻型消防车车用消防泵和手抬机动消防泵上，在中型和重型消防车的使用正在减少。喷射引水泵是通过流体压能与动能之间的能量直接转换来传递能量的，对于低液面深井有较强的适应能力。

(3) 浮艇式消防泵

浮艇式消防泵（浮艇泵）如图 3.41 所示，指由轻型发动机、小型离心泵、玻璃纤维浮箱组成的、可浮于水面上供水的组装供水设备，与手抬泵的用途和作用相同，可直接置于池塘、河流、水井、水池等天然水源中，作为火场供水消防泵使用，特别适用于消防车不易到达或者超过消防车吸深的火场周边天然水源的取水。

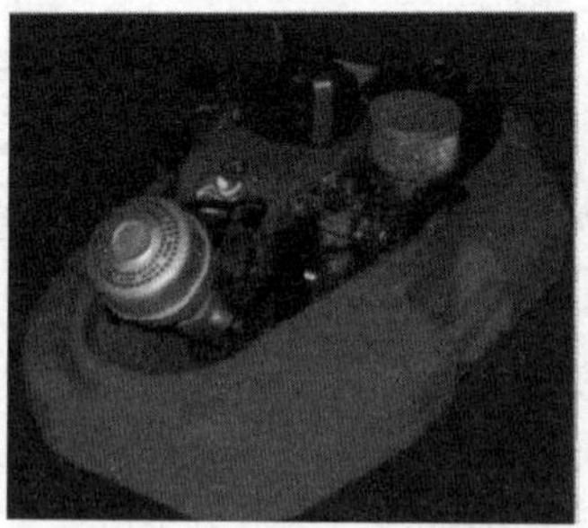

图 3.41 浮艇式消防泵

(4) 齿轮泵

齿轮泵是依靠泵缸与啮合齿轮间所形成的工作容积变化来输送液体，具备自吸能力，具有不易产生汽塞和汽蚀等优点。其外形图和工作原理如图 3.42 所示。消防队使用的齿轮泵主要用于抽送 A 类或 B 类泡沫液。一般装在泡沫消防车或压缩空气 A 类泡沫消防车上，或作为加液泵用于给泡沫消防车的泡沫箱补充泡沫液。

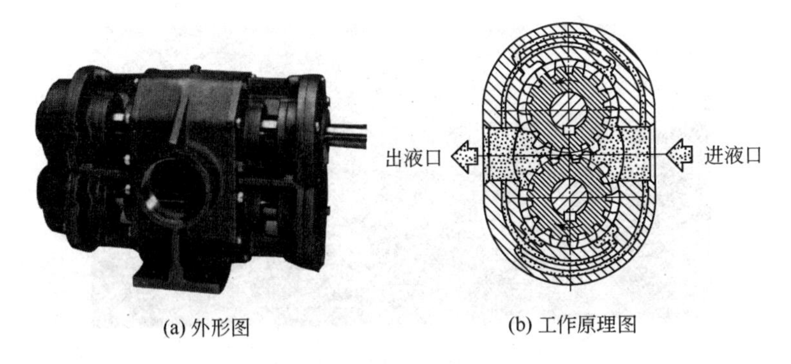

(a) 外形图　　(b) 工作原理图

图 3.42　齿轮泵

3.3　消防车辆

消防车辆是大型油罐火灾扑救中所使用的机动车辆的总称，属于移动式灭火救援消防装备。

消防车通常按功能、底盘承载能力、水泵安装位置进行分类。消防车按功能的不同，可分为灭火消防车（包括水罐消防车、泡沫消防车、干粉消防车、二氧化碳消防车、联用消防车等）、举高消防车（包括云梯消防车、登高平台消防车、举高喷射消防车等）、专勤消防车（包括通信指挥消防车、照明消防车、抢险救援消防车、排烟消防车、火场勘查车、消防宣传车等）和后援消防车（包括泡沫液储罐车、供水消防车、消防器材车等）四大类。

消防车按通用底盘承载能力可分为轻型系列底盘、中型系列底盘和重型系列底盘。

消防车根据水泵的安装方式分为前置泵式、中置泵式和后置泵式。前置泵式消防车早期较多，因从发动机主轴前端的输出功率小，与轴功率大的泵不匹配，整车布置不好，现在已基本淘汰。目前，我国大部分中型消防车是中置泵式，重型消防车采用后置泵式。

随着国民经济的持续发展，国家和人民对消防安全更加重视，对我国消防车今后的发展将起到极大的推动作用。消防车正朝着大功率、大吨位、高强度、高效率、多功能、高速度、更灵活的方向发展。

在大型油罐火灾扑救过程中，常用的主战车辆为水罐消防车、泡沫消防车、干粉消防车、泡沫干粉联用消防车、举高喷射消防车、登高平台消防车、供水消防车。随着科技的发展进步，涡喷消防车、复合射流消防车、大流量远程供水系统也逐步应用于大型油罐火灾扑救，并发挥了显著的作用。

3.3.1　灭火类消防车

（1）水罐消防车

水罐消防车（图 3.43）主要以水作为灭火剂进行油罐冷却，可与泡沫枪、泡沫炮等泡沫灭火设备联用，用于大型油罐火灾扑救。此外，还可用于完成运水、供水及运送兵员等任务。

图 3.43　水罐消防车

水罐消防车主要采用中型或重型汽车底盘改装而成，除保持原车底盘性能外，车上装备了消防水罐、水泵、引水系统、取力系统、消防水枪或消防水炮及其他消防器材。水罐消防车主要由乘员室、车厢、水泵及管路系统等组成。

（2）泡沫消防车

泡沫消防车（图 3.44）主要以泡沫和水作为灭火剂进行火灾扑救，用于扑救易燃、可燃液体火灾，也可用来扑救一般固体物质火灾以及用于水罐消防车的所有适用范围。是大型油罐火灾扑救的主要移动灭火车辆。

图 3.44　泡沫消防车

泡沫消防车上装备了较大容量的水罐、泡沫液罐、水泵、引水系统、取力系统、水枪及成套泡沫设备和其他消防器材等。泡沫消防车是在水罐消防车的基础上增加了一套泡沫灭火系统，如泡沫液罐、空气泡沫比例混合装置以及泡沫喷射器具等。空气泡沫比例混合装置主要由泡沫比例混合器、压力水管路、泡沫液进出管路及球阀等组成，在用泡沫灭火时使用，使水和泡沫液按规定的比例混合，并由水泵将混合液送至泡沫发生装置。泡沫消防车的泡沫比例混合器多采用环泵式。泡沫液比例调节有手动式和自动式两种，国产消防车多采用手动式，进口消防车多采用自动式。消防车配备的泡沫喷射器具有泡沫枪和泡沫炮，进口消防车还配备了中倍数泡沫产生器。泡沫消防车一般都配备空气泡沫-水两用炮，既可喷射水，又可喷射泡沫灭火。

（3）干粉消防车

干粉消防车（图 3.45）主要用干粉灭火剂灭火。主要装备有干粉罐及全套干粉喷射装置及冲洗装置，它以干粉为灭火介质，惰性气体（一般为氮气）作为动力，通过干粉喷射设备瞬时大量地喷射干粉扑救可燃及易燃液体火灾，可与泡沫消防车联用，扑救大型油罐火灾。

工作时消防队员（或利用气控系统）把氮气瓶的阀门打开，高压氮气经减压到1.4MPa，打开进气阀门对干粉罐充气。氮气通过管道从罐的底部进入干粉罐，搅动干粉，使罐内的气、粉两相混合并处于“沸腾”状态。当罐内压力达到 1.4MPa 时，打开球阀，干粉与气体的混合流便通过干粉炮或枪喷出。

图 3.45 干粉消防车

（4）泡沫-干粉联用消防车

泡沫-干粉联用消防车（图 3.46）装备有泡沫、干粉两套各自独立灭火系统，具有独立或联合喷射泡沫和干粉的功能。

图 3.46 泡沫-干粉联用消防车

对大型油罐火灾，实战中一般是首先用干粉迅速控制火势，在喷射部分或全部干粉后即刻喷射泡沫，有效地控制油类和气体类火灾的复燃，也可以同时喷射，以达到较理想的灭火效果。新型联用车还装有全功率取力器，边行驶边喷射，速度快，机动性好。

泡沫-干粉联用消防车主要由乘员室、车厢、水泵、水罐、泡沫液罐、干粉罐、气瓶或燃气系统、泡沫炮、干粉炮、干粉枪等器材组成。干粉系统主要由气瓶组、集气管路、过滤器、进气管、干粉罐及干粉炮组成，其原理与单独的干粉车相似。水-泡沫系统由水泵、泡沫比例混合系统、水罐、泡沫液罐、泡沫-水两用炮及电气操纵系统组成，其原理与单独的泡沫车系统相似。

3.3.2 举高类消防车

（1）举高喷射消防车

举高喷射消防车（图 3.47）简称高喷车，是指装备有折叠式或折叠-伸缩组合臂、转台及灭火装置的举高消防车。其液控炮（水炮、泡沫炮）射程远、流量大，可以在高空或距火源较远的位置上喷射灭火剂。现代高喷车一般都设置消防水泵及真空引水泵，在有地表水源的情况下可单独使用，而无水泵的高喷车或水源距离远时，必须与大型供水消防车或泡沫消防车配套使用。高喷车可用于扑救大型油罐火灾，但没有工作斗，一般无救援功能。

图 3.47 举高喷射消防车

高喷车是在登高平台车的基础上发展起来的新型举高消防车，主要由汽车底盘、副大梁（副车架）、回转支承、回转机构、转台总成、折叠曲臂、操纵台、水路系统、液压系统、电气系统等部件组成。

（2）登高平台消防车

登高平台消防车（图 3.48）是指装备有折叠式或折叠与伸缩组合式臂架、载人平台、转台及灭火装置的举高消防车，俗称“曲臂车”。目前国内外也出现了使用大型箱式伸缩臂和一小节曲折臂的登高平台消防车，这种车举高高度较大，适宜于在臂架侧部安装连续的救援梯架，俗称直臂登高平台车。

图 3.48 登高平台消防车

登高平台消防车与云梯车相比具有更大的灵活性和机动性，可达到云梯消防车（单纯伸缩臂式）无法达到的工作位置；和举高喷射消防车相比，它的用途更广、灵活性更大，不仅可进行高空灭火作业，还可载人和进行高空救援作业。

登高平台消防车主要由汽车底盘、副大梁（副车架）、支腿机构、回转机构、变幅与伸缩机构、液压系统等组成。

3.3.3　战勤保障类消防车

（1）供水消防车

供水消防车是装有大容量的储水罐，配有大流量消防水泵系统，用作大型油罐火灾现场供水的后援车辆。它也具有一般水罐消防车的功能（如图 3.49）。

供水消防车与水罐消防车的组成基本相同，但一般不配水枪、车载消防炮及相关管路等枪炮喷射系统，同时具有水罐容积大、水泵流量大、随车配置的大口径干路水带多等特点。

图 3.49　供水消防车

（2）供液消防车

供液消防车是主要用于大型油罐火灾现场，运输各种类型泡沫液的后援保障，见图 3.50。

图 3.50　供液消防车

供液消防车主要由底盘、成员室、容罐、自吸式消防泵及管路、附加电气装置等组成。自吸式消防泵采用轴向回液的泵体结构。泵体由吸入室、储液室、涡卷室、回液孔、气液分离室等组成。泵正常启动后，叶轮将吸入室所存储的液体及吸入管路中的空气一起吸入，并在泵体内得以完成混合。在离心力的作用下，液体夹带着气体向涡卷室外缘流动，在叶轮的外缘上形成一定厚度的白色泡沫带及高速旋转液环。气液混合体通过扩散管进入气液分离室。此时，由于流速突然降低，较轻的气体从混合气液中被分离出来，气体通过泵体出液口继续上升排出。脱气后的液体回到储液室，并由回流孔再次进入叶轮，与叶轮内部从吸入管路中吸入的气体再次混合，在高速旋转的叶轮作用下，又流向叶轮外缘。随着这个过程周而复始地进行下去，吸入管路中的空气不断减少，直到吸尽气体，完成自吸过程，泵便投入正常作业。自吸式消防泵结构简单可靠，正常情况下，一般不需要经常拆开保养。

3.3.4　其他特种消防车

（1）涡喷消防车

涡喷消防车是利用装在车上的涡轮喷气发动机喷射的气流将灭火剂喷至火源进行灭火的特种消防车（图 3.51）。主要适用于大型油罐火灾中油池火、地面燃油流淌火等火灾的扑救。

图 3.51　涡喷消防车

涡喷车主要由底盘、容罐、消防泵系统、涡轮喷气发动机、液压系统等组成。消防泵系统是用来将容罐内的灭火剂（水或泡沫混合液）通过管路送至涡轮喷气发动机尾喷口；涡轮喷气发动机一般都是喷气式飞机的发动机，将发动机的尾喷管稍加改装，在其上安装灭火剂输送管路；为保证灭火剂能够喷射到火源，涡喷消防车工作时需调节涡轮喷气发动机尾喷管的方向，这项工作由液压系统来完成。涡喷消防车具有喷射功率大、控制火势能力强和灭火效率高等特点。该车的喷射功率在 4000kW 以上，喷射出的大流量高流速尾气射流细带和大流量的雾状水，实现了细水雾的远距离、高强度、大覆盖面积的喷射。

涡喷消防车扑救火灾时，应准备两个阵地，主要阵地和备用阵地，主要阵地在上风方向，备用阵地根据风向的变化来选择。涡喷消防车的大流量高速气流，其流量在 $3000m^3/min$ 以上，其喷射功率达数千千瓦，所以喷射时人员和物品应在安全距离之外。

（2）复合射流消防车

复合射流消防车是基于复合射流灭火技术研发的一款新型特种消防车辆，目前有 18m、25m、32m 车型（图 3.52）。主要应用于大型油罐火灾扑救，具有显著的灭火和抗复燃效果。

复合射流消防车以消防车为载体，采用水、冷气溶胶、抗复燃混合液三种灭火剂，通过复合系统，将三种灭火剂有机组合，运用空气动力学原理，使其以复合射流的形式同时喷射出去，直击燃烧区，达到快速灭火的效果。

图3.52　复合射流消防车

复合射流消防车主要由底盘、消防泵、水罐、泡沫罐、干粉罐、臂架装置等组成。有两路输送系统，一路供应斥水型超细干粉，一路供应水系灭火剂。超细干粉由压缩氮气作为动力将它从干粉罐运送到供剂炮口；水系灭火剂在车内先通过比例混合器进行配比，再由水泵输送至供剂炮口。供灭火剂的炮口是一个同心环结构，两路输送到此的灭火剂在炮口处混合形成复合射流，并由液相射流作为主要载体和动力，运送至燃烧区域发挥灭火效能。具有灭火剂用量少、灭火速度快、灭火效率高、灭火后降温幅度大、抗复燃、节能环保等优点。

3.4　泡沫灭火系统

3.4.1　组成与分类

（1）组成

泡沫灭火系统由于其保护对象的特性或储罐形式不同，分类有很多种，但系统的组成大致是相同的。

泡沫灭火系统一般由泡沫液储罐、泡沫消防泵、泡沫比例混合器（装置）、泡沫产生装置、火灾探测与起动控制装置、控制阀门及管道等系统组件组成。

（2）分类

① 按照喷射方式可分为液上喷射、液下喷射、半液下喷射灭火系统。

液上喷射泡沫灭火系统是指将泡沫产生器产生的泡沫在导流装置的作用下，从燃烧液体上方缓慢施加到燃烧液体表面上实现灭火的泡沫系统，它有固定式、半固定式和移动式三种；液下喷射泡沫灭火系统源于第二次世界大战，它是将高背压泡沫产生器产生的泡沫通过泡沫喷射管从燃烧液体液面下输入，在泡沫初始动能和浮力的推动下，泡沫到达燃烧液面，从而实现灭火的泡沫灭火系统，它分为固定式和半固定式两种；半液下喷射泡沫灭火系统只是少数几个国家采用，它是将一轻质耐火软带卷存于液下喷射管内，当使用时，在泡沫压力和浮力的作用下软带漂浮到燃液表面使泡沫从燃液表面施放出来实现灭火。它主要为水溶性液体设计的，由于其结构比液下喷射泡沫灭火系统复杂，一般不将其用于非水溶性液体的火灾。

② 按系统结构分为固定式、半固定式和移动式灭火系统。

固定式灭火系统是指由固定的泡沫消防水泵或泡沫混合液泵、泡沫比例混合器（装置）、泡沫产生器（或喷头）和管道等组成的灭火系统。

半固定式灭火系统是指由固定的泡沫产生器与部分连接管道、泡沫消防车或机动泵，用水带连接组成的灭火系统。

移动式灭火系统是指由消防车、机动消防泵或有水压源、泡沫比例混合器、泡沫枪或移动式泡沫产生器，用水带等连接组成的灭火系统。

③ 按发泡倍数分为低倍数泡沫、中倍数泡沫和高倍数泡沫灭火系统。

低倍数泡沫灭火系统是指发泡倍数小于 20 的泡沫灭火系统。该系统是甲、乙、丙类液体储罐及石油化工装置区等场所的首选灭火系统。

中倍数泡沫灭火系统是指发泡倍数为20～200的泡沫灭火系统。中倍数泡沫灭火系统在实际工程中应用较少，且多用作辅助灭火设施。

高倍数泡沫灭火系统是指发泡倍数大于200的泡沫灭火系统。

④ 按系统形式分为全淹没、局部应用、移动、泡沫-水喷淋和泡沫喷雾灭火系统。

全淹没灭火系统由固定式泡沫产生器将泡沫喷放到封闭或被围挡的保护区内，并在规定时间内达到一定泡沫淹没深度的灭火系统。

局部应用系统是由固定式泡沫产生器直接或通过导泡筒将泡沫喷放到火灾部位的灭火系统。

移动灭火系统是指车载式或便携式灭火系统，移动式高倍数泡沫灭火系统可作为固定灭火系统的辅助设施，也可作为独立系统应用于某些场所。移动式中倍数泡沫灭火系统适用于发生火灾部位难以接近的较小火灾场所、流淌面积不超过 100m^2 的液体流淌火灾场所。

泡沫-水喷淋灭火系统由喷头、报警阀组、水流报警装置等组件，以及管道、泡沫液与水供给设施组成，并能在发生火灾时按预定时间与供给强度向保护区一次喷洒泡沫与水的自动喷水灭火系统。

泡沫喷雾系统采用泡沫喷雾喷头，在发生火灾时按照预定时间与供给强度向被保护设备或防护区喷洒泡沫的自动灭火系统。

3.4.2 液上喷射灭火系统

液上喷射泡沫灭火系统的工作原理如图 3.53 所示，一旦油罐着火，泡沫灭火剂直接从罐顶打入，泡沫迅速覆盖油面，扑灭火焰。这种灭火系统的优点是，泡沫不易受油污染，但是，油罐着火可能导致罐顶爆破，罐盖炸毁，灭火剂输送管与油罐本体脱离，泡沫不能按设计要求送入油罐，此外，该系统泡沫喷射部位受外界环境影响较大。液上喷射灭火系统对于甲、乙、丙类液体固定顶、外浮顶和内浮顶三种储罐均可适用。

国内外石化公司多数采用固定式低倍数泡沫灭火系统对大型浮顶储罐进行保护，系统按设置形式可分为罐壁式泡沫灭火系统和浮盘边缘式泡沫灭火系统。

（1）罐壁式泡沫灭火系统

罐壁式泡沫灭火系统的主要特征是泡沫管线固定在罐壁外侧，泡沫发生器安装在罐壁顶部，泡沫喷射口在罐顶圆周上等角均布，喷射口朝向罐内，泡沫喷射口一般设置在罐壁顶部的梯形护板上，喷射口处还设有泡沫导流板。

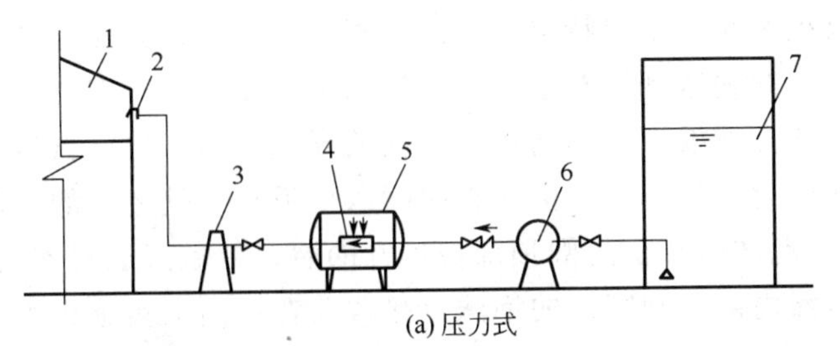

(a) 压力式

1—油罐；2—泡沫产生器；3—防火堤；4—泡沫比例混合器；
5—泡沫液储罐；6—水泵；7—消防水池

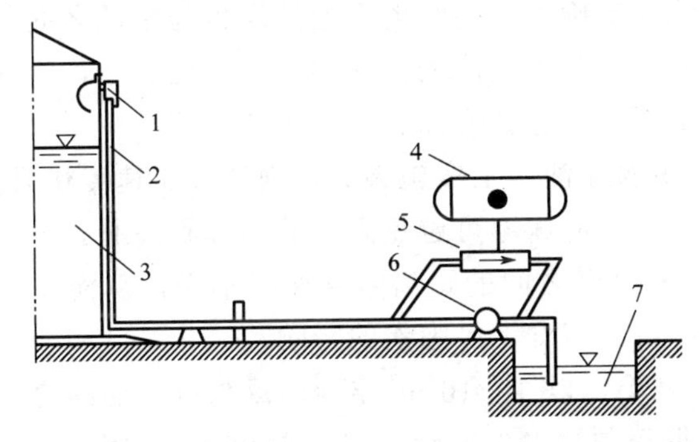

(b) 环泵式

1—泡沫产生器；2—混合液管道；3—油罐；4—泡沫液储罐；5—泡沫比例混合器；
6—水泵；7—消防水池

图 3.53　液上喷射灭火系统

启动灭火系统后，泡沫混合液通过罐壁外侧的消防立管输送到罐顶的泡沫发生器，泡沫经泡沫喷射口喷出后，在导流板的作用下沿罐壁从罐顶流至浮盘的泡沫堰板与罐壁之间的环形空间内，流下的泡沫沿环形空间向两侧自然流动，由多个泡沫喷射口喷出的泡沫在该环形空间内相互汇合，并逐渐在环形空间内形成完整的具有一定厚度的泡沫带。待泡沫带完全淹没密封圈后，泡沫即从密封圈顶部的裂口溢流进入密封圈内部实施灭火。

我国绝大多数大型浮顶储罐采用罐壁式泡沫灭火系统，但该灭火系统存在明显的缺点：

① 由于泡沫喷射口设置在罐顶，当外界风力较大时，喷出的泡沫容易被风吹散，泡沫被稀释，造成泡沫的大量损失。

② 当密封圈的着火点不在罐顶泡沫喷射口正下方时，从罐顶流下的泡沫不能直接流进密封圈内，只能等泡沫完全淹没密封圈后才能进入密封圈内部灭火。对于体积在 $10\times10^4m^3$ 以上的大型浮顶储罐，泡沫在环形空间的汇集至少需要 9min，因此，在泡沫喷出 9min 后才开始灭火，可能错过最佳的灭火时间。

③ 由雷击引发的密封圈火灾往往伴随着大雨，喷射的泡沫会被雨水稀释，同时，雨水还会夹带着大量的泡沫穿过堰板底部的排水口流失到浮盘上，会在一定程度上影响到灭火效果。

（2）浮盘边缘式泡沫灭火系统

浮盘边缘式泡沫灭火系统的主要特点是，泡沫混合液通过设置在浮盘中央的泡沫液分配器和浮盘上的泡沫管线输送到均布于浮盘边缘的泡沫发生器，泡沫喷射口可设置在泡沫堰板与二次密封装置支撑板（或挡雨板）之间的开放空间，也可直接伸入密封圈内部。若泡沫喷射口设在密封圈外部，则泡沫直接喷入堰板与罐壁之间的环形空间，待泡沫层完全淹没密封圈后，泡沫即从密封圈顶部被炸开的裂口处溢流进封圈内部实施灭火；若泡沫喷射口伸入密封圈内部，则喷出的泡沫直接覆盖在油面上实施灭火。目前，我国仅少数浮顶储罐采用了浮盘边缘式泡沫灭火系统，其泡沫喷射口一般设置在泡沫堰板与二次密封装置支撑板之间的开放空间。在这种情况下，喷射的泡沫可避免外界风力、热气流等对泡沫的破坏，泡沫能准确有效地喷射至泡沫堰板与罐壁之间的环形空间，也避免了因浮盘与泡沫喷射口的高度差而造成的泡沫损失。相比而言，泡沫喷射口设置在密封圈内部的泡沫系统在密封圈火灾扑救方面有突出优点，即：

① 喷出的泡沫可直接覆盖在油面上实施灭火，泡沫分布速度快且分布均匀。另外，由于泡沫直接喷入密封圈内部，泡沫液可避免雨水的稀释和冲刷。

② 由于泡沫喷射口与密封圈之间的距离始终保持不变，从而避免了外界风力、火焰热气流、浮盘与泡沫喷射口的高度差等因素的影响。

③ 泡沫覆盖空间大大减小，以 $10\times10^4m^3$ 浮顶储罐为例，储罐直径 80m，浮盘与罐壁的间距约为 250mm，而堰板与罐壁的间距一般为 1200mm，因此，这种泡沫灭火系统的泡沫覆盖面积仅为罐壁式泡沫灭火系统泡沫覆盖面积的 21.1%。

④ 在密封圈内喷射泡沫覆盖未着火油面，可避免密封圈的着火点向两侧蔓延，可有效阻止密封圈火灾的扩大。

但泡沫喷射口若设置在密封圈内部，不便于工作人员日常维护和检修；另外，二次密封金属支撑板的管线穿越处需要有效密封，否则容易导致密封圈内的油气从穿越处泄漏。

尽管浮盘边缘式泡沫系统的灭火效率明显高于国内现在普遍采用的罐壁式泡沫灭火系统，但浮盘边缘式泡沫系统尚未在我国普遍应用。主要原因是罐内泡沫管线的密闭性难以保证，存在泄漏、位移或脱落等现象，在不清楚罐的情况下无法对损坏的罐内泡沫管线进行维修。另外，罐内泡沫管线对耐腐蚀、耐高温、耐高压等性能的要求较高，且多为进口产品，成本较高；浮盘中央排水系统的罐内管线漏水现象较普遍，这个问题一直困扰着企业。因此，企业在一定程度上也有意避免采用罐内泡沫管线的形式，这也是阻碍浮盘边缘式泡沫灭火系统推广的原因之一。

3.4.3 液下喷射灭火系统

液下喷射灭火系统原理如图 3.54 所示，是指泡沫从液面下喷入被保护储罐内的灭火系统。泡沫在注入液体燃烧层下部后，上升至液体表面并扩散开，形成一个泡沫层的灭火系统。该灭火系统的特点是，泡沫入口安装在油罐底部，当油罐发生燃烧爆炸时，泡沫灭火设备不易受到破坏，可以正常工作，可设专用泡沫管线，也可以不设专用的泡沫管线，而利用油罐上进出油管线作为泡沫管线；此外，泡沫达到燃烧液面不是通过高温火焰和沿着热的罐壁流入，这样就减少了泡沫受高温和辐射热的破坏，提高了泡沫灭火效率。液下喷射灭火系统仅适用于非水溶性甲、乙、丙类液体地上固定顶储罐，不适用于水溶性甲、乙、丙类液体和其他对普通泡沫有破坏作用的甲、乙、丙类液体储罐，也不适用于外浮顶和内浮顶储罐。

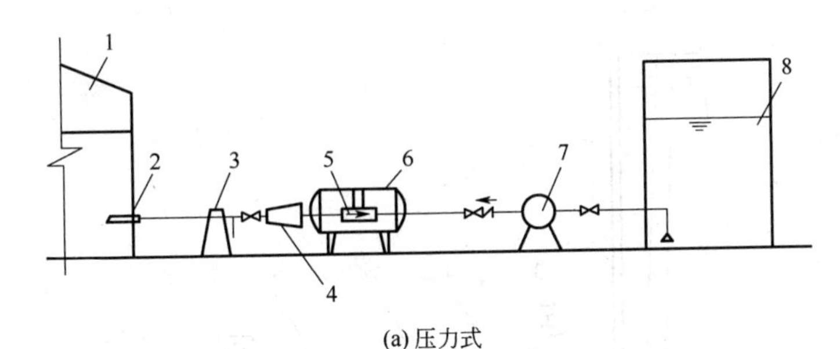

(a) 压力式

1—油罐；2—泡沫喷射器；3—防火堤；4—高背压泡沫产生器；5—泡沫比例混合器；6—泡沫液储罐；7—水泵；8—消防水池

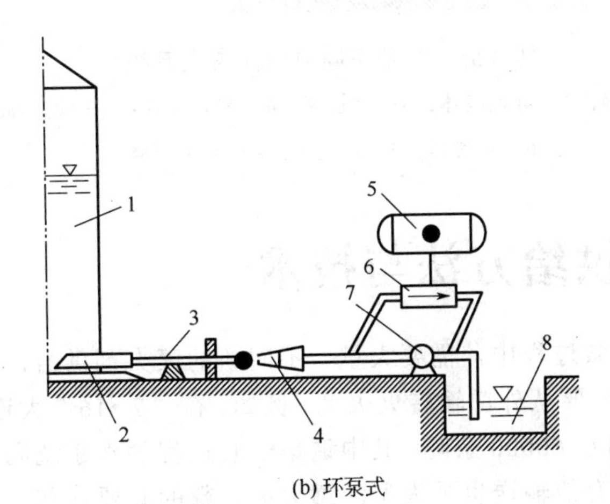

(b) 环泵式

1—油罐；2—泡沫喷射器；3—泡沫管线；4—高背压泡沫产生器；5—泡沫储液罐；6—泡沫比例混合器；7—水泵；8—消防水池

图 3.54　液下喷射泡沫灭火系统

采用液下喷射灭火系统，必须注意以及几点：

① 必须选用氟蛋白、成膜氟蛋白或水成膜泡沫液，不能使用普通蛋白泡沫液，因为普通蛋白泡沫液经过油层时，会受到污染，且其具有可燃性。

② 必须采用高背压泡沫产生器，以克服油品静压产生的管路损失，并确保泡沫液具有一定的流速。

③ 应有防止罐内储油通过泡沫灭火系统管道倒流出来的措施。

3.4.4　半液下喷射灭火系统

半液下喷射灭火系统是指泡沫从储罐底部注入，并通过软管浮升到液体燃料表面进行灭火的泡沫灭火系统，原理如图 3.55 所示。半液下喷射灭火系统中，将轻质软管均存于液下喷射管内，使用时，在泡沫压力和浮力的作用下，软管漂浮到燃液表面使泡沫从燃液表面释放出来实现灭火。其优点是泡沫通过油层时不与油品直接接触，减少了油品的污染及泡沫损失，提高了灭火效率，降低了泡沫损耗量。半液下喷射系统适用于甲、乙、丙类液体固定顶储罐，不适用于外浮顶和内浮顶储罐。

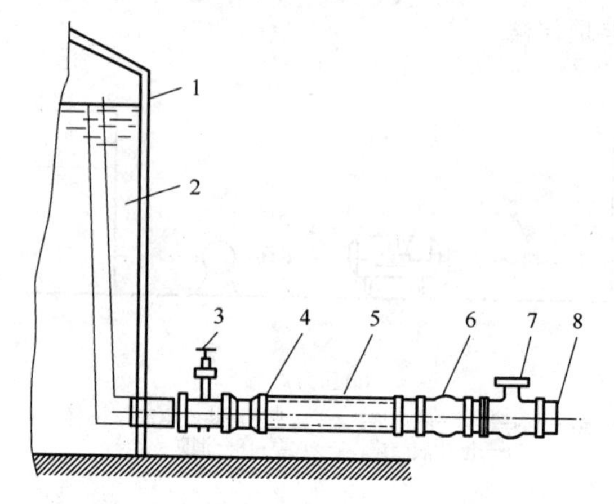

图 3.55 半液下喷射泡沫灭火系统

1—储罐；2—可燃液体；3—截止阀；4—密封膜片；5—软管筒；6—补偿器；7—止回阀；8—泡沫管道

3.5 灭火剂供给方法与技术

在大型油罐火灾扑救过程中，需要大量、不间断的灭火剂供给，但由于油罐区灭火剂储备数量有限，往往需要从外部输转灭火剂。例如，在“7·16”大连石化火灾事故中，使用泡沫 1360 余吨，用水 60000 余吨。其中调集一套远程供水系统向火场实施不间断供水。由此可见，灭火剂有效输送也是大型油罐火灾扑救的必要环节，在大型油罐火灾扑救中发挥着至关重要的作用。

3.5.1 泡沫液供给方法与技术

（1）人工搬运灌装法

人工搬运灌装法是指利用人工远距离搬运泡沫液桶至主战消防车附近，举升至主战消防车泡沫液容罐顶部，再由消防员从入孔口灌注。此过程中入孔口与罐内液面有高度差，泡沫灭火剂在灌装过程中撞击液面易发泡，需在灌装过程中缓慢灌注或采取行之有效的消泡方法。若主战消防车设有外吸液管路，可以将泡沫桶放置在量液口旁，通过管路自吸泡沫灭火剂。“7·16”大连石化火灾事故、“4·6”漳州古雷腾龙芳烃 PX 项目爆炸事故处置中，依然采用了大量的人工搬运灌注桶装泡沫灭火剂的输转方式。

人工搬运灌装法的优点是：可以忽略泡沫黏稠度影响，适用于任何气象条件。缺点是：由于人工搬运，无法保证泡沫灭火剂供给的连续性；人工搬运易造成泡沫灭火剂提前发泡；仅适用于 25kg、50kg、220kg 等小桶装或圆桶装泡沫灭火剂的情况，1t 方桶装泡沫灭火剂由于体积和重量过大，一般不依靠人工搬运。

（2）叉车搬运灌装法

叉车搬运灌装法是将存储泡沫灭火剂仓库的叉车和泡沫液桶通过运输车调运至大型油罐火灾现场，由指挥中心统一指挥调度，部署火灾现场水带铺设，作战车辆分布，然后利用叉车和人工远距离搬运泡沫桶至主战消防车附近，依靠泡沫输转泵吸液灌注，或由叉车举升至主战消防车泡沫液容罐顶部，再由消防员从入孔口灌注。

调集至大型油罐火灾现场的叉车主要来源于战勤保障大队和泡沫灭火剂生产厂家，主要分为使用电池驱动的电瓶叉车和使用燃油机驱动的内燃叉车两种。电动叉车一般配备两组蓄电池，蓄电池充电一天可用 6h，而内燃叉车只要油料保障充足，可一直使用。一般情况下，电动叉车和内燃叉车都可一次性装卸 1t 方形泡沫液桶 1 桶，220kg 圆形泡沫液桶 2 桶，或者利用托盘可同时装卸容量 25kg 小桶装泡沫液 40 桶。

叉车搬运灌装法的优点是，能提高大型石化火灾现场泡沫液桶搬运效率，减少人工搬运数量，节约人员体力消耗，提升输转效率。但由于大型油罐火灾波及范围广，现场环境复杂，通行不便，大型的泡沫灭火剂运输车抵达现场后只能停靠在区域宽阔的作战后方，车上装载的泡沫液桶若通过叉车进行搬运，需在各作战区域间布置一条能供叉车快速通行的搬运路线，才能保证叉车可以快捷高效地将泡沫液桶搬运至火场前方的各主战消防车附近。所以叉车搬运灌装法的缺点是受作战场地、参战车辆和铺设水带线路影响大，协调部署现场运输路线难等。

（3）泡沫输转泵吸液供给技术

泡沫输转泵吸液供给法，是利用移动式泡沫输转泵将桶装泡沫灭火剂灌注至主战消防车的泡沫液容罐内。火灾现场，泡沫输转泵的输转软管一端与泡沫液桶相连接，一端与主战消防车预留的泡沫液灌输接口或车辆泡沫容罐顶部的灌注口连接，将桶装泡沫灭火剂输转进容罐。总体来说，移动式泡沫输转泵体积小、携带方便、机动灵活、操作简单、运行稳定，适用于各种容积的桶装泡沫灭火剂。其不足是，输送距离有限，需要人工或叉车将泡沫液桶运送至消防车前，而叉车、人工行进受场地、参战车辆和铺设水带线路影响大；泡沫灭火剂黏稠度大，对输转泵结构性能要求高等。

（4）供液消防车输转供给技术

供液消防车输转供给法，是通过调集大型供液消防车，通过分水器和水带与前方各主战消防车进行连接，再利用供液车车载泵将车载泡沫灭火剂输送至主战消防车泡沫液容罐内。供液消防车的输转能力取决于车载泡沫输转泵的性能，供液车的供给时间取决于车载泡沫液容罐的大小，供液消防车泡沫液容罐最小8t，最大目前已达到 30t。

利用供液消防车输转供给减少了供液的中间环节，节约了搬运、灌注人员的体力消耗；供液流量大，供液速度快。其缺点是，供液流量和供液距离受车载输转泵限制；连续供液时间受供液消防车载液量限制，如需增加供液距离和连续供液时间需要二次输转；供液消防车泡沫灭火剂补充困难，泡沫灭火剂供给和补充不能同时进行，连续供液时间受限；供液消防车体积大，受场地、参战车辆和铺设水带线路的影响，通行困难。

（5）远程泡沫液供给技术

针对泡沫液的现场输转难题，研究人员不断研发新型的泡沫液输转系统，刘磊申请的远程泡沫液供给系统专利，其系统构成如图3.56所示。系统由运输板车及其组件、泡沫液罐、气动隔膜泡沫输转泵、输送软管、泡沫液供给消防车和远程遥控输出系统组成。

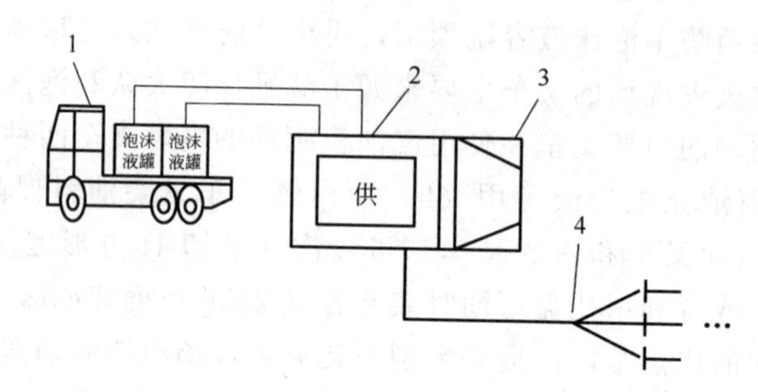

图 3.56 远程泡沫液供给系统构成

1—运输板车及组件；2—气动隔膜泡沫液输转泵；3—泡沫液供给消防车；4—远程遥控输出系统

远程泡沫液供给技术，是利用供液车车载6台气动隔膜泡沫输转泵，通过泡沫液吸管与吸枪相连，吸枪吸取安装在运输板车上泡沫液罐中的泡沫原液，储存至供液车车载储罐内，可以实现多路、错时从泡沫液罐中抽取泡沫原液。然后通过车载的另外4台气动隔膜泡沫输转泵，加压后输送给前方主战消防车。系统供液车车载泡沫液容罐8t，配有远程遥控输出系统，输送距离达500m以上，泵入泵出流量达1300L/min。

远程泡沫液供给方法能够将大型货车运送到现场的桶装泡沫原液，远距离、大流量、连续供给到灭火作战前线，并通过远程遥控输出系统，满足主战消防车不同供给强度的需求。其优点是：自动化程度高，整体运行自动控制，省时省力；克服了现有输转装备输送流量小、输送距离短的缺点；在安全范围外设立泡沫灭火剂输转站，减少一线作战车辆、保障车辆之间的相互干扰；减少了消防员穿梭火场、攀爬车辆的安全隐患等。缺点是：系统设计技术含量要求高；泡沫灭火剂长距离输转易发泡，输转泵损坏率高；受泡沫灭火剂黏稠特性影响大，对输转泵性能要求高等。

3.5.2 水供给方法与技术

大型油罐火灾现场，水灭火剂的主要作用是，用于扑救油罐火灾时配置泡沫灭火剂和对着火罐及邻近罐实施冷却或保护。

（1）固定消防给水系统供水

固定消防给水系统建设在大型油罐区，主要包括喷水设施、消火栓、供水管道、消防给水泵房和消防水池。

（2）移动消防设施或装备供水技术

主要是指利用移动消防设施或装备，将水源地的水运送到火场，输送给战斗车辆的供水技术与方法。主要方法有运水供水、接力供水、直接供水及混合供水。运水供水是指利用水罐消防车或供水消防车，将水源地的水运送到大型油罐火灾现场，输送给战斗车辆；接力供水是指消防车利用水带将水源地的水输送给战斗车辆，接力供水的形式有两种，即利用消防车水罐接力供水和利用消防车水泵接力供水；直接供水是指消防车利用水泵将水箱或水源地的水输送到大型油罐火灾现场；混合供水是指两种或两种以上供水方法同时组合使用的供水方法，主要包括消防车运水供水与直接供水组合，接力供水与直接供水组合以及消防车运水供水与接力、直接供水组合三种方式。

(3) 大流量远程供水系统

大流量远程供水系统是采用特大功率水泵进行远距离供水的供水系统，由取水系统（如图3.57所示，主要是浮艇泵）、增压系统（如图3.58所示，主要是液压站、增压泵和柴油机组）、水带铺设系统（如图3.59所示，主要是大口径水带和水带铺设/收卷车）等模块单元组成，具有大流量、远距离和高效能等特点。系统的输送距离可达几公里甚至几十公里，输送流量最大达22000L/min，可满足前方火场一台大流量炮和4辆消防车或者8～10辆消防车不间断供水灭火的需求。

图3.57　取水浮艇泵（潜水泵）

(a) 增压系统整体图

(b) 系列泵组

(c) 自动增压泵

图3.58　增压系统

使用方法如下：

① 将取水系统、增压系统从自装卸车上卸下，将浮艇泵放置在水中；

② 通过水带铺设车进行大口径水带的铺设；

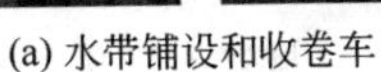

(a) 水带铺设和收卷车

(b) 水带铺设场景

图3.59　水带铺设系统

③ 将大口径水带与取水系统的出水口、增压泵的进口和出口连接后，启动浮艇泵取水；

④ 水到达增压泵后，当具备一定的压力值时，启动增压泵进行增压，增压后的水通过大口径水带输送至灾害现场的灭火装备。

3.5.3 泡沫灭火剂远程连续供给技术

泡沫灭火剂连续供给技术，是在设计大口径泡沫比例混合器的基础上，将远程供水系统和泡沫比例混合器联用，实施远程、大流量、连续泡沫灭火剂供给的技术方法。该成果来源于“十三五”国家重点研发计划项目子课题“灭火剂连续供给单元研发”。该技术在水源和泡沫液能保证不间断大量供应的情况下，只需选择远程供水系统和稳定大尺寸比例混合器进行恰当的组合即可，具体思路图如图 3.60 所示。

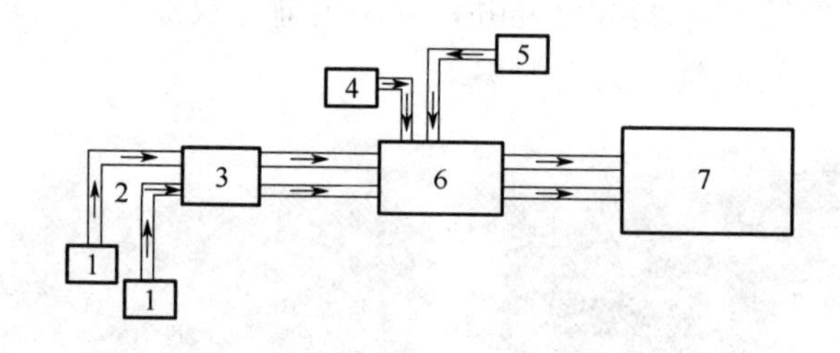

图 3.60 泡沫远程连续供给思路图

1—吸水单元；2—300mm 输水水带；3—增压泵单元；4—泡沫储备罐；5—泡沫罐车；6—大尺寸泡沫比例混合器；7—固定消防设施及移动车载泡沫炮等

该方案中，消防水先由远程供水系统中漂浮式潜水泵作为吸水单元进行吸水作业，而后使用直径为 300mm 的专业水带将消防水运送至途中增压泵，对消防水进行途中的二次加压，以保证在远程供水系统的输出端具有足够的压力；消防水经过一段长距离的运输后，至大尺寸泡沫比例混合器，与此同时，由泡沫液储罐或泡沫供液消防车运送的泡沫原液也到达泡沫比例混合器，大尺寸泡沫比例混合器将消防水和泡沫原液进行精确比例混合形成泡沫混合液，继续由 300mm 水带将泡沫混合液运送至固定消防设施或移动车载泡沫炮等一线火场进攻端，实施火灾扑救。

参考文献

[1] 杨亮，刘慧敏，马建明，等. 灭火剂与其标准化 [M]. 北京：科学技术文献出版社，2015.

[2] 张凤娥，乐巍. 消防应用技术 [M]. 北京：中国石化出版社，2016.

[3] 李本利，陈智慧. 消防技术装备 [M]. 北京：中国人民公安大学出版社，2014.

[4] 闵永林. 消防装备与应用手册 [M]. 上海：上海交通大学出版社，2013.

[5] 郎需庆，刘全桢，宫宏. 大型浮顶储罐灭火系统的研究 [J]. 消防科学与技术，2009，28（05）：342-345.

[6] 马飞，高红斌. 太原玉门沟油库消防系统设计 [J]. 机械管理开发，2009，24（01）：100-101.

[7] 喻健良，王淑兰，张孝军，等. 油罐液下喷射灭火系统的改造 [J]. 化工装备技术，2001，22（02）：22-24.

[8] 白云，张有智. 压缩空气泡沫灭火技术应用研究进展 [J]. 广东化工，2015，42（06）：86-87.

[9] 胡可亮. 大型石油化工火灾泡沫灭剂现场输转方法研究：2016年度灭火与应急救援技术学术研讨会论文集［C］. 北京：中国石化出版社，2016.

[10] 刘磊. 远程泡沫液供给系统：CN102764484A［P］. 2012-11-07.

[11] 李本利. 火场供水［M］. 北京：中国人民公安大学出版社，2007.

[12] 白海日. 基于大尺寸泡沫比例混合器的泡沫远程连续供给系统研究［D］. 广州：中国人民警察大学，2019.

第4章 大型油罐火灾消防员安全防护技术

油品是一种易燃易爆的危险品，储油库区是典型的重大工业危险源。在油库潜在的危害事故中，油罐火灾是常见的一类灾害。在开放环境中，油罐火灾产生巨大破坏，造成人员伤亡和财产损失的主要原因是热辐射。相对于爆炸和毒气泄漏，油罐火灾的直接破坏范围不大，但由于热辐射影响其他设备（如相邻储油罐）从而产生多米诺效应，使得灾害事故影响范围增大、破坏程度不断升级。在开放条件下，油罐火灾产生的大量烟气及有毒气体能及时在大气中扩散，危害相对较小，油罐火灾高强度的热辐射是造成财产损失和人员伤亡的主要因素。

油罐火灾是一种典型的油池火灾，油罐火灾在发展过程中，强烈热辐射是其主要危害之一，不仅影响相邻储罐安全，同时对消防员安全造成威胁。通过对近几年储油罐火灾案例分析可以看出，目前在处置大型火灾事故时，个人防护技术方面存在诸多问题，缺少必要的理论指导。因此，考虑灭火救援实际情况，定量研究油罐火灾热辐射对消防员的危害范围和伤害程度，对灭火救援安全具有重要的意义。

4.1 大型油罐火灾消防员安全概述

4.1.1 大型油罐火灾烧烫伤因素与安全距离

大型油罐火灾发展迅速，燃烧速度快，火焰高、火势猛，易引起相邻油罐及其他可燃物燃烧。

在火灾高强度热辐射作用下，油池火灾附近的目标可能被破坏。这里的目标是指周围可能被损坏的设备和人员。常见的热辐射破坏准则可归纳为：热通量准则、热强度准则、热通量-热强度准则等。

由于油池火灾燃烧迅速，热辐射强度大，火源附近周围目标短时间接收大量热辐射，目标接收到的热量来不及散失掉。该条件适合用热强度准则来判断目标是否被破坏。当油池火灾发展稳定后，其热辐射通量可计算出一个确定值，因此可利用确定的热辐射通量计算出受害目标与火源之间的伤害距离。

（1）数值模拟

① 计算场景。油库基本情况如下：轻油区储油 72000m^3，有立式油罐 15 座（容量 10000m^3 的油罐 4 个、4000m^3 的 2 个、3000m^3 的 6 个、2000m^3 的 3 个），其中柴油储量 44000m^3、汽油储量 22000m^3、煤油储量 6000m^3；重油区储油 7000m^3（溶剂油 1500m^3、润滑油 5500m^3）。本节考察的是柴油储罐，油罐直径为 20m，油罐地面高度为 15m，相邻油罐的中心间距约为 30m。参考油库所处区域常年的气象条件，有风条件下的风速设为 5m/s（3 级风）。

油池燃烧质量损失速率可以用式（4.1）计算

$$m''_{\mathrm{f}} = m''_{\infty}(1-\mathrm{e}^{-kD}) \tag{4.1}$$

式中，m''_{f} 表示燃油的燃烧速率，kg/（m^2 • s）；m''_{∞} 表示直径无限大时的燃烧速率，kg/（m^2 • s）；k 是系数，m^{-1}；D 为油池直径，m。

对于柴油，Munoz 等通过实验得到 m''_{∞} 和 k 的值分别为 0.062m^{-1} 与 0.63m^{-1}。油池火燃烧的热释放速率可表示为

$$Q = \eta_1 H_{\mathrm{c}} m''_{\mathrm{f}} \tag{4.2}$$

式中，η_1 为燃烧效率，柴油燃烧时产生大量浓烟，燃烧效率不高，介于 0.68～0.85 之间，燃烧效率随油池直径的增大而减小，因此本文取值 0.68；H_{c} 表示燃烧热，kJ/kg。由式（4.2）可获得油池火燃烧单位面积热释放速率为 1.8MW。计算场景设计参数见表 4.1。

表 4.1　大型油罐火灾计算场景设计参数

燃料类型	油罐直径 D/m	油罐高度 H/m	相邻油罐中心间距 R/m	热释放速率 Q/（MW/m^2）	风速 v/（m/s）
柴油	20	15	30	18	0
柴油	20	15	30	18	5

② 计算设定条件。FDS 软件是一种火灾动力学场模拟程序，通过求解一系列的偏微分控制方程，包括连续方程、动量方程、组分方程和能量方程，来描述火灾现象。

模拟过程中油罐材料设为钢材，钢的热导率为 49.8W/（m • K），比热容为 0.47kJ/（kg • K），热扩散率为 1.77×10^{-5}，材料厚度为 0.1m。地面材料为混凝土，其热导率为 1.0W/（m • K），比热容为 0.8kJ/（kg • K），热扩散率为 5.7×10^{-7}，材料厚度为 0.2m。计算假设环境和所有边界表面的温度均为 20℃。火灾过程模拟采用大涡模拟，计算区域为 50m×100m×50m，网格数为 100×200×100。

③ 距离油罐中心不同距离 L 的测量点结果。图 4.1～图 4.4 揭示了大型油罐火灾的 2 个典型现象：火焰的跳跃和燃烧不稳定。大型油罐燃烧的强湍流性导致火焰脉动很强烈，对外的热辐射波动较明显。由图 4.1 可知，无风情况下在油池液面高度，目标物体

接受到的热辐射强度较大。在油罐中心距离 L 与油罐直径 D 之比为 1 和 2（即 L/D=1、2）处的值为 20～30kW/m²，随着 L/D 的增大，热辐射强度急剧下降。由图 4.2 可知，相比油池液面高度，在地面目标物体接受到的热辐射强度较低，最大值出现在 L/D=3 处，约为 2.2kW/m²。

图 4.3 和图 4.4 是有风时下风向处接受到的热辐射变化曲线。由图可知，有风情况下在油池液面高度，接受到的热辐射较大。L/D=1 处的值约为 70kW/m²，随着 L/D 的增大，热辐射通量急剧下降。由图 4.4 可知，由于罐体较高，接近地面处接受到的热辐射较低。最大值出现在 L/D=3 处，热辐射强度约为 3.5kW/m²。

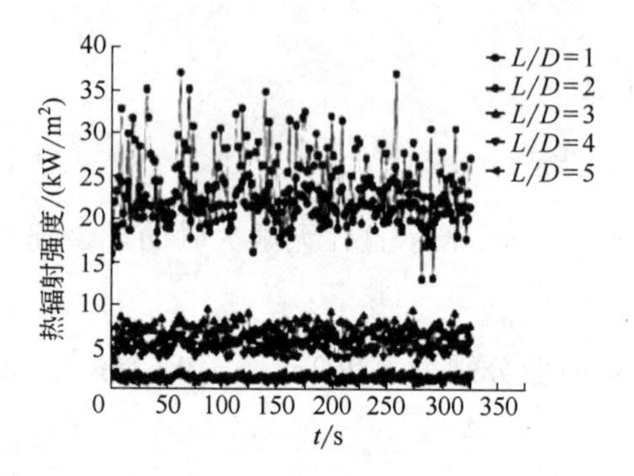

图 4.1　无风情况下辐射强度变化曲线（15m 高度）

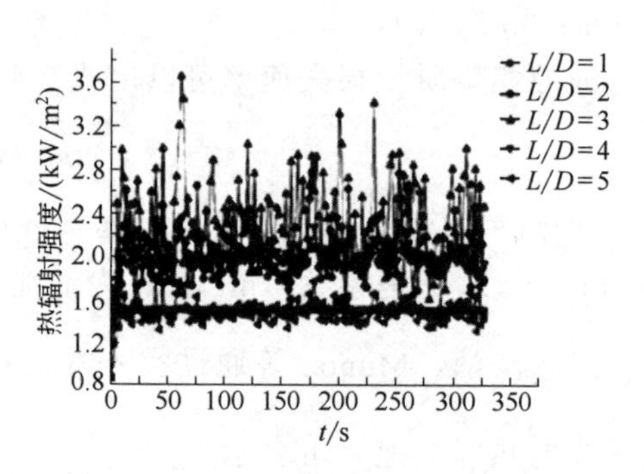

图 4.2　无风情况下辐射强度变化曲线（地面高度）

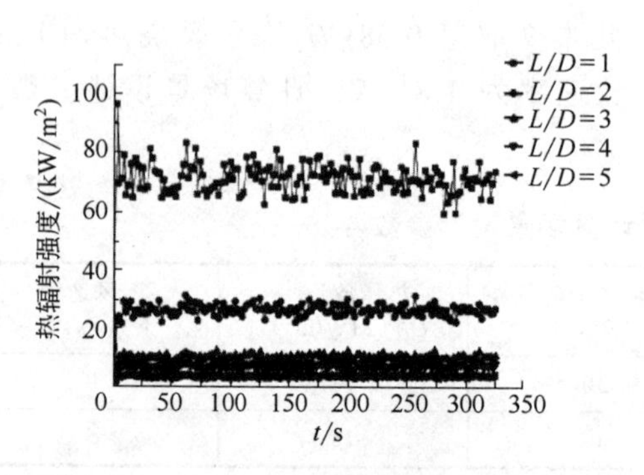

图 4.3　有风情况下辐射强度变化曲线（15m 高度）

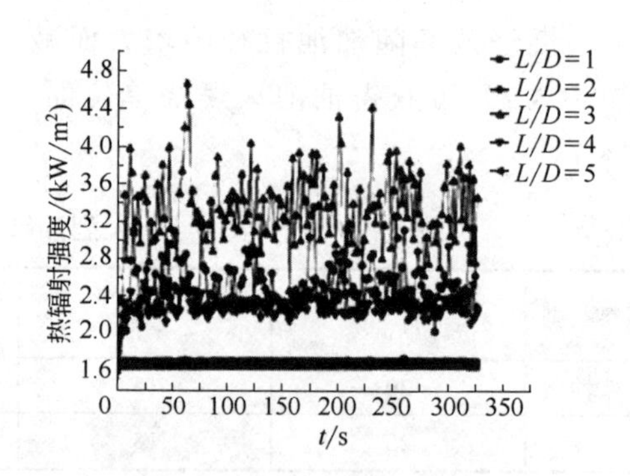

图 4.4　有风情况下辐射强度变化曲线（地面高度）

④ 无风和有风情况对比分析。图 4.5 和图 4.6 是辐射强度平均值随 L/D 的变化曲线图。由图可知，大型油罐火灾产生的辐射强度在油池液面高度随着 L/D 的增大呈指数衰减的规律。而在地面高度，接受到的热辐射值先随着 L/D 的增大而增大，随着 L/D 继续增大，热辐射通量下降。辐射强度随 L/D 变化的数值模拟结果与前人试验结果相似。产生这一变化是由于靠近油罐处，罐体本身遮挡了燃烧辐射热流对地面目标物体的作用。随着 L 的增加，罐体的遮盖效应减少，接受到的热辐射逐渐增加。当 L/D 增加到 3 时，罐体对火焰的遮盖效应基本没有。随着 L 的继续增加，由于距离的增大使辐射强度呈指数衰减。

由图 4.5 还可知，在有风情况下，下风向处接受到的热辐射强度比无风情况下显著增加。如在 $L/D=2$ 处，无风情况下油池液面高度接受到的热辐射强度约为 15kW/m²，而有风情况下约为 26kW/m²。这表明有风情况下油罐燃烧对下风向目标物体的危险性大大增强了。

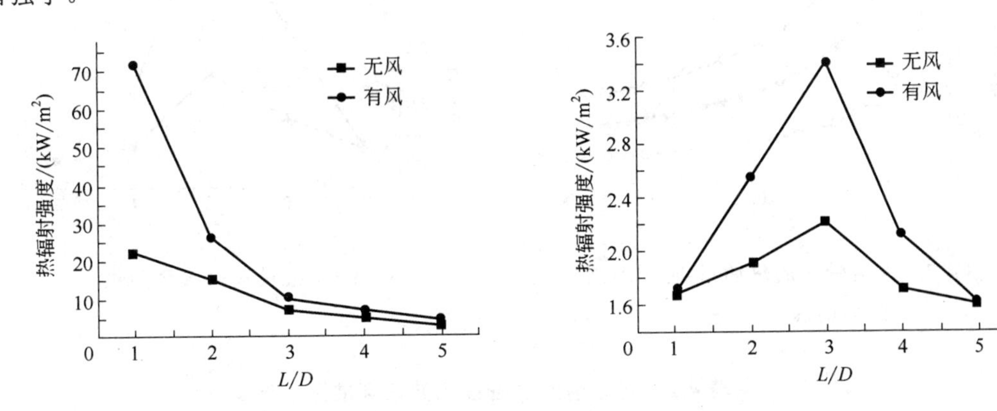

图 4.5　辐射强度随 L/D 变化曲线（15m 高度）　图 4.6　辐射强度随 L/D 变化曲线（地面高度）

（2）安全距离

不同于建筑物室内火灾，油罐火灾在开放环境中由于空气供应充足，燃烧比较完全，生成的有毒、有害气体和烟尘相对较少，因此热辐射是人员伤亡和财产损失的主要原因。

热辐射对人员伤害一般采用热通量-时间判据准则，该准则认为接受体是否遭破坏取决于热通量及作用时间 2 个参数。庄磊等人根据文献给出的方程，对直径 20m 的柴油罐燃烧进行数值模拟，得出无风和有风情况下油罐燃烧热辐射的空间分布规律。以人员伤害概率 50%为准，则可得人员受伤的热通量-时间准则临界曲线如图 4.7 所示。

假定消防队员在地面高度持械灭火的轮换时间为 300s，根据图 4.7 所示的人员受伤害判据，人员一度烧伤的热通量值为 1.2kW/m²，二度烧伤的热通量值为 2.1kW/m²，死亡的热通量值为 3.2kW/m²，如图 4.8 中虚线所示。因此，对于无风情况下，如图 4.8 所示，直径 20m 油罐燃烧消防队员灭火不受二度烧伤的安全距离 L 约为 64m（靠近油罐底部处热通量较小，但由于燃烧可能产生沸溢喷溅等现象，人员灭火会有很大危险）；而对于有风情况，消防队员不受二度烧伤的灭火安全距离 L 约为 80m，不受死亡的灭火安全距离 L 约为 62m。如需突破安全距离进行灭火，必须穿戴必要的防护服。

无风情况下相邻油罐壁处（$L/D=1$）接受到的热辐射强度为 22kW/m²，这一值接近设施严重破坏准则的 25kW/m²。对照表 4.2 所示的破坏准则，长时间燃烧（超过 30min）将会对相邻油罐产生明显的破坏作用（假设未采取任何保护和冷却措施）。因此一旦发生油罐火灾，相邻油罐应立即采取冷却措施，以防止火灾蔓延从而导致事故升级。而在有风情况下，池火焰将向下风向倾斜，加重对位于着火罐下风向的相邻罐的危害（70kW/m²）。根据《石油化工企业设计防火规范》，消防冷却水供给强度对浮顶罐为 2.0L/（min・m²），而美国的 NFPA15 标准要求达到 10.2L/（min・m²），约为我国的 5 倍。

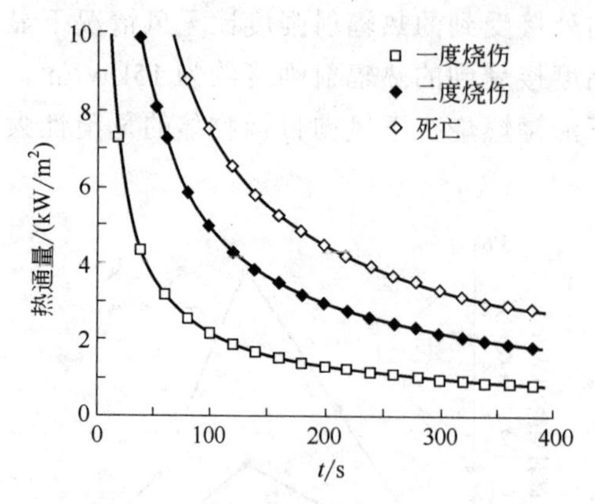

图 4.7　人员受伤的热通量-时间准则临界曲线（Pr=5）

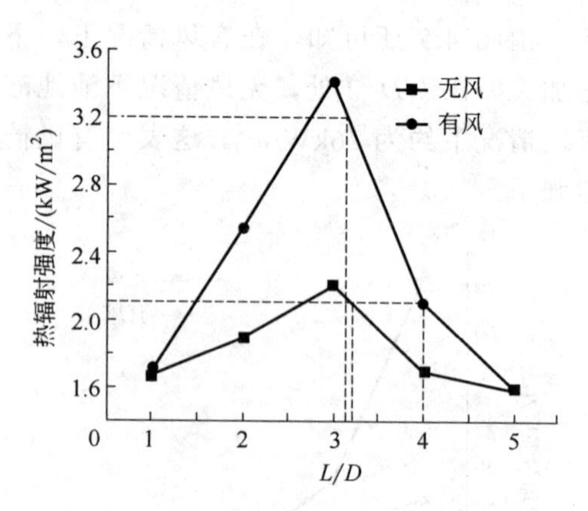

图 4.8　人员灭火安全距离

表 4.2　热辐射对设备设施的破坏准则

热辐射强度/(kW/m²)	破坏情况描述
37.5	严重损坏工艺设备；连续暴露 30min 以上，很可能造成钢结构断裂或坍塌
25.0	连续暴露 30min 以上，造成钢结构表面严重脱色，油漆剥落，结构明显变形
12.5	对工艺设备有破坏作用；有明火时，木材点燃，塑料管熔化

（3）与经验模型计算结果比较

国外许多研究者对油池火灾进行过试验研究，并取得了丰富的试验数据。分析这些数据，在一定假设的基础上，提出了各种油池火灾模型和经验公式，包括火焰尺寸、火焰表面热通量、热辐射在空间的传播规律等。这些经验公式都有各自的适用范围和适用条件，计算结果误差也较大。

① 油池火焰几何形状。油池火灾危险性分析中首要参量是火焰的平均高度 H_f。无风情况下，Thomas、Heskestad 等先后在试验基础上推导了火焰高度的经验公式。Thomas 在木垛火试验基础上推导出的经验公式为

$$H_f / D = 42\left[m_f'' \rho_0 \sqrt{gD}\right]^{0.61} \tag{4.3}$$

式中，H_f 表示火焰高度，m；D 表示池直径，m；m_f'' 表示燃料燃烧速率，kg/（m²·s）；ρ_0 表示空气密度，kg/m³；g 表示重力加速度，取 9.81m/s²。

Heskestad 在分析多种试验数据的基础上推导的火焰高度公式简化为

$$\frac{H_f}{D} = -1.02 + 0.235 Q_c^{0.4} / D \tag{4.4}$$

式中，Q_c 表示对流热释放速率，kW。

在有风情况下，火焰将不是垂直状态，火焰会弯曲并且会有一个倾斜角度。对周围

环境的热辐射也将发生变化。火焰高度 H_f' 也会随风速的增大而下降。Thomas 得出的有风时火焰高度 H_f' 的计算公式为

$$H_f' = 55\left(m_f'' / \rho_0\sqrt{gD}\right)^{0.67}(U_w / U_c)^{-0.21}$$
$$U_c = (gm_f''D / \rho_0)^{1/3} \tag{4.5}$$

式中，U_w 为 10 m 高处的风速，m/s。

② 火焰表面热辐射通量。火焰表面的热辐射通量是指单位时间、单位火焰表面积辐射出的热能。它与燃料性质、燃烧充分程度、火焰几何形状和尺寸及火焰表面位置等因素有关，根据油池直径选取不同的火焰表面辐射通量 E。对于圆柱形火焰模型，火焰表面的辐射通量为

$$E = Q\eta_2 / \left(\frac{1}{4}\pi D^2 + \pi DH_f\right) \tag{4.6}$$

式中，η_2 为辐射热占燃烧总热能的比，在此取 η_2=0.30。

③ 热辐射传播。对于圆柱形火焰，热辐射在空气中的传播可用下式来表达

$$q = \tau FE \tag{4.7}$$

式中，τ 为大气透射率，可用 τ=1－0.058ln$R$ 计算；F 为视角系数。

对于目标物体位于油池液面高度、无风状态下的火焰视角系数 $F_{1\to2}$ 用下式表示：

$$F_{1\to2} = \sqrt{F_{1\to2,H}^2 + F_{1\to2,V}^2} \tag{4.8}$$

$$F_{1\to2,H} = \frac{\left(B - \frac{1}{S}\right)}{\pi\sqrt{B^2 - 1}}\tan^{-1}\sqrt{\frac{(B+1)(S-1)}{(B-1)(S+1)}}$$
$$\frac{\left(A^{-\frac{1}{S}}\right)}{\pi\sqrt{A^2 - 1}}\tan^{-1}\sqrt{\frac{(A+1)(S-1)}{(A^{-1})(S+1)}} \tag{4.9}$$

$$F_{1\to2,V} = \frac{1}{\pi S}\tan^{-1}\left(\frac{h}{\sqrt{S^2 - 1}}\right) - \frac{h}{\pi S}\tan^{-1}\sqrt{\frac{S-1}{S+1}} +$$
$$\frac{Ah}{\pi S\sqrt{A^2 - 1}}\tan^{-1}\sqrt{\frac{(A+1)(S-1)}{(A-1)(S+1)}} \tag{4.10}$$

式中，$F_{1\to2,H}$ 为目标在水平方向的几何视角系数；$F_{1\to2,V}$ 为目标在垂直方向的几何视角系数；$A = \frac{h^2 + S^2 + 1}{2S}$；$B = \frac{1 + S^2}{2S}$；$h = \frac{2H_f}{D}$；$S = \frac{2R}{D}$；$R$ 表示火焰中心和目标物体

之间的距离，m；H_f表示火焰高度，m；D表示油池直径，m。

对于目标物体位于油池液面高度，有风情况下的视角系数 $F_{1\to2}$ 用下式表示

$$F_{1\to2}=\sqrt{F_{1\to2,H}^2+F_{1\to2,V}^2} \tag{4.11}$$

$$\pi F_{1\to2,H}=\tan^{-1}\frac{\sqrt{\frac{b+1}{b-1}}}{\pi\sqrt{B^2-1}}$$
$$\frac{a^2+(b+1)^2-2\left(b+1+ab\sin\theta\right)}{\sqrt{AB}}\tan^{-1}\sqrt{\frac{A}{B}}\sqrt{\frac{b-1}{b+1}}+$$
$$\frac{\sin\theta}{\sqrt{C}}\left(\tan^{-1}\frac{ab-(b^2-1)\sin\theta}{\sqrt{b^2-1}\sqrt{C}}\right)+\tan^{-1}\frac{(b^2-1)\sin\theta}{\sqrt{b^2-1}\sqrt{C}}$$

$$\pi F_{1\to2,\ V}=\frac{a\cos\theta}{b-a\sin\theta}\times\frac{a^2+(b+1)^2-2b(1+a\sin\theta)}{\sqrt{AB}}\times$$
$$\tan^{-1}\sqrt{\frac{A}{B}}\sqrt{\frac{b-1}{b+1}}+\frac{\cos\theta}{\sqrt{C}}\left(\tan^{-1}\frac{ab-(b^2-1)\sin\theta}{\sqrt{b^2-1}\sqrt{C}}+\right.$$
$$\left.\tan^{-1}\frac{(b^2-1)\sin\theta}{\sqrt{b^2-1}\sqrt{C}}\right)-\frac{a\cos\theta}{b-a\sin\theta}\tan^{-1}\sqrt{\frac{b-1}{b+1}} \tag{4.12}$$

式中，$A=a^2+(b+1)^2-2a(b+1)\sin\theta$；$B=a^2+(b-1)^2-2a(b-1)\sin\theta$；$C=1+(b^2-1)\cos\theta$；$a=2H_f/D$；$b=2R/D$；$\theta$ 表示火焰倾角，(°)。

④ 结果比较分析。通过无风和有风情况下的油池火焰几何形状、火焰表面的热辐射通量、热辐射传播等经验模型，油罐燃烧对油池液面高度辐射的计算结果如图 4.9 和图 4.10 所示。由两图可知，对于无风情况，Heskestad 模型与 Thomas 模型得到的热辐

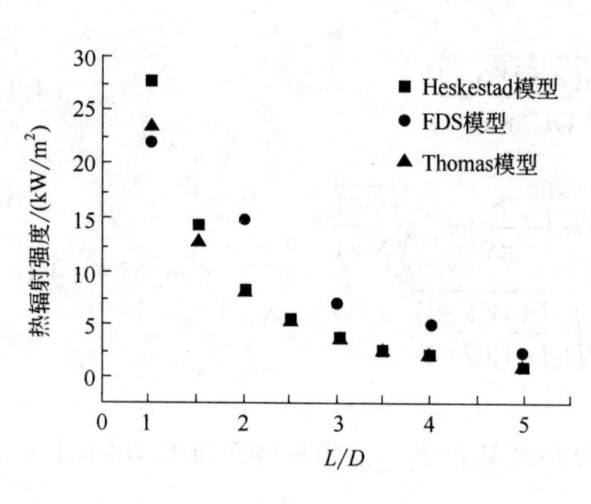

图 4.9 无风情况下辐射强度随 L/D 变化曲线

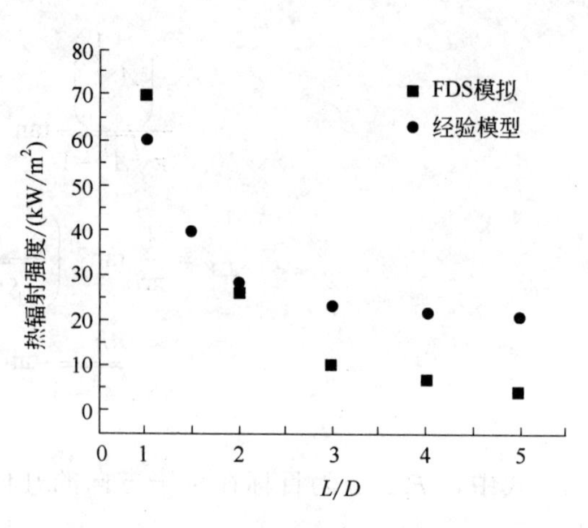

图 4.10 有风情况下辐射强度随 L/D 变化曲线

射强度分布曲线吻合较好，FDS 数值模拟结果比经验模型的略高。这是由于 FDS 辐射模型默认设定的辐射百分数为 35%，高于经验模型设定的 30%。对于有风情况，在近火焰区（$L/D<3$）。FDS 数值模拟与经验模型 2 种方法得到的热辐射强度值的结果比较相近，两条曲线吻合较好。而随着 L 的增大，经验模型计算得到的辐射强度下降趋缓，渐近于一个定值，而 FDS 的计算结果依然呈指数衰减的规律。这表明，对于近火焰区，2 种计算方法都适合，而对于远火焰区，FDS 数值模拟结果相对更合理。

4.1.2　皮肤烧伤与皮肤传热

（1）皮肤烧伤

皮肤是人体的最外层组织，从外往里依次由表皮层、真皮层和皮下组织三部分组成。人体皮肤对热量十分敏感，当温度超过 44℃皮肤有痛感，产生一级烧伤，继续暴露会产生水泡并引发二级烧伤；当温度超过 70℃暴露 1s 皮肤立即产生不可逆转的烧伤。皮肤烧伤程度取决于热流强度与暴露时间，根据皮肤组织损伤的深度和坏死程度可分为如下三种。

① 一级烧伤仅发生在皮肤的表皮层，皮肤表面发红，但能很快恢复。通常认为一级烧伤不会对人体生命产生威胁。

② 二级烧伤的皮肤表皮层都会遭到破坏，可分为浅二级烧伤和深二级烧伤。其中，浅二级烧伤为真皮浅层烧伤，皮肤局部红肿，并产生大水泡；而深二级烧伤会破坏部分真皮层，皮肤局部肿胀，并有小水泡。皮肤真皮层受到破坏后，需要一定的时间才能恢复。浅二级烧伤，经愈合后一般不留疤痕；而深二级烧伤，不能恢复到原有的正常皮肤。大面积的二级烧伤会危及患者的生命安全。

③ 三级烧伤为更深层的烧伤，皮肤各层及其附属结构被破坏，甚至会造成皮下脂肪甚至肌肉、骨骼等烧伤，属于不可恢复的烧伤。即使少量的三级烧伤也会严重影响其健康，甚至可能对患者产生致命的影响。

美国烧伤协会根据人体皮肤烧伤总面积可分为轻度烧伤、中度烧伤、重度烧伤、特重烧伤。人体二级和三级烧伤总面积是影响烧伤患者生存的主要因素之一。对于 20～59 岁不同年龄段的烧伤患者，当二级烧伤面积超过 20%或三级烧伤面积大于 5%时，患者应被及时送往医院治疗；当烧伤面积增加到 75%时，其生存概率急剧下降。

为了预测到达皮肤烧伤的时间和改善热防护服系统的性能，我们采用 Henriques 积分来作为评判标准。以此为准则，当基底层（basal layer，即表皮和真皮的中间接触面）的热力学温度到达 317.5K 时，皮肤就发生热损伤了。为了预测皮肤的各级烧伤，接触面的温度要代入下述积分式：

$$\Psi=\int_0^t P\mathrm{e}^{\left(-\frac{\Delta E}{RT(x,\tau)}\right)}\mathrm{d}\tau \tag{4.13}$$

式中，Ψ 是烧伤损伤在接触面或者任意深度的皮肤的定量测量；P 是频数因子；ΔE 是皮肤的活化能；R 为理想气体常数，8.314J/（mol・K）；T 是在基底层或在皮肤内的任何深度的绝对温度，K；t 是 T 到达 317.15K 之后的持续时间，s。

值得一提的是，积分方程所积分的时间区间是取接触面温度超过317.15K之后的时间。

对于一级和二级烧伤，T取基底层的温度。当基底层满足$\Psi|_{x=L_{fab}+L_{air}+L_{ep}}\leqslant 0.53$时，将不会发生热损伤；当满足$0.53<\Psi|_{x=L_{fab}+L_{air}+L_{ep}}\leqslant 1$时，将发生一级烧伤；当$\Psi|_{x=L_{fab}+L_{air}+L_{ep}}>1$，将发生二级烧伤。对于三级烧伤，$T$取真皮基（dermal base，即真皮层和皮下组织的中间接触面）的温度。当这一接触面满足$\Psi| \; x=L_{fab}+L_{air}+L_{ep}+L_{ds}>1$时，三级烧伤发生了。

显然，如果P和ΔE的值给定，那么上述方程的值也将确定。P和ΔE的值见表4.3。

表4.3　P和ΔE的数值

人体皮肤	T/℃	P/s^{-1}	$(\Delta E/R)$/K
表皮	＜50 ≥50	2.185×10^{124} 1.823×10^{51}	93534.9 39109.8
真皮	＜50 ≥50	4.32×10^{64} 9.39×10^{104}	50000 80000

（2）皮肤传热

热防护服装起到降低热传递的作用，在热量传递过程中，经过织物的吸收和反射后，还有一部分的热量传到皮肤上并被吸收到皮肤深层，可能会产生皮肤烧伤。定量地评价热防护服装的热防护性能过程中，利用皮肤生物传热模型预测皮肤组织内的温度场分布，并结合皮肤烧伤评估模型，从而预测人体皮肤达到二级烧伤所需时间。

目前使用最多模型为Pennes皮肤传热模型、生物热波模型、皮肤烧伤度评估模型。

① Pennes皮肤传热模型。Pennes模型对热量在皮肤内的传热方面的研究产生了重大的影响，目前几乎所有关于血液和皮肤组织温度场的预测模型都是以方程为基础，其皮肤传热模型如下式所示：

$$\rho_{sk}c_{sk}\frac{\partial T}{\partial t}=\lambda_{sk}\frac{\partial^2 T}{\partial x^2}+\omega_b\rho_b c_b(T_a-T)+q_m+q_r \tag{4.14}$$

式中，ρ_{sk}、c_{sk}、λ_{sk}分别为皮肤组织的密度、比热容和热导率；ρ_b、c_b分别为人体血液的密度和比热容；ω_b为血流灌注率；q_m、q_r分别为新陈代谢产热与辐射热；T_a、T分别为人体动脉和皮肤组织的温度，K。

Pennes模型假设热量在皮肤组织内线性地传导，每层组织热属性都为常数，血液温度等于人体体核温度，且血流灌注率保持不变。该模型基于经典的傅里叶（Fourier）热流定律，假设介质中的热传播速度无限大，没有考虑热量传递动态平衡需要的热弛豫时间。

② 生物热波模型。根据傅里叶热流定律和有限的皮肤组织传热速度，Cattaneo提出了非稳态的一维热流方程，该方程相当于非Fourier公式的线性展开，如下式所示：

$$q(x,t)+\tau\frac{\partial q}{\partial t}=-k\frac{\partial T}{\partial x} \tag{4.15}$$

式中，τ 为皮肤对热扰动作出响应的弛豫时间，s。

根据公式及 Pennes 传热方程，刘静等人提出了生物传热热波模型，如下式所示：

$$\rho_{\mu}c_{\mathrm{s}}\left(\frac{\partial T}{\partial t}+\tau_q\frac{\partial^2 T}{\partial t^2}\right)=\lambda_{\mathrm{sk}}\frac{\partial^2 T}{\partial x^2}+\omega_{\mathrm{b}}\rho_{\mathrm{b}}c_{\mathrm{b}}\left(T_{\mathrm{a}}-T\right)-\tau_q\omega_{\mathrm{b}}\rho_{\mathrm{b}}c_{\mathrm{b}}\frac{\partial T}{\partial t}+q_{\mathrm{m}}\left(1+\tau_q\frac{\partial q_{\mathrm{m}}}{\partial t}\right)+q_{\mathrm{r}}\left(1+\tau_q\frac{\partial q_{\mathrm{r}}}{\partial t}\right) \tag{4.16}$$

当$\tau\to 0$，上式可转化为基于傅里叶热流定律的 Pennes 生物传热方程。由于生物组织中的热传播速度远比其他材料小（如液体），其热弛豫时间远大于金属。热波模型更合理地反映了生物组织内热量传递的本质。热波模型中引入的热弛豫时间τ与温度有关，并不是常数。

Pennes 皮肤传热模型从最初假设皮肤为单层结构发展到三层结构，温度场的预测精度不断提高，基于皮肤组织传热的滞后性建立了热波模型，但是仍然不能描述皮肤组织快速短暂的微尺度传热时间和空间上的滞后性。皮肤烧伤是温度的指数函数，温度场预测微小的差异都会引起皮肤烧伤预测很大的变化。Pennes 和热波模型预测的皮肤温度受外界热源作用时在开始数秒后，与实际的皮肤温度变化有明显差异。

③ 皮肤烧伤度评估模型。在高温环境下，即使穿着热防护服也可能会造成皮肤的烧伤。当人体皮肤的热流密度达到 2.68J/cm^2，即皮肤温度达到 44℃时，人就会有灼痛感并形成一级烧伤，继而起泡出现二级烧伤；在 55℃时，一级烧伤维持 20s，之后二级和三级烧伤相继出现；当人体皮肤的热流密度达到 5.06J/cm^2，即在 72℃时瞬间就会造成皮肤的二级烧伤。

皮肤烧伤评价过程中，一般认为当人体皮肤表面下 80μm 处的基面温度达到 44℃以上时，皮肤开始烧伤破坏，其破坏程度随温度上升成对数关系加深。目前通过热流计模拟人体皮肤达到二级烧伤所需要的时间评价热防护性能，主要采用 Henriques 皮肤烧伤积分模型与 Stoll 烧伤准则。

a.Henriques 皮肤烧伤积分模型。在 ASTM、ISO、NFPA 等国际标准中有关皮肤烧伤的评估都广泛采用 Henriques 皮肤烧伤模型方程，通过将皮肤温度代入到一阶阿伦尼乌斯方程预测皮肤烧伤，如下式所示：

$$\Omega=\int_0^t P\exp\left(\frac{-\Delta E}{RT}\right)\mathrm{d}t \tag{4.17}$$

这是一个由皮肤活化性能和频率破坏因子 P 控制的函数方程；Ω为皮肤烧伤程度的量化值，无量纲；R 是理想气体常数，8.314J/（mol・℃）；t 为皮肤暴露于热源下其温度 $T>44$℃的时间，s。通过计算Ω值确定皮肤烧伤的程度，当表皮层与真皮层交界处的 $\Omega=0.53$ 时，皮肤达到一级烧伤；当表皮层与真皮层交界处的$\Omega=1.0$ 时，皮肤达到二级烧伤；当真皮层与皮下组织交界处的$\Omega=1.0$ 时，皮肤达到三级烧伤。此模型适用于长时间低热流条件下皮肤表层烧伤评价，而对于短时间高热流条件下并不适用。Mehta 和 Wong 认为应包括加热和制冷阶段温度值大于 44℃的所有时间，这样才可以更加准确地预测皮肤烧伤程度。

b.Stoll 二级烧伤准则。Stoll 和 Chianta 两位研究者根据试验测得铜片热流计的温度净升值，预测恒定热流条件下皮肤烧伤程度。首先他们通过对动物皮肤进行大量的试验，测量其皮肤达到二级烧伤时所吸收的总能量，然后根据 ASTM E457—96 标准转换，如下式所示：

$$P = \rho_{cp} C_{cp} \frac{\Delta T}{\Delta t} = 5.685 \frac{\Delta T}{\Delta t} \tag{4.18}$$

将各种热源暴露条件下的人体裸露皮肤达到二级烧伤所需的时间转换成铜片热流计的温度上升值，即得到 Stoll 曲线，如下式所示。试验时，将织物暴露在恒定的热流量条件下，将记录的铜片热流计温升曲线和 Stoll 曲线相交，其相交点的横坐标即为预测的二级烧伤时间。

$$T_{Sioll} = 8.871465 \times t^{0.2905449} + T_0 \tag{4.19}$$

式中，T_{Sioll} 为皮肤达到二度烧伤时的温度，℃；t 为暴露时间，s；T_0 为铜片热流计的初始温度，℃。

使用 Stoll 曲线在面料小样试验中预测皮肤达到二级烧伤时间，简单实用，但微小的热流量变化都会使准则产生较大的误差。由于面料受热后其热物理参数发生变化，恒定的热流量经过织物后会也会动态地改变，导致衣下皮肤表面遭受的热流量波动性较大。

4.1.3 热辐射防护服及其传热机理

（1）热辐射防护服

根据不同的灾害事故对人体的伤害，研究人员研制出了各类消防服，以应用于火灾现场和各种灾害事故现场。消防服的种类如下。

① 消防避火服。消防避火服是专门为消防员短时间内穿越火区和短时间进入火焰区进行灭火战斗和抢险救援时穿着而设计的防护服装。它是由耐火纤维布、防火层、耐火隔热层、防水层、阻燃隔热层、舒适层组成，能耐火焰温度 1000℃，防辐射温度 1300℃。

② 防火衣。防火衣是专门为消防员穿越火区或长时间进入火焰区进行灭火战斗和抢险救援时穿着而设计的防护服装。它是由铝箔防火层、耐火隔热毡、舒适层组成，耐火焰温度 900℃，防辐射温度 1000℃，具有轻便、灵活、密封性好等优点。

③ 消防隔热服。消防隔热服是消防人员在火场上靠近或接近高温区进行灭火战斗时穿着的防护服装。它是由复合铝箔防火布、舒适层组成，能耐辐射温度 900℃，具有质轻、柔软、防水等优点。

④ 防火防化服。防火防化服是专门为消防人员进入化学危险品或腐蚀性物质的火灾或事故现场进行灭火战斗、抢险救援时穿着的一种防护装备。它主要是由阻燃防化层、防火隔热层、舒适层组成，具有应急呼叫、通信联络的功能。

⑤ 灭火防护服。灭火防护服是为消防人员在火场灭火战斗中保护自身而设计的一种防护服装，它集阻燃、隔热、防水、透湿于一体，可有效保护消防员在灭火战斗时的人身安全及灭火战术的实施和灭火器材的有效发挥。消防人员战斗服一般由以下四层组成防火层——外表层、防水层、隔热层和舒适层，具有很好的阻燃性能和抗辐射性能。外表层用来抵御火焰和热，防水层紧贴外表层织物，它起到阻止热量传导和有害化学物质透入的作用，第三层是针刺感织物或无纺织物，起到防止蒸汽的作用，作为绝热层，舒适层是最里面的一层，使穿着者穿起来更加舒适。

消防服系统的热湿传递过程是一个复杂的非线性动力学变化过程，其热湿传递机理的研究是进行热防护研究的基础，也是几十年来科技工作者研究的难点问题。目前消防服系统的热湿传递模型大致可分为干热传递模型和热湿耦合传递模型两类。干热传递模型是不考虑织物内部水分对热传递影响的一类比较简单的模型，而湿热耦合传递模型将综合考虑水分传递对能量转换的影响，复杂程度高。

(2) 防护服的热辐射防护机理

① 干热传递模型。根据面料的结构特征，服装内部的热传递往往当作多孔介质热传递，为了简化多孔介质传热的复杂性，Stoll 等人基于 TPP 测试仪，利用硅胶代替具有多孔性的面料，忽略了面料内部的辐射热传递。虽然在纠正原始偏差之后，模型预测的误差控制在 4%以内，但是对于火场环境下非稳态热流量暴露以及各向异性的面料来说，模型预测的结果将会出现较大的偏差，这是因为多孔介质中辐射热传递对于整体的热传递过程有重要性。1995 年，Bamford 建立了消防服系统的热传递模型、面料热反应模型以及皮肤烧伤评价模型。从微观角度解释了面料内部的辐射热传递过程，考虑了面料内部的水分蒸发与冷凝、面料的热化学反应（如碳化、降解等）对面料热物性、光学性能以及热传递过程的影响。但由于模型中辐射热传递方程的复杂性而没有得到广泛应用。

基于热传递模型的前期探索，1997 年，Torvi 利用理论知识证明了多孔介质中辐射热传递的过程，探究了空气层热传导与对流传热的机理，提出了热传递模型中各边界条件的计算方法，为后面建立更加精确的面料热湿传递数值模型奠定了基础。该模型研究的是闪火条件下单层面料的一维热传递过程，对于多层面料系统、不同火场暴露以及冷却阶段的热传递过程具有一定的局限性。根据 Torvi 模型的相关理论，大量研究学者建立了不同火场条件下的热传递模型。Mell 研究了低辐射暴露下（$2.5kW/m^2$）多层消防服系统的传热模型，考虑了服装材料吸收与发射辐射的能力，但是作者是利用向前向后辐射模型求解辐射在多层面料中的传热过程。同时，Kukuck 基于 TPP 测试装置建立了一维瞬态传热方程，通过改变热源中辐射/对流的比例，调查了不同热源条件下面料热防护性能的变化规律。

由于人体着装形态的曲面变化，一维平面的热传递模型并不能代替着装人体的传热过程，研究人员通常利用圆柱体以及燃烧假人近似评价服装的热传递过程。Zhu 等人在 $21kW/m^2$ 辐射热暴露下建立了一维热传递柱形模型，通过自行搭建的柱形实验仪器证明了模型的有效性。Song 等人基于 PyroMan 燃烧假人测试系统，采用一维有限差分方法模拟了闪火暴露中通过单层防护服、衣下空间和人体皮肤的传热过程。Jiang 等人基于计算流体动力学方法（computational fluid dynamics，CFD）对燃烧假人实验室内的火场环境进行了三维传热模拟，但是由于没有建立着装假人的三维形态几何网格模型，因此在服装、衣下空间以及皮肤内的传热模拟仍然是一维的。

随着新技术、新材料的研发，多功能智能消防服得到了快速的发展。Mercer 将相变材料嵌入了消防服系统中，模拟了相变材料的热量吸收与释放的过程，并且比较了在 83.2kW/m^2 闪火与 1.2kW/m^2 低辐射热暴露下，相变材料对消防服系统整体的热防护性能的影响。研究结果发现，虽然相变材料能够吸收大量热量，减小皮肤烧伤，但是随着热暴露时间的延长，相变材料会重新凝固，释放热量到人体皮肤。

综上所述，目前面料层次的热传递模型以 Torvi 模型为主，解决了面料中的辐射与传导问题，以及面料的热化学反应和动态参数变化，同时提出了模型边界条件的推导方程，为进一步的研究奠定了基础。目前面料热传递研究存在的主要问题是没有考虑面料的多维传热以及水分对热传递的影响，有学者利用热电偶测量面料未暴露一侧的温度梯度变化，证明了面料多维传热的重要性。同时大量实验证明水分对消防服的热防护性能具有重大影响，既能增强面料的热防护性能，又能减弱面料的热防护性能，取决于面料的结构、含水量、含水位置和热源种类等。因此建立消防服多维热湿耦合数值模型是未来研究的重点方向。

② 热湿传递模型。多孔介质中热湿传递以复杂的形式被耦合，一般把介质当作连续体，在多孔介质中能量传递的方式包括所有相的传导、辐射和液相与气相的对流。水分的传递过程包括水蒸气由于内外压力差产生的流动、水分的蒸发与冷凝过程，同时液态水的流动取决于外部驱动力（如压力差、重力）和内部驱动力（如毛细作用、分子之间作用力和渗透作用），如图 4.11 所示。水分对面料热传递过程的影响，主要是通过三个方面：a. 水分的相变潜热；b. 水分的吸附、解吸显热；c. 水分对面料热物性以及光学性能的影响。

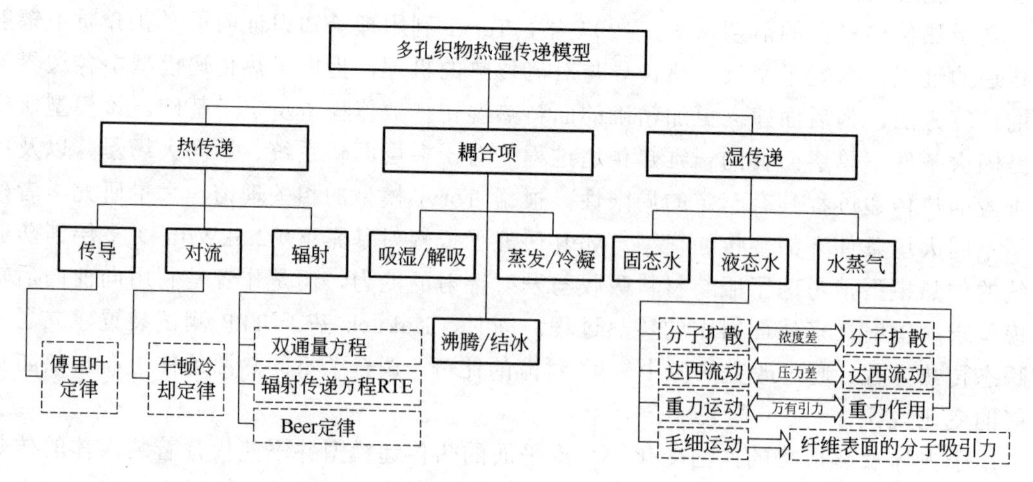

图 4.11　消防服内部热湿耦合传递过程

20 世纪 30 年代，Henry 首次基于微元体提出简易的热湿传递耦合模型，利用两个抛物线型偏微分方程描述热湿传递的过程，同时方程中的耦合项能够解释纤维的吸湿/解吸、潜热现象。到 20 世纪 80 年代，Ogniewicz 和 Tien 第一次分析了热湿传递中的冷凝过程。随后，有学者利用更加复杂的热湿耦合模型调查了水分的吸湿与冷凝过程，根据纺织纤维的吸湿能力将纤维的吸湿分为两阶段模型。另外一种广泛应用的热湿耦合模型是 20 世纪 60～70 年代 Whitaker 发展的连续介质模型，该模型主要是从多孔介质的每一相（固相、气相、液相）的守恒关系入手，采用容积平均法，计算了多孔介质内部热湿传递。最初该模型主要运用于计算土壤内部的热湿传递，到 20 世纪末，Gibson 根据 Whitaker 的多孔介质热湿传输耦合理论，提出了纺织服装材料的热湿传递模型，把含湿织物当作是一个由固体（聚合物等）吸附凝结水、液态水和水蒸气组成的三相结构体，根据能量守恒、质量守恒以及动量守恒定律，对传热、传质（液相、气相）过程进行数学分析，建立能够合理反映各种不同结构相的温度场、湿分浓度场以及气相总压场变化规律的三场机制模型。而后，多孔纺织材料的热湿传递模型被广泛用于调查棉、羊毛和多孔絮填料服装的热湿舒适性，解释了水分的吸收、相变、容积流动、辐射传热以及冷凝过程。但是针对特殊环境条件下的消防服来说，多孔介质的热湿传递过程具有较大的差异性。

在消防领域最先进行热湿传递模型研究的是 Chen，其在 1959 年提出的中低强度辐射热暴露条件下面料的一维热湿传递模型，考虑了面料内部的辐射热传递、水分的分子扩散与体积流动以及水分的吸附与解吸作用。但是由于当时计算机技术的限制，作者进行了大量的模型简化计算，假设水分的传递仅仅由扩散驱动，也忽略水分的相变潜热影响。作者发现，水分随着面料温度的升高会发生蒸发作用，在皮肤表面冷凝，导致皮肤温度的上升，但是如果热暴露水平较低，水分将作为蓄热体，减缓皮肤热量的上升。Chen 提出的热湿传递模型虽然没有通过实验的方法得到有效的验证，但是 Chen 的模型为后人的研究奠定了理论基础。

2002 年，Prasad 基于面料热湿传递机理，提出了低辐射热暴露条件下的热湿耦合方程，包括水分对面料各项热物理性能的影响、水分的蓄热、所有相的热传导、气态与液态的对流传热以及水分的相变潜热、吸附显热等。由于多孔介质热湿耦合传递的过程比较复杂，考虑到与通过服装的热传导和水分的吸附、解吸的显热传递相比，水蒸气的相变潜热很小，作者忽略了水蒸气的相变潜热影响，同时忽略通过面料的空气体积流动，不考虑水分在服装表面的扩散以及毛细作用，从而结合吸湿等温线关系与热湿传递偏微分方程，计算了多层面料、多层空气层的温度与湿度变化情况。另外，Vafai 和 Sözen 总结和比较了多孔介质的热湿传递模型，调查发现最适合强热流下的热湿传递模型是 Gibson 模型，然而 Gibson 模型并没有解释面料中辐射热传递。在 Torvi 所建的织物热传递模型中，考虑了水分的蒸发对织物比热容的影响，作者利用比热容的方法将水分蒸发所带来的能量变化考虑在模型中，但是模型中忽略了水分的传递，却解释了面料内部的辐射热传递。因此，Chitrphiromsri 基于前人所建立的热湿传递模型的优缺点，结合 Gibson 模型和 Torvi 模型，建立了闪火条件多层面料的热湿传递模型。该模型中假设各层织物之间互相紧贴，内部各层之间不存在相互影响，且认为织物内部的压力介于外层与衣下空气层的压力之间，气体在压力驱动下运动，液态水在总压和毛细力的驱动下运动。同时作者解释了所有相的导热、气态和液态的对流以及相变的潜热变化，因此，所建立的模型更加精确地模拟了织物内部热湿传递的过程。

4.2 油罐火灾热辐射及防护性能测试方法

4.2.1 油罐火灾热辐射

热辐射，物体由于具有温度而辐射电磁波的现象，是热量传递的3种方式之一。一切温度高于绝对零度的物体都能产生热辐射，温度越高，辐射出的总能量就越大，短波成分也越多。热辐射的光谱是连续谱，波长覆盖范围理论上为 0～∞。油罐全液面火灾会产生强烈的热辐射，不仅威胁临近油罐，而且还会损害周围人员及设备。火焰的热辐射受许多参数的影响：燃料的成分和组成、火焰的大小和形状、火灾的持续时间、火源和目标物之间的距离以及环境因素的影响等。不同于建筑物室内火灾，油罐火灾在开放环境中由于空气供应充足，燃烧比较完全，生成的有毒、有害气体和烟尘相对较少，因此热辐射是人员伤亡和财产损失的主要原因。

4.2.2 热辐射防护性能测试方法

热防护性的实质是降低热量转移速度，使外界的热较慢地传递至皮肤。当热源辐射到织物的表面时，一部分被织物反射，一部分透过织物，其余部分被织物吸收并形成二次辐射热源。与国内相比，欧洲等西方国家对防护服的研究和开发较早，目前已制定实施了一系列较为完善的测试方法和标准，包括RPP法、TPP法和燃烧假人法等，通过这些方法可以比较全面地测试和评价消防服用织物的热防护性能。

（1）热辐射防护性能测试方法（RPP试验）

将试样垂直放置在辐射热源前，并在规定的距离内对试样进行热辐射，通过试样后面的铜管量热计得出人体皮肤的二级烧伤时间，计算辐射条件下的RPP值，RPP值越大织物的热防护性能越好，反之越差。由量热计湿度变化曲线与二级烧伤标准曲线相交求得二级烧伤时间，试样的RPP值（cal/cm^2，1cal=4.186J）按下式计算：

$$\mathrm{RPP} = FT \tag{4.20}$$

式中，F 为规定辐射热流量，0.5cal/（$cm^2 \cdot s$）或 2.0cal/（$cm^2 \cdot s$）；T 为引起二级烧伤所需要的时间，s。

（2）热防护性能测试方法（TPP法）

将试样水平放置在特定的热源上面，在规定的距离内，热源以热对流和热辐射两种传热形式出现，热对流与热辐射均占50%。热源由气体燃烧器和红外石英管组成，其中两个气体燃烧器与水平成45°角放置，9根红外石英管排列在它们之间。试样的标准尺寸为150mm×150mm，在试验过程中的实际有效受热面积为100mm×100mm。根据试样量热计温度随作用时间变化，计量出造成人体皮肤二级烧伤的时间，TPP值可以反映织物的热防护性能，试样的TPP值（cal/cm^2）可按下式计算：

$$\mathrm{TPP} = FT \tag{4.21}$$

式中，F 为规定的热源热流量，2.0cal/（$cm^2 \cdot s$）；T 为引起二级烧伤所需要的时间，s。

(3) 燃烧假人测试

燃烧假人系统是模拟人体暴露在特定的火灾环境中，通过检测服装和假人皮肤表面的信息，利用皮肤烧伤程度 Ω 值、皮肤二级、三级烧伤面积百分比等指标，评估服装的隔热阻燃性能和人体的皮肤烧伤程度。假人系统主要由燃烧假人本体、传感器与信息检测单元、火焰产生与控制系统、皮肤热传递模型与烧伤评估模型、系统控制与应用软件等部分构成。现在采用的燃烧假人系统有杜邦公司的 Thermo-man 系统、美国北卡罗来纳州州立大学的 PyroMan 系统和加拿大阿尔伯特大学的“火人”测试装置。燃烧假人的测试标准为 ASTM F1930—2000，试验中将穿着试验用服装的人体模型置于实验室的模拟燃烧环境中，暴露一定时间后对试样的燃烧情况进行观察，并通过分布在人体模型身上的 122 个热传感器，测量和计算透过服装传递到人体各部位的热量和温度，计算人体承受二级和三级烧伤的总量和位置，以此来评价织物的热防护性能。

4.3　消防员热应激及其评价方法

热应激（heat stress）是指人体承受的热负荷增加引起机体核心温度升高而导致一系列的生理和心理反应，被列为消防员所面临诸多职业危险中最严重而又最难以预防的风险之一。人体为了维持正常生理活动，需要不断进行新陈代谢，为保持体温恒定，新陈代谢所产生的热量需要不断散发传递到周围环境中。人体与周围环境的热交换模式是进行高温热环境下人体热安全状况分析的基础。高温环境下人体与环境热交换会受到影响，如果出现非平衡状态，人体体温将会升高，产生热应激反应，严重影响人体健康。消防员穿着防护服在复杂环境中进行灭火救援行动或训练的过程中，热应激将引起体核温度升高、心脏负荷加大、疲劳感增强、稳定性下降、反应速度降低等一系列热应激反应（heat strain），导致不同程度的热疾病，甚至发生心源性猝死。美国消防协会（NFPA）的统计数据表明，40%～50%消防员的伤亡是灭火救援行动和训练过程中热应激引起的。消防员热应激主要是其高温、高湿的恶劣工作环境，防护服透湿、透气等功能不好和长时间的奋战带来的疲劳所致。

4.3.1　消防员热应激

(1) 热应激的成因

① 劳动强度。根据加拿大多伦多市消防局对消防员在灭火救援时的活动负荷测定的结果，消防员的大多数行动，如拖动水带、携带器材上楼、架设消防梯、破拆屋顶和房门、佩戴空气呼吸器进行人员搜救、搬运伤员等，代谢热超过350kcal/h，属于高强度体力劳动。长时间高负荷工作，如果散热过程受阻，将导致体内热积蓄，引发热应激反应。

② 火场热环境。美国国家标准与技术委员会（NIST）和美国消防署（USFA）在测试火场温度、辐射热通量等相关数据的基础上对火场热环境进行了分级，见表 4.4。当火场温度达到 250℃时，消防员体表温度可达 55～60℃，皮肤感觉疼痛，甚至发生二级烧伤。在扑救可燃/易燃液体火灾和危险化学品火灾时，火场温度可达 1094℃，辐射

热达 5.0cal/（m^2·s）。

表 4.4　建筑火灾热环境分级

热环境分级	燃烧特点	环境温度/℃	热通量/[cal/（m^2·s）]	最高可承受时间
Ⅰ级	单一房间部分燃烧	60	0.05	30min
Ⅱ级	单一房间完全燃烧	40～95	0.05～0.1	15min
Ⅲ级	单一房间完全燃烧，并延烧到其他房间	95～250	0.175～4.2	5min
Ⅳ级	轰燃或回燃	250～815	0.175～4.2	10s

③ 防护服。在执行火灾扑救、危险化学品处置以及其他应急救援任务时，消防员需根据规定的防护等级使用相应的个人防护装备。扑救建筑火灾时需穿着灭火防护服，进行化学事故处置时则需穿着封闭性能更高的轻型或重型防化服。防护服的主要功能是隔热和防水、阻止有害物质的侵蚀。因此对防护服强制性的安全要求也加大了机体的热负荷：消防员在大量出汗时，汗水在衣下聚集，阻碍水蒸气从人体向环境的扩散，导致蒸发效率降低。因而，防护服在阻隔辐射热的同时，也造成了一个阻碍湿热散失的微环境，使得消防员即便身处干燥、寒冷的环境中，也易产生热应激反应。在高温、高湿工作环境中，消防员的热应激更是呈几何级数增长，发生热疾病的概率大大增加。

（2）热应激的生理反应

① 高温对人体机能的影响。当人体处在高温环境中，特别是环境温度接近或者高于人体温度时，散热受到阻碍，甚至还要被动地从外界环境吸收热量，当人体处在劳动状态时，体内产生更多的热量，这时人体的产热和散热平衡出现异常，甚至失调。医学研究表明，环境温度高于 28℃时，人体会有不舒服的感觉；温度再高将会导致烦躁、中暑、精神紊乱；气温高于 34℃时，会引发一系列的疾病，心脏、脑血管和呼吸系统的发病率有所升高，死亡率明显升高。同时，由于出汗造成身体内水分和盐分流失，此时血液浓稠，容易导致水盐失调和身体功能紊乱。

② 高温对能量代谢的影响。人体处于高温环境下时，散热的需要和高温对组织细胞功能的影响使得能量代谢发生了变化。安静状态下，环境温度达到 28℃时人体的产热量开始提高，人体的基础产热量随着气温的升高而提高。高温作业时，劳动强度和高温的共同作用使得人体能量代谢大大提高，人体热负荷随着劳动强度的增大和环境温度的升高而增大。细胞能量代谢本质是在细胞内发生的一系列酶促生物化学反应。反应速率受温度的影响。当体温在一定范围内升高时，代谢率会升高；但是当外界气温过高，人体热负荷过大，导致体热平衡机制紊乱，能量代谢的细胞会受到损伤，细胞生物化学反应发生障碍，生物化学效应明显下降。钱令嘉等的试验研究表明，机体体温在 39℃以下时，与常温状态比，心肌细胞线粒体 H^+-ATP 酶合成活力和 Ca^{2+}-ATP 酶、肾 Na^+、K^+-ATP 酶等活性水平有所提高，其相关细胞代谢功能如 ATP 合成、水盐代谢、Ca^{2+}代谢平衡、细胞膜通道活动均随之增强，细胞耐受热的生存和增殖能力等明显增强；但当机体体温高于 40℃时，上述多种重要的功能酶活性大幅下降。原因主要有两点：多种酶的活性只

有在适宜的温度条件下较强；在超高温条件下，酶蛋白活性中心的拓扑结构往往发生变化，以致酶蛋白和底物的结合能力或催化能力降低，酶功能受到很大影响，机体生物代谢率降低。

(3) 消防员职业热应激危害

① 体核温度升高，引发脱水和热疾病。消防员在高温高湿环境中长时间进行高负荷工作，代谢热产生速度加快，核心温度可升至38.4～38.7℃，平均升高1.9℃。同时，机体分泌汗量增加，水分和电解质大量流失，出现疲劳、嗜睡、易怒、不协调、昏迷、意识改变等症状。失水量达到体重的4%时，体温升高，丧失50%的工作能力；失水量达到体重的5%时，排汗能力（散热冷却）受损，导致热衰竭甚至热射病等热疾病的发生。

② 生物力学改变，发生机体损伤的概率加大。热应激作用下，中枢神经系统受到抑制，肌肉的活动能力和平衡能力减弱，动作的稳定性、准确性和协调性降低，步态和平衡能力发生生物力学改变。加之观察力下降、注意力不易集中、推理能力和判断能力下降、条件反射潜伏期延长、反应速度降低，消防员面对火灾和应急救援现场特有的危险因素时，发生滑倒、绊倒、跌落等事故的概率大幅增加。美国消防协会研究显示，在灭火救援过程中，导致消防员受伤的首要原因不是火灾现场常见的烧伤或烟气吸入伤，而是由于滑倒、绊倒、跌倒所造成的机体损伤，比例高达25%。

③ 心脏负荷加大，出现心源性猝死。人员高负荷体力活动时，氧耗增加，肌肉和皮肤表面血流量增加，心脏负荷加重。由于分泌汗液导致机体脱水，血浆容积减少，静脉回流量减少，影响每搏输出量。虽然心率逐渐增加，但心脏输出量仍呈减少的趋势。研究表明，消防员穿着灭火防护服并佩戴空气呼吸器进入火场的第1min，心率达到最大心率的70%～80%；随着火灾扑救的进行，心率达到最大心率的85%～100%。同时，热应激会对血管内皮造成损伤，引发血小板聚集，激活凝血通路，最终引发播散性血管内凝血。因此，在灭火救援行动和训练过程中，由于热应激引起心律失常、心肌梗死等，最终导致心源性猝死的事件在国内外消防界屡见不鲜。

4.3.2 消防员热应激评价方法

(1) 预测热应激模型

人体生理系统对高温环境的热应激反应表现在不同的阶段，根据人体受高温环境影响的水平，热适应可以由此大致分为以下几个阶段：热不适应阶段、热衰竭阶段和热休克阶段。热不适应阶段人体大量出汗，工作效率下降。热衰竭阶段人体的大脑功能出现反应迟钝等现象。热休克是热应激最危险的阶段，威胁生命安全。人体在高温环境中皮肤温度会迅速升高，核心温度也会随之上升，热应激会在短时间内会达到最大程度，环境温度的选择和作业时间的控制若不合理，很容易产生较高程度的热应激，即平常所说的中暑症状，进而对作业人员的人身安全产生较大的威胁。

人体热平衡方程在人体热应激评价领域有着重要的作用，预测热应激（PHS）模型便是以此为基础，对人体的热生理响应结果通过数值迭代方法计算得出。该模型可以考虑多种人体生理参数和外部环境参数，人体生理参数包括人体身高、体重等基本参数和代谢率这类特殊生理参数，外部环境参数包括环境温度、湿度、空气流速、辐射温度等，另外服装透热性能（热阻）和透气散湿性能（湿阻）两种服装性能参数该模型亦考虑了进去，通过数值迭代方法对人体出汗率、核心温度、直肠温度等参考指标进行计算，进而计算和评估极端热湿环境下人体热生理反应及造成热伤害的暴露时间，其有效性经过了8个权威研究机构、747次实验室试验进行了验证。目前，PHS模型被广泛应用于高温作业环境下人体热应激预测评价，并建立了相应的国际标准 ISO 7933—2004。

（2）PHS模型重要参数

PHS模型重要参量包括测量参数、设定参数和初值设定三部分。其中，测量参数为通过测量获取的环境参数、人体参数及服装参数；设定参数为对人体生理行为强度相关参数的设置；初值设定为启动模型迭代计算过程所需的初值。

① 测量参量。测量参量包括人体、环境、服装的相关参量，如表4.5所示。

表4.5 PHS模型的测量参量

参量	物理意义	单位
W_b	人体体重	kg
H_b	人体身高	m
T_a	空气温度	℃
T_{sk}	皮肤温度	℃
T_r	平均热辐射温度	℃
v_a	空气流速	m/s
I_{cl}	服装热阻	clo
R_{cl}	服装湿阻	$m^2 \cdot kPa/W$

② 设定参量。设定参数为对人体生理行为强度和热生理响应规律相关参数的设置，如表4.6所示。

表4.6 PHS模型的设定参量

参量	物理意义	单位	初值
C_{tcq}	核心温度稳态时间常数	—	$e^{-1/10}$
C_{tsk}	皮肤温度稳态时间常数	—	$e^{-1/3}$
C_S	发汗率稳态事件常数	—	$e^{-1/10}$
M	新陈代谢率	W/m^2	145
W	工作劳累程度	—	Moderate（温和）
P	人员姿态	—	Stand（站立）
a_{ccl}	热适应程度	—	100

③ 初值设定。初值设定为启动模型迭代计算过程所需的初值，包括体温、出汗率、

出汗量等，如表 4.7 所示。

表 4.7　PHS 模型的初值设定

参量	物理意义	单位	初值
$S_{p,0}$	预期发汗率初值	W/m^2	0
$S_{tot,0}$	预期总发汗量初值	W/m^2	0
t_{re0}	直肠温度初值	℃	36.8
t_{cr0}	核心温度初值	℃	36.8
t_{sk0}	皮肤温度初值	℃	34.1
$t_{cr,eq0}$	核心温度平衡温度初值	℃	36.8
α_0	皮肤温度系数初值	—	0.3
$D_{lim\ tre}$	热累积决定的最大允许暴露时间	min	0
$D_{lim\ loss50}$	由失水决定的安全率为 50%的时间	min	0
$D_{lim\ loss95}$	由失水决定的安全率为 95%的时间	min	0

（3）PHS 模型计算流程及基本公式

PHS 模型通过迭代计算得到人体热生理响应结果，其计算流程比较复杂，具体计算流程如下：

① 计算人体及环境基本参量 A_{Du}、c_{sp}、D_{max50}、D_{max95}、p_a、p_{sk}，基本计算式为：

$$p_{sk} = 133.3 \times 10^{\left[8.10765 - \left(\frac{1750.29}{235 + t_{sk}}\right)\right]} \tag{4.22}$$

$$p_a = RH \times 133.3 \times 10^{\left[8.10765 - \frac{1750.29}{235 + t_a}\right]} \tag{4.23}$$

$$A_{Du} = 0.202 \times W_b^{0.425} \times H_b^{0.725} \tag{4.24}$$

$$c_{sp} = 57.83 \times \frac{W_b}{A_{Du}} \tag{4.25}$$

$$D_{max\,50} = 2\% \times W_b \times 1000 \tag{4.26}$$

$$D_{max\,95} = 5\% \times W_b \times 1000 \tag{4.27}$$

式中，A_{Du} 为 DuBios 皮肤面积系数；c_{sp} 为人体比热容，W/（m^2·K）；D_{max50} 为 50%的人安全时的最大失水量，g；D_{max95} 为 95%的人安全时的最大失水量，g；p_a 为水蒸气分压，kPa；p_{sk} 为皮肤温度对应的饱和蒸气分压，kPa。

② 计算最大出汗率 S_{max}（W/m^2）。

人体的最大出汗率具有上、下限值，分别为 400W/m^2 和 250W/m^2，并与热习服性

a_{ccl}有关。最大出汗率的计算式如下：

$$S_{max} = \begin{cases} 400 & (S_{max} \geqslant 400) \\ (M-32)A_{Du} & [S_{max} \in (250,400)] \\ 250 & (S_{max} \leqslant 250) \end{cases} \tag{4.28}$$

$$S_{max} = \begin{cases} S_{max} \times 1.25 & (a_{ccl} \geqslant 50) \\ S_{max} \times 0.85 & (a_{ccl} < 50) \end{cases} \tag{4.29}$$

③ 计算在该热环境下，达到稳态时的人体核心温度 $T_{cr,eqm}$，$T_{cr,eq,i}$，以及该时间步长内的热累积率 dS_{eq}，基本计算式为：

$$T_{cr,\ eqm} = 0.0036 \times (M-55) + 36.8 \tag{4.30}$$

$$T_{cr,\ eq,\ i} = T_{ct,\ eq,\ i-1} \times e^{-\frac{1}{10}} + T_{cr,\ eqm}\left(1-e^{-\frac{1}{10}}\right) \tag{4.31}$$

$$dS_{eq} = c_{sp}(T_{cr,\ eqi} - T_{cr,\ eqi-1}) \times (1-\alpha_{i-1}) \tag{4.32}$$

式中，$T_{cr,eqm}$ 为与新陈代谢水平对应的稳态时的核心温度，℃；$T_{cr,eq,i}$ 为时间步长 i 时与新陈代谢水平对应的核心温度，℃；dS_{eq} 为新陈代谢导致核心温度上升对应的热累积率，W/m^2，通过文献中给定一些特征参量和公式计算。

④ 计算无着装热平衡时对应的皮肤温度 $T_{sk,eqnu}$（℃），基本计算式为：

$$T_{sk,\ eqnu} = 7.191 + 0.064T_a + 0.061T_r + 0.198p_a - 0.348v_a + 0.616T_{re} \tag{4.33}$$

⑤ 计算该时间步长的皮肤温度 $T_{sk,i}$（℃）；皮肤表面的饱和蒸气压 $p_{sk,i}$（kPa）。基本计算式为：

$$T_{sk,\ i} = T_{sk,\ i-1}e^{-\frac{1}{3}} + T_{sk,\ cqm}\left(1-e^{-\frac{1}{3}}\right) \tag{4.34}$$

$$p_{sk,\ i} = 0.6105e^{\frac{17.27T_{sk,\ i}}{T_{sk,\ i}+237.3}} \tag{4.35}$$

⑥ 计算呼吸气体参量 T_{ex}、C_{res}、E_{res}，基本计算式为：

$$T_{ex} = 28.56 + 0.115T_a + 0.641p_a \tag{4.36}$$

$$C_{res} = 0.01516M(T_{ex} - T_a) \tag{4.37}$$

$$E_{res} = 0.00127M(59.34 + 0.53T_a - 11.63p_a) \tag{4.38}$$

式中，T_{ex} 为呼出气体温度，℃；C_{res} 为呼出气体热对流率，W/m^2；E_{res} 为呼出气体蒸发热流率，W/m^2。

⑦ 计算对流与辐射热流率 $C+R$。基本计算式为：

$$C+R=\frac{T_{sk}-T_{a}}{I_{cl}} \tag{4.39}$$

式中，C 为对流热流率，W/m^2；R 为辐射热流率，W/m^2。

⑧ 计算最大蒸发热流量 E_{max}、E_{req}。基本计算式为：

$$E_{max}=\frac{p_{sk}-p_{a}}{R_{cl}} \tag{4.40}$$

$$E_{req}=M-dS_{eq}-W-C_{res}-R_{res}-C-R \tag{4.41}$$

式中，E_{max} 为皮肤表面的最大热流率，W/m^2；E_{req} 为需要蒸发热流率，W/m^2。

⑨ 计算皮肤湿润率 w_{req}，出汗蒸发效率 r_{req}，需要出汗率 S_{req}。

a．计算皮肤湿润率 w_{req}，基本计算式为：

$$w_{req}=\frac{E_{req}}{E_{max}} \tag{4.42}$$

b．计算需要出汗率 S_{req}，出汗蒸发效率 r_{req}。基本计算式为：

当需要蒸发热流率 E_{req}≤0 时：

$$E_{req}=0 \tag{4.43}$$

$$S_{req}=0 \tag{4.44}$$

当最大蒸发热流量 E_{max}≤0 时：

$$E_{max}=0 \tag{4.45}$$

$$S_{req}=S_{max} \tag{4.46}$$

当皮肤湿润率 w_{req}≥1.7 时：

$$w_{req}=1.7 \tag{4.47}$$

$$S_{nqq}=S_{max} \tag{4.48}$$

计算出汗蒸发效率 r_{req}，基本计算式为：

$$r_{req}=\begin{cases}1-\dfrac{w_{req}^{2}}{2} & (w_{req}\in(0,1]) \\ \dfrac{(2-w_{req})^{2}}{2} & (w_{req}>1)\end{cases} \tag{4.49}$$

c．计算所需出汗率，S_{req}，基本计算式为：

$$S_{req}=\frac{E_{req}}{r_{req}} \tag{4.50}$$

当 $S_{req}>S_{max}$ 时，有：

$$S_{req}=S_{max} \tag{4.51}$$

式中，w_{req} 为皮肤湿润率；r_{req} 为出汗蒸发效率；S_{req} 为需要出汗率，W/m^2。

⑩ 计算预期出汗率 $S_{p,i}$，预期蒸发热流率 E_p：

$$w_{max}=\begin{cases}1 & (a_{ccl}\geqslant 50)\\ 0.85 & (a_{ccl}<50)\end{cases} \tag{4.52}$$

$$S_{p,\,i}=S_{p,\,i-1}e^{-\frac{1}{10}}+S_{raq}\left(1-e^{-\frac{1}{10}}\right) \tag{4.53}$$

若计算得到的 $S_{p,i}\leqslant 0$，则有：

$$E_p=0 \tag{4.54}$$

$$S_p=0 \tag{4.55}$$

此时，直接跳到 dS_i 的计算中。否则：

$$k=\frac{E_{max}}{S_{p,\,i}} \tag{4.56}$$

$$w_p=1 \tag{4.57}$$

当 $k\geqslant 0.5$ 时，有：

$$w_p=-k+\sqrt{k^2+2} \tag{4.58}$$

若 $w_p>w_{max}$，则：

$$w_p=w_{max} \tag{4.59}$$

$$E_p=w_pE_{max} \tag{4.60}$$

式中，$Sw_{p,i}$ 为时间步长 i 时的预期出汗率，W/m^2；E_p 为预期蒸发热流率，W/m^2。

⑪ 计算时间步长 i 对应的热累积率 dS_i（W/m^2），基本计算式为：

$$dS_i=E_{req}-E_p-dS_{eq} \tag{4.61}$$

⑫ 计算体温 $T_{cr,i}$、α_i、$T_{re,i}$，基本计算式为：

$$T_{cr,\,i}=T_{cr,\,i-1} \tag{4.62}$$

$$\alpha_{i-1}=0.3-0.09(T_{cr,\,i}-36.8) \tag{4.63}$$

$$\alpha_i = \begin{cases} 0.3 & (\alpha_{i-1} > 0.3) \\ 0.3 - 0.09\left(T_{\mathrm{cr},\,i} - 36.8\right) & [\alpha_i \in (0.1, 0.3)] \\ 0.1 & (\alpha_{i-1} < 0.1) \end{cases} \tag{4.64}$$

$$T_{\mathrm{cr},\,i} = \frac{1}{1 - \dfrac{\alpha_i}{2}}\left[\frac{\mathrm{d}S_i}{c_{\mathrm{sp}}} + T_{\mathrm{cr},\,i-1} - \frac{T_{\mathrm{cr},\,i-1} - T_{\mathrm{sk},\,i-1}}{2}\alpha_{i-1} - T_{\mathrm{sk},\,i}\frac{\alpha_i}{2}\right] \tag{4.65}$$

$$T_{\mathrm{re},\,i} = T_{\mathrm{re},\,i-1} + \frac{2T_{\mathrm{cr},\,i} - 1.962T_{\mathrm{re},\,i-1} - 1.31}{9} \tag{4.66}$$

式中，$T_{\mathrm{cr},i}$ 为时刻 i 时的核心温度，℃；i 为时刻 i 时的皮肤温度系数；$T_{\mathrm{re},i}$ 为时刻 i 时的直肠温度，℃。

⑬ 计算总出汗量 S_{tot}、$\Sigma S_{\mathrm{tot,g}}$，并判断人体安全状态及相应的安全时间 $D_{\mathrm{lim\ loss50}}$，$D_{\mathrm{lim\ loss95}}$。

当直肠温度 $T_{\mathrm{re},i} \geqslant 38$℃时，人体安全极限时间 $D_{\mathrm{lim\ ore}}$ 为：

$$D_{\mathrm{lim\ ore}} = \mathrm{time} \tag{4.67}$$

$$S_{\mathrm{tot},\,i} = S_{\mathrm{tot},\,i-1} + S_{\mathrm{p},\,i} + E_{\mathrm{res}} \tag{4.68}$$

$$S_{\mathrm{tot,g},i} = \frac{2.67 \times S_{\mathrm{tot},\,i} \times A_{\mathrm{Du}}}{1.8 \times 60} \tag{4.69}$$

设 95%的人处于热安全状态时的失水量为 D_{max95}，则：

$$D_{\mathrm{max\,95}} = 3\% \times W_{\mathrm{b}}$$

当 $S_{\mathrm{tot,g}} \geqslant D_{\mathrm{max95}}$ 时，有：

$$D_{\mathrm{lim\ loss95}} = \mathrm{time}$$

设 50%的人处于热安全状态时的失水量为 D_{max50}，则：

$$D_{\mathrm{max50}} = 5\% \times W_{\mathrm{b}}$$

当 $S_{\mathrm{tot,g}} \geqslant D_{\mathrm{max50}}$ 时，有：

$$D_{\mathrm{lim\ loss50}} = \mathrm{time}$$

式中，S_{tot} 为总出汗失水量，$\mathrm{W/m^2}$；$\Sigma S_{\mathrm{tot,g}}$ 为总出汗失水量，g。

4.4 油罐火灾常用个体防护装备

油罐火灾释放出大量的热、有毒有害气体，甚至伴随爆炸和冲击波。消防员在扑救火灾过程中，除了常规消防服，还需要避火服、隔热服等。个人防护装备是消防员在灭火救援作业或训练中用于保护自身安全的基本防护装备和特种防护装备。消防个人防护器具主要包括：头盔、战斗服、消防手套、安全带、消防头灯、导向绳、消防腰斧、战斗靴、空气呼吸器、呼救器、方位灯等。这些也称为个人 11 件套。

火灾对人体造成伤害的主要因素有：火焰（对流热）、接触热、辐射热、熔融金属或其他材料液滴及蒸气等。因此这就要求消防服必须满足以下要求：阻燃、性能稳定（受热不收缩、不熔融或烧焦炭化等）、绝热和防液体渗透（防止油、水或其他液体渗透）。同时，消防员在进行作业时候，不仅会受到来自外部环境的损伤，同时也会受到自身新陈代谢的压力，所以消防服的作用就必须同时协调解决这两者之间的联系与矛盾。此外，穿着消防服不仅对身体舒适性产生负影响，同时也大大影响消防人员自身的动作灵活程度，造成消防人员正常作业难度增加。基于种种要求，就决定了消防服必须具备特殊的多层结构，从而满足消防员工作及自身的各种要求。根据 NFPA 1971 的标准，消防服为三层结构：外层为防火阻燃层，使用高性能防火材料并经拒水整理形成一道坚实的外壁；中间层为防水透湿层，它能防止水分接触并烫伤皮肤且能把人体新陈代谢产生的水汽挥发出去；第三层为隔热舒适层，主要是用热阻较大的材料阻挡外界热量进入人体且对人体接触舒适。

按照《消防员灭火防护服》（XF 10—2014）的规定，消防员灭火防护服分为灭火指挥服和灭火防护服两类。灭火指挥服是消防指挥员在灭火救援现场穿着的具有一定防护功能和识别功能的防护服装；灭火防护服是除现场指挥员外的消防救援人员穿着的，能够保护消防员在灭火过程中，抵近火源进行灭火作业时，防止热辐射和高温或者烟对人体的伤害，是消防员灭火作业时的必备的、最基本的个人防护装备。这两类防护服的防护功能基本一致，服装的面料结构基本一致。

4.4.1 消防头盔

消防头盔来源于古代武士的头盔。1800 年，德国柏林市的消防队员们，头戴一种铜盔，顶上有一个尖形的锥体。据说是为了防止上方掉下来的物体砸伤消防队员的头部，头盔上的锥体可以将掉在上面的重物拨到别处去。1850 年，法国巴黎消防队员头戴的铜盔上有一个凸出的弯条形空室，对上面掉下来的物体，能起到减压的作用。中国清代皇宫消防队，头盔上镶嵌着一条龙，也是起减压作用的。

直到 19 世纪初，法国制作了一种钢盔，钢盔里面做一个皮套，作为衬体，用于消防头盔，防护效果较好。与此同时，德国消防队制出一种比法国头盔多一件后沿软体的头盔。这个软体是不燃织物，这除了减压作用外，还可以阻挡上面掉下来的燃烧物体，不使其掉进消防员的脖颈里。

消防员防护头盔是用于保护消防员头部、颈部以及面部的防护装具。我国生产、使用的消防头盔经历了原用型、改进型、84-1 型以及新型消防头盔四个发展阶段。20 世纪 50 年代，主要使用的是原用型消防头盔。这种消防头盔采用玻璃钢帽壳，由六片三块人造革缝制成帽托，用铆钉与帽壳铆合；70 年代末，对原用型消防头盔进行了改进，改用聚乙烯注塑成型的四条双层帽托，仍用铆钉与玻璃钢帽壳铆合，并配有有机玻璃面罩和披肩；80 年代中期，研制出 84-1 型消防头盔，头盔采用改性聚碳酸酯帽壳，帽托由五条双层锦纶织带及高压聚乙烯帽箍构成，用四只高压聚乙烯注塑成型的插脚与帽壳插接而成，配有面罩和披肩。

最新标准《消防头盔》（XF 44—2015）规定，消防头盔（以下简称头盔）应由帽壳、缓冲层、舒适衬垫、佩戴装置、面罩、披肩等组成，根据需要可安装附件。

根据消防作业的不同性质，对防护头盔的性能也提出不同的要求，品种随之增多，专业性也更强。从我国消防配备情况看，除消防头盔外，还有抢险救援头盔，并且选配了阻燃头套和消防护目镜等头面部防护装具。

消防员防护头盔正在向提高综合防护功能方向发展。国外已研制成功综合功能防护头盔，这种新型头盔与呼吸器面罩结合为一体，并装有热像仪、组合通信系统、照明系统和有毒有害气体检测装置，不仅具有头部保护功能，而且具有呼吸保护、烟雾环境中可视、通信联络和有毒有害气体自动检测等综合防护功能，大大提高了使用者的安全性。消防员灭火防护服消防战斗服是保护消防指战员免受高温、蒸汽、热水、热物体以及其他危险物品伤害的保护装备。

（1）组成与结构

① 帽壳。消防头盔帽壳一般采用工程塑料注塑而成。要求消防头盔的帽壳要具有足够的强度能直接阻挡冲击物，不使其冲穿帽壳，直接接触头部。帽壳材料和结构应符合以下要求：

a．采用质地坚韧，具有阻燃、防水、绝缘、耐热、耐寒、耐冲击、耐热辐射性能的材料制成；

b．帽顶可制成无筋或有筋的加强结构；

c．帽壳内表面不应有高度超出 2mm 且宽度小于 2mm 的突出物及尖锐物体；

d．帽壳外表面不应有高度超过 5mm 的外部突出物，但不包括帽壳外翻转的面罩、帽箍调节装置和安装在头盔外部的附件。

消防头盔的外形可分为无帽檐式和有帽檐式两种。

a．无帽檐式头盔。无帽檐式头盔（图 4.12）将头部全部包裹在头盔内部，具有重心稳定、头盔与头部结合紧密的特点。但将头部全部包裹在头盔中，增大了头盔的重量，不利于头部的散热，后颈部的防护范围缩小，而且若不佩戴内部通信装置等附件，还会对消防员的通信造成困难。

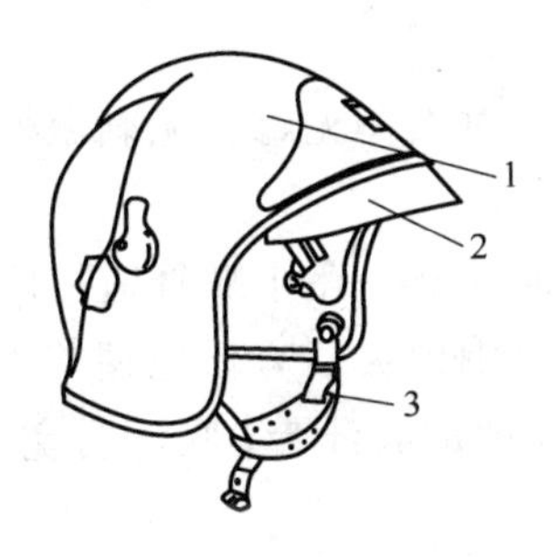

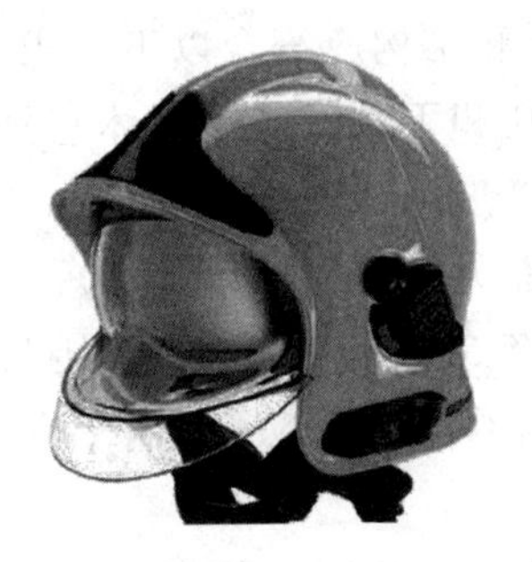

图 4.12　无帽檐式消防头盔结构简图

1—帽壳；2—面罩；3—下颏带

b．有帽檐式头盔。有帽檐式头盔（图 4.13）覆盖人体头部耳朵以上的部位，具有缓冲空间大、重量轻、透气性好的特点。

消防头盔帽壳顶部通常具有加强筋，加强筋在增加头盔刚度、提高头盔抗穿透性能和冲击吸收性能方面起到重要作用。加强筋的形式多种多样，有的采用单条加强筋，有的采用多条辐射状加强筋，也有的不设加强筋。

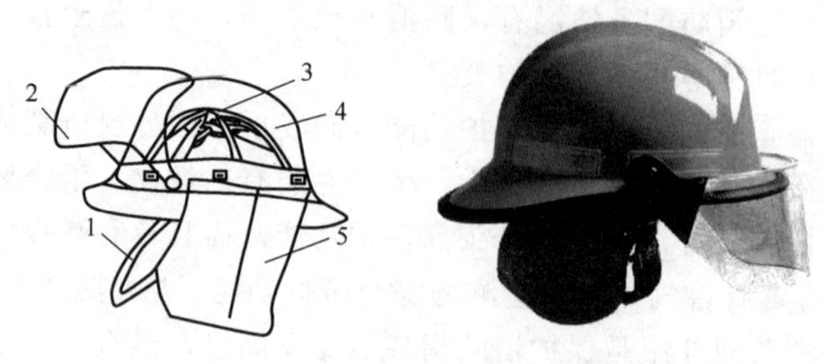

图 4.13　有帽檐式消防头盔结构简图

1—下颏带；2—面罩；3—佩戴装置；4—帽壳；5—披肩

消防头盔帽壳表面色泽鲜明、光洁，有的还贴有反光标志。

② 佩戴装置。消防头盔佩戴装置（图 4.14）由缓冲层、帽托、帽圈和帽箍组成。佩戴装置在头与帽顶空间位置构成能量吸收系统，能对外来冲击起到缓冲、分散、吸收的作用，使之尽可能分布到头部的较大面积上去，以减小冲击加速度峰值，达到人头部所能忍受的冲击力界限以内。

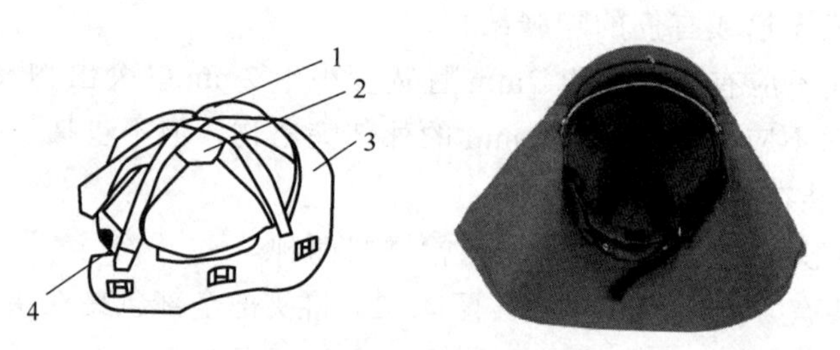

图 4.14　佩戴装置结构简图

1—缓冲层；2—帽托；3—帽圈；4—帽箍

佩戴装置材料和结构应符合以下要求：

a．帽箍、帽托和下颏带应采用体感舒适，对人体无毒、无刺激性的材料制成；

b．下颏带的宽度不应小于 20mm；

c．下颏带应能灵活方便地调节长短，保证佩戴头盔牢靠舒适，解脱方便；

d．帽箍应能在 525～597mm 的头围尺寸范围内灵活方便地调节大小；

e．帽箍对应前额的区域应有吸汗性织物或增加吸汗带，吸汗带宽度不应小于帽箍的宽度；

f．在施加负载的情况下，能用一只手解开佩戴装置。

缓冲层是位于头顶和帽壳内表面间的缓冲支撑带，通常采用织带制成，有的头盔中缓冲层也使用工程塑料注塑制成，起到吸收冲击能量的作用。

缓冲层材料和结构应符合以下要求：

a．采用能吸收冲击能量，对人体无毒、无刺激性的材料制成；

b．形状、规格尺寸适体，佩戴不移位；

c．厚度均匀并覆盖头盔最小保护范围。

舒适衬垫材料和结构应符合以下要求：

a．使用体感舒适、吸汗、透气，对人体无毒、无刺激性的材料制成；

b．保证头盔佩戴的舒适性。

帽托是连接在缓冲层下面直接接触佩戴者头部的衬垫，增加佩戴的舒适性。有的头盔采用皮革材料制成，有的头盔使用网状帽托，有的头盔帽托上方增加泡沫衬垫，具有一定的缓冲、分散和吸收冲击能量的作用。

帽圈是位于帽壳内部，连接佩戴装置与帽壳的部件，缓冲层也固定在帽圈上。通常帽圈和帽箍之间使用硬质泡沫或其他缓冲材料填充，以保证头盔侧部和前部的冲击缓冲性能。

帽箍是系箍在佩戴者头围部分的部件。根据佩戴者头围尺寸，使用棘轮或其他方式灵活地调节帽箍大小，紧密地将帽箍系箍在头围上，保证了头盔的佩戴稳定性。帽箍外部覆盖有织物或透气皮革，使帽箍与头部接触部分比较柔软，起到吸汗和透气作用，增加佩戴舒适性。帽圈和帽箍通常都使用工程塑料注塑制成。

③ 下颏带。下颏带由织带和搭扣组成，有的还装有下颏托。织带的材料多种多样，要求强度高，耐热性好。下颏带可以灵活方便地调节长短，以保证头盔佩戴牢靠稳定，解脱方便。

④ 面罩。面罩是用于保护消防员面部免受辐射热和飞溅物伤害的面部防护罩。面罩可以安装在帽壳内部上下伸缩，也可以安装在帽壳外部，利用紧固螺钉和垫片固定在帽壳上，根据工作需要自由翻转。面罩采用无色或浅色透明的工程塑料注塑制成，具有良好的透光率。

面罩材料和结构应符合以下要求：

a．采用透光、耐冲击、耐热和耐刮擦的材料制成；

b．无色透明或浅色透明；

c．面罩伸缩或翻转应灵活，开合过程应能随意保持定位。

⑤ 披肩。披肩是用于保护消防员颈部和面部两侧，使之免受水及其他液体或辐射热伤害的防护层。一般使用阻燃防水织物制成。披肩与帽圈用粘扣或按扣连接在一起，可以装卸，便于披肩的洗涤。

披肩材料和结构应符合以下要求：

a．披肩为装卸式，采用具有阻燃、耐热和防水性能的纤维织物制成；

b．披肩的缝制线路应顺直、整齐、平服、牢固、松紧适宜，明暗线每 3cm 不应小于 12 针，包缝线每 3cm 不应小于 9 针。

c．披肩脱卸应方便简捷。

(2) 主要技术性能

消防头盔的主要技术性能如下。

① 冲击吸收性能。

a．冲击力指标：5kg 钢锤自 1m 高度自由下落冲击头盔，头模所受冲击力的最大值不超过 3780N。

b．冲击加速度指标：头盔佩戴在总重为 5.2kg 的坠落装置上自由下落，冲击砧座，头模所受最大冲击加速度不超过表 4.8 中的规定。加速度超过 $200g_n$（g_n=9.8m/s^2），其持续时间小于 3ms；超过 $150g_n$，其持续时间小于 6ms。

表 4.8　头盔冲击加速度性能指标

冲击位置	最大冲击加速度/（9.8m/s^2）	冲击位置	最大冲击加速度/（9.8m/s^2）
帽壳顶部	150	帽壳侧部	400
帽壳前部	400	帽壳后部	400

② 耐穿透性能。3kg 钢锥自 1m 高度自由下落冲击头盔，钢锥不能触及头模。

③ 耐燃烧性能。10kW/m^2±1kW/m^2 辐射热通量辐照 60s，在不移去辐射热源的条件下，用火焰燃烧帽壳 15s，火源离开帽壳后，帽壳火焰在 5s 内自熄，并无火焰烧透到帽壳内部的明显迹象。

④ 耐热性能。头盔在 260℃±5℃环境中放置 5min 后，符合下列要求：

a．帽壳不能触及头模；

b．帽壳后沿变形下垂不超过 40mm；

c．帽舌和帽壳两侧变形下垂均不超过 30mm；

d．帽箍、帽托、缓冲层和下颏带均无明显变形和损坏。

⑤ 电绝缘性能。交流电 220V，耐压 1min，帽壳泄漏电流不超过 3mA。

⑥ 侧向刚性。帽壳侧向加压 430N，帽壳最大变形不超过 40mm，卸载后变形不超过 15mm。

⑦ 下颏带抗拉强度。下颏带受 450N±5N 拉力，不发生断裂、滑脱，延伸长度不超过 20mm。

⑧ 跌落性能。头盔自 1.8m 高度自由落下，撞击混凝土基座，无明显缺损、开裂、变形。

⑨ 视野。头盔的左、右水平视野大于 105°。

⑩ 质量。头盔质量不大于 1.3kg。

4.4.2　消防员灭火防护服

（1）防护性能

消防员灭火防护服有两种结构形式：四层织物结构形式和三层织物结构形式。四层织物结构形式由防护层、防水透气层、隔热层、舒适层等四层织物结构制作而成；三层织物结构形式，由防护层、防水隔热层和舒适层等三层织物结构制作而成。三层结构的灭火防护服比四层结构质量更轻，穿着更轻便，对热辐射的防护效果要略逊一筹，一般作为在短时间内抵近火场进行快速救援行动的防护，如果长时间高温工作可能会造成人员伤害。消防员灭火防护服（图 4.15）为分体式结构，由防护上衣、防护裤子组成。防护服是由外层、防水透气层、隔热层、舒适层等多层织物复合而成，采用内外层可脱卸式设计。多层织物的复合物可允许制成单衣或夹衣，还设有黄白相间的反光标志带，能满足基本服装制作工艺要求和辅料相对应标准的性能要求。

① 防护层。防护服织物结构的第一层叫防护层，又称作阻燃层，防护层直接与高温、火焰环境接触，织物材料基本上是由耐高温纤维面料制作而成。为了防护层材料达到阻燃耐高温的要求，早前的工艺主要是将耐高温纤维面料通过后整理，然后涂覆阻燃涂层制备而成。后来，随着阻燃科技和纺织工艺的发展，商品化的灭火防护服大多使用的是阻燃纤维的耐高温面料，少数产品为了降低成本而继续使用涂层面料。

图 4.15　消防员灭火防护服

防护层织物最常用的纤维为芳香族耐高温纤维。这些纤维都具有优异的耐高温性能、良好的阻燃性能以及一定的力学性能等。其中以间位芳纶纤维、对位芳纶纤维、芳砜纶纤维、聚苯并咪唑（PBI）纤维较为常见。芳纶 1313 也就是间位芳纶，最早于 1967 年由美国杜邦公司推向市场，现在该合成耐高温纤维已经是消防服领域应用最为广泛的材料。20 世纪 70 年代，我国开始自主研制芳纶 1313（Nomex）纤维，并于 90 年代开始产业化生产，其中烟台泰和新材料股份有限公司和上海圣欧集团（中国）有限公司的芳纶纤维产能分别位居世界第二（美国杜邦公司位居第一）和第四。但芳纶面料最大的缺点就是舒适性极差，目前通常采用的处理办法是在其中混纺一些具有舒适性能的阻燃纤维，这样能在不大幅提高面料成本的前提下，显著提高面料的服用性能，增强其舒适性。

芳砜纶纤维能够承受 250℃的高温。许多研究者对其性能进行了研究，林兰天、姜启刚分别对芳砜纶性能进行了研究，证明了其耐热性、热稳定性、高温尺寸稳定性、阻燃性等性能均优于 Nomex。芳砜纶纤维回潮率高（6.28%）、透气性好、手感柔软、穿着舒适、可染性好，有良好的应用前景。对位芳纶纤维和聚苯并咪唑（PBI）纤维也因其具有良好的阻燃性能和隔热性能，常被应用于消防服外层织物，但与间位芳纶纤维和芳砜纶纤维相比有其先天的劣势：对位芳纶纤维染色困难，耐光性稍差；聚苯并咪唑（PBI）纤维耐光性稍差，且价格较昂贵。其他应用于消防服的耐高温纤维还有聚苯硫醚纤维、聚四氟乙烯纤维、Prylanitz 纤维等。

② 防水透气层。防水透气层具有双重功能，一是阻挡外界的液体透过防护服进入防护服内部接触机体，二是及时透过防水透气层将机体产生的汗液蒸汽排出防护服，散发热量，保持防护服内部适宜的温度。已有研究和实际穿着试验表明，灭火防护服的多层织物结构中，防水透气层是最有效的保护层。当前，灭火防护服的防水透气层基本上都是采用防水透气膜和阻燃基布（棉布组织）复合层压而成。常用的防水透气膜有 PTFE、PU、PVDF 多微孔膜等。PTFE 微孔膜具有良好的防水透气和耐高温性能，新一代国产 PTFE 微孔膜，具有自动抗油脂性能，缓解了以往消防服多次使用后防水透气性能严重下降问题，与美国 eVent 面料性能相比，新一代 PTFE 膜在防水、透气、抗油与耐用性

上已达到先进水平。此外，利用静电纺丝技术对聚偏氟乙烯进行处理，制备的PVDF膜，能保证该多微孔膜良好的热稳定性。

③ 隔热层。在多层织物复合结构体系中，隔热层是灭火防护服总体热防护性能的重要结构，隔热层一是可以有效地隔离外界环境热空气的传导，二是有利于内部的汗液及时散发到体外，达到保温隔热的效果。在消防员接近火源进行灭火救援作业时，隔热层能有效保护环境高温和热辐射对其身体的热伤害；在寒冷环境中，能有效保持机体产生的热量在防护服内，维持消防员的体温。隔热层一般所用的织物需耐高温。在消防服中所用的隔热层通常是选用有永久阻燃性的短纤维加工成非织造布，如芳纶毡、Nomex/Kevlar毡等。通过实验分析发现，该层对阻燃防护服的热辐射性能、热传导性能、透湿性能均影响显著。在材料的选择上使用远红外涤纶纤维，设计面密度为180～200g/m^2，厚度在5～6mm之间即可达到性能上的要求。

④ 舒适层。灭火防护服为了达到防高温辐射的效果，建立了多层结构，使得防护服的舒适性很差，因此要设计一层舒适层，以提高防护服的舒适性，可以防止外层织物与人体直接接触而产生刺痒感。消防员穿着灭火防护服要进行大量的灭火救援作业，对服装的舒适性要求较高，因此，灭火防护服在满足阻燃隔热功能的基础之上，更要有优异的穿着舒适性，以保证消防员的工作效率。舒适层位于防护服的最里边，接触人体，因此其面料的选择和制作工艺是很重要的。若该层选材合理，还可以达到良好的排汗效果，使工作人员在穿着阻燃防护服时更加舒适。因此，可以考虑选用平纹组织的黏胶织物或纯棉织物，厚度设计在0.2mm左右，纱支选择在18～25tex之间即可。一般常用的是阻燃棉和阻燃黏胶，也有用芳纶等纤维经过舒适性处理后加以应用的。

（2）组成与结构

国内已有相关学者将消防服的隔热层与舒适层合并，减少服装的约束性，并将高吸水性材料附加在这种结构上，可保持皮肤干燥，改善着装的舒适性，减少体内热蓄积。在隔热层材料上增加反辐射涂层，也可有效提高服装的隔热性能。

防护服款式为分体式，由防护上衣和防护裤子组成，如图4.16和图4.17所示。要求上衣和裤子的重叠部分不小于200mm；反光标志带宽度不小于50mm，在360°方位均可见；安装有救生拖拉带；防护服要求整体质量不大于3.5kg；针距密度无论明线还是暗线，每3cm不得小于12针，包缝线每3cm不得小于9针。

① 面料。消防员灭火防护服的面料由四层材料组成：

a. 外层：一般采用芳纶纤维织物，具有阻燃性能、不受多次洗涤影响、耐磨性能好、强度高等特点。

b. 防水透气层：一般采用纯棉布复合聚四氟乙烯薄膜（PTFE），具有防水、透气功能。

c. 隔热层：一般采用芳纶纤维无纺布或碳纤维毡，具有保暖、隔热、阻燃功能。

d. 舒适层：一般采用高支数纯棉布，穿着更为舒适。

另一种是三层结构的，就是将四层中的防水层和隔热层复合为防水隔热层。三层结构的防护服较之四层结构更为轻便，但是防护效果要稍微差一些，通常作为在短时间内进行激烈救援作业时的冲锋衣。

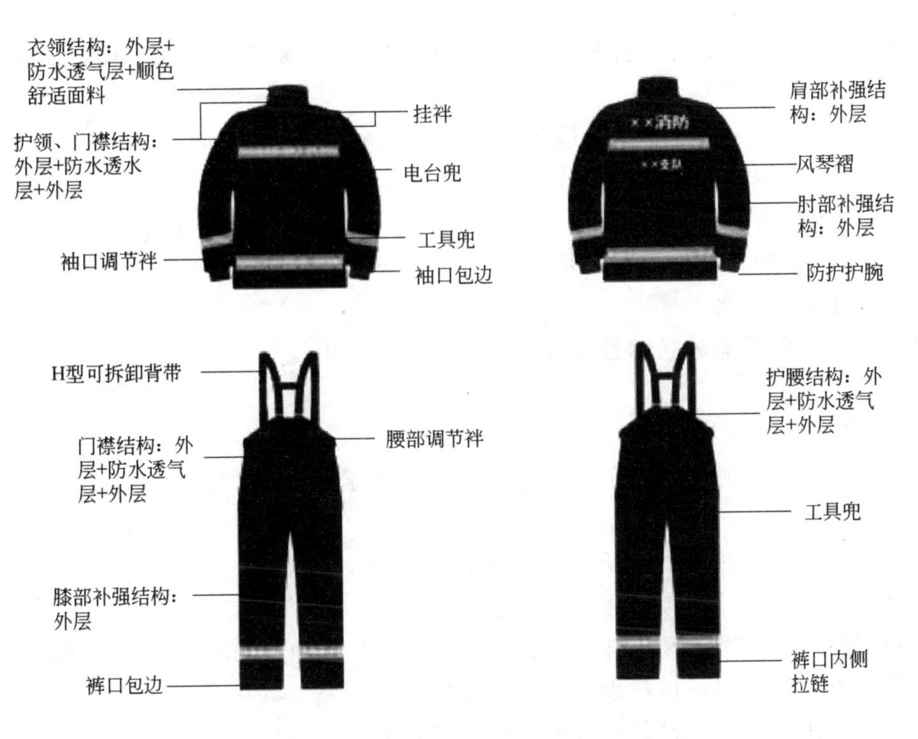

图 4.16　消防员灭火防护服结构图

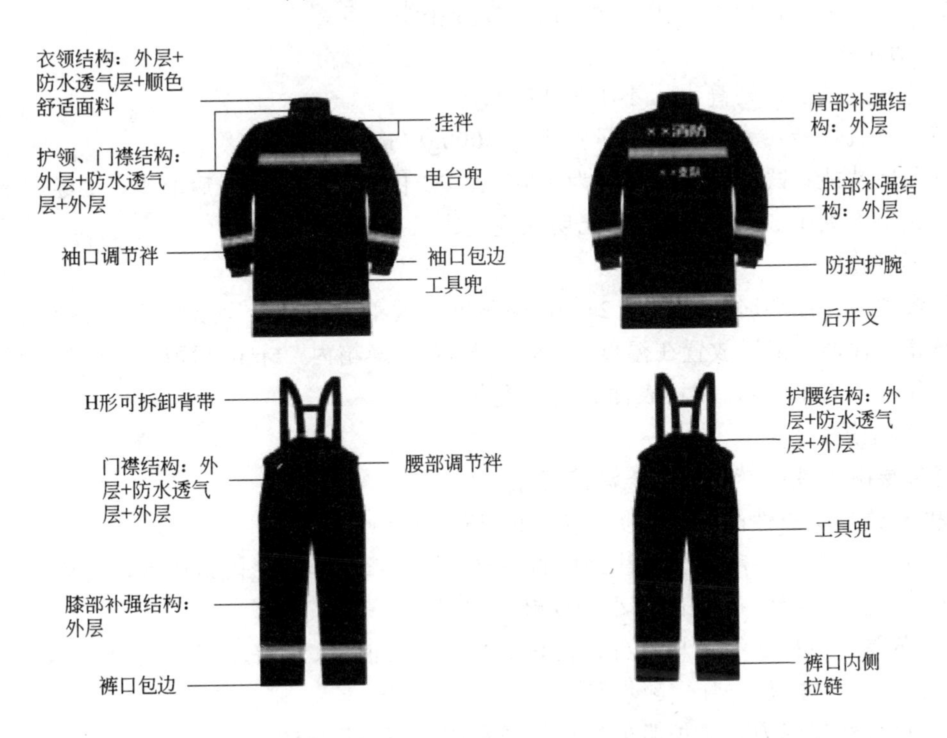

图 4.17　消防员灭火指挥服结构图

② 辅料。消防员灭火防护服的辅料包括反光标志带、标签、强检标志、阻燃缝

纫线、魔术贴、PU 胶条、拉链、拷钮、螺纹口、松紧带等。这些辅料应满足以下要求：

a．所有五金件无斑点、结节或尖利的边缘，并经防腐蚀处理。

b．选用具有阻燃性能的缝纫线和搭扣，颜色与外层面料相匹配。

c．防护上衣的前门襟处选用不小于 8 号的拉链，颜色与外层面料相匹配。

d．防护裤子的背带选用松紧带。

(3) 主要技术性能

消防员灭火防护服的技术性能如下。

① 面料性能。

a．外层。

阻燃性能：续燃时间不大于 2s，损毁长度不大于 100mm，且无熔融、滴落现象。

表面抗湿性能：沾水等级不小于 3 级。

断裂强力：经、纬向干态断裂强力不小于 650N。

撕破强力：经、纬向撕破强力不小于 100N。

热稳定性能：试样放置在温度为 260℃±5℃干燥箱内，5min 后取出，沿经、纬方向尺寸变化率不大于 10%，试样表面无明显变化。

单位面积质量：为面料供应方提供额定量的±5%。

色牢度：耐洗沾色不小于 3 级，耐水摩擦不小于 3 级。

b．防水透气层。

耐静水压性能：耐静水压不小于 17kPa。

透水蒸气性能：水蒸气透过量不小于 5000g/（m^2·24h）。

热稳定性能：试样放置在温度为 180℃±5℃干燥箱内，5min 后取出，沿经、纬方向尺寸变化率不大于 5%，试样表面无明显变化。

c．隔热层。

阻燃性能：续燃时间不大于 2s，损毁长度不大于 100mm，且无熔融、滴落现象。

热稳定性能：试样放置在温度为 180℃±5℃干燥箱内，5min 后取出，沿经、纬方向尺寸变化率不大于 5%，试样表面无明显变化。

d．舒适层。

舒适层阻燃性能：无熔融、滴落现象。

② 整体热防护性能。热防护能力 TPP 值不小于 28.0。

③ 针距密度。各部位缝制线路顺直、整齐、平服、牢固、松紧适宜，明暗线每 3cm 不小于 12 针，包缝线每 3cm 不小于 9 针。

④ 色差。防护服的领与前身、袖与前身、袋与前身、左右前身不小于 4 级，其他表面部位不小于 4 级。

⑤ 接缝断裂强力。防护服外层接缝断裂强力不小于 650N。

⑥ 反光标志带。

a．逆反射系数：逆反射系数符合表 4.9 的要求。

表 4.9　逆反射系数　　　　单位：cd/（lx・m^2）

观察角	入射角			
	5°	20°	30°	40°
12′	330	290	180	65
20′	250	200	170	60
1°	25	15	12	10
1°30′	10	7	5	4

b．耐热性能：在温度为 260℃±5℃条件下。试验 5min 后，反光材料表面无炭化、脱落现象。其逆反射系数不小于表 4.9 规定值的 70%。

c．阻燃性能：续燃时间不大于 2s，且无熔融、滴落现象。

d．耐洗涤性能：洗涤 25 次后，不出现破损、脱落、变色的现象。

e. 高低温性能：试样在 50℃±2℃环境中连续放置 12h，取出后立即转至－30℃±2℃的环境中连续放置 20h 后取出，反光标志带不出现断裂、起皱、扭曲的现象。

⑦ 五金件耐高温性能。试样放置在温度为 260℃±5℃干燥箱内，5min 后取出，保持其原有的功能。

⑧ 缝纫线耐高温性能。试样放置在温度为 260℃±5℃干燥箱内，5min 后取出，无熔融、烧焦的现象。

⑨ 质量。整套防护服质量不大于 3.5kg。

⑩ 外观质量。

a．各部位整烫平服、整洁，无烫黄、水渍、亮光；

b．衣领平服、不翻翘；

c．对称部位基本一致；

d．黏合衬不准有脱胶及表面渗胶；

e．标签位置正确，号型标志准确清晰。

4.4.3　消防手套

消防手套（如图 4.18 所示）适用于消防员在一般灭火作业时穿戴，不适合在高风险场合下进行特殊消防作业时使用，也不适用于化学、生物、电气以及电磁、核辐射等危险场所。消防手套执行《消防手套》（XF 7—2004）标准。

图 4.18　消防手套

消防手套主要是针对消防员在火场作业时，为抵御明火、热辐射、水浸、一般化学品和机械伤害而设计的。手套的面料必须是阻燃的，同时能够抵御一般的机械伤害；手套整体应具有防水性能，使消防员手部能够动作灵活、舒适；手套各层材料的组合，应具有一定的热防护能力（TPP 值）。

（1）组成与结构

消防手套为分指式，除手套本体外，允许有袖筒。消防手套由外层、防水层、隔热层和衬里等四层材料组合制成。当消防员穿戴手套进行火场灭火作业时，作为手套第一层的外层耐高温阻燃面料首先对热辐射进行初步的抵御，同时高强度的面料又能起到耐磨、耐撕破、抗切割和抗刺穿的作用，保护内层结构免受破坏；第二层为防水层，在一定程度上阻止周围环境中的水或化学液体向内层转移渗透；第三层隔热层，主要隔绝大部分的热量，防止高温热量对手部皮肤的烧伤；第四层是衬里，既阻燃又吸汗，提高穿戴者的舒适度。这四层材料组合共同作用，为消防员提供手部保护。

（2）主要技术性能

消防手套的技术性能如下。

① 阻燃性能。手套和袖筒外层材料和隔热层材料的损毁长度不大于 100mm，续燃时间和阻燃时间均不大于 2.0s，且无熔融、滴落现象；衬里材料也无熔融、滴落现象。

② 整体热防护性能。

a.手套本体组合材料热防护能力（TPP 值）符合表 4.10 的规定。

表 4.10　消防手套整体热防护性能

类别	TPP 值
3	≥35.0
2	≥28.0
1	≥20.0

b.手套袖筒部分组合材料热防护能力（TPP 值）不小于 20.0。

③ 耐热性能。整个手套和衬里在表 4.11 规定的试验温度下保持 5min，手套表面无明显变化，且无熔融、脱离和燃烧现象，其收缩率符合表 4.11 的规定。

表 4.11　消防手套耐热性能

类别	试验温度/℃	收缩率/%
3	260	≤8
2	180	≤5
1	180	≤5

④ 耐磨性能。手套本体掌心面和背面外层材料用粒度为 100 目的砂纸，在 9kPa 压力下，按表 4.12 规定的次数循环摩擦后，不被磨穿。

表 4.12　消防手套耐磨性能

类别	循环摩擦次数
3	≥8000
2	≥2000
1	≥2000

⑤ 耐切割性能。手套本体掌心面和背面外层材料的最小割破力符合表 4.13 的规定。

表 4.13　消防手套耐切割性能

类别	割破力/N
3	≥4.0
2	≥2.0
1	≥2.0

⑥ 耐撕破性能。手套本体掌心面和背面外层材料的撕破强力符合表 4.14 的规定。

表 4.14　消防手套耐撕破性能

类别	撕破强力/N
3	≥100
2	≥50
1	≥50

⑦ 耐机械刺穿性能。手套本体掌心面和背面外层材料的刺穿力符合表 4.15 的规定。

表 4.15　消防手套耐机械刺穿性能

类别	刺穿力/N
3	≥120
2	≥60
1	≥60

⑧ 防水性能。手套防水层和其线缝在静水压 7kPa 下保持 5min 后，符合表 4.16 的规定。

表 4.16　消防手套防水性能

类别	性能
3	不出现水滴
2	不出现水滴
1	无要求

⑨ 防化性能。手套防水层和线缝对温度 20℃条件下的 40 %氢氧化钠、36 %盐酸、37%硫酸、50%甲苯和 50%异辛烷（体积分数）等化学液体具有一定的阻隔作用，其性能应符合表 4.17 的规定。

表 4.17 消防手套防化性能

类别	性能
3	1h 内应无渗漏
2	无要求
1	无要求

⑩ 整体防水性能。各类手套均具有一定的防水性，在水中应无渗漏。

⑪ 灵巧性能。30s 内 3 次拾取不锈钢棒的直径不小于表 4.18 中性能等级 1 级的规定。

表 4.18 消防手套灵巧性能

性能等级	钢棒直径/mm
1	11.0
2	9.5
3	8.0
4	6.5
5	5.0

⑫ 握紧性能。戴上手套与未戴手套的拉重力比不小于 80%。

⑬ 穿戴性能。手套的穿戴时间不超过 25s。

（3）使用与维护

消防手套使用与维护方法如下。

① 消防手套可采用水洗，使用中性洗涤剂，洗涤后晾干或用烘干机烘干。若采用烘干，烘干温度不宜超过 60℃。

② 如果消防手套因磨损、撕破、烧毁或化学侵蚀等，使其原结构遭到破坏，应使用原制造商提供的专用面料和耐高温缝纫线进行修补，不得任意使用其他未经检验的面料，以免发生危险。

③ 消防手套应放置于通风干燥的室内，尽量避免长时间暴晒，严禁与化学危险品共同存放，整箱存放时，纸箱应放置于木板或货架上，以防地面潮湿。

4.4.4 消防安全带

消防安全带是消防安全腰带和消防安全吊带的统称。消防安全腰带固定于人体腰部，结构简洁，佩戴快速，但高空吊挂作业时不能很好地保持作业人员身体平衡，因此仅适合于作为消防员常规个人防护装备，而不适合用于危险性高的救援作业；消防安全吊带固定于作业人员身体躯干部位，高空吊挂作业时能保持作业人员身体平衡，可将作业人员双手解放出来从事相应作业，而且一旦发生坠落，消防安全吊带会将冲击力迅速分散到人体多个部位，减少了人体由于受力冲击而对内部器官产生危害的可能性。

消防安全腰带（图 4.19）是一种紧扣于腰部的带有必要金属零件的织带，用于承受人体重量以保护其安全，适用于消防员登梯作业和逃生自救。消防安全腰带由织带、内带扣、外带扣、环扣和两个拉环等零部件构成。消防安全腰带的设计负荷为 1.33kN，其质量不超过 0.85kg。消防安全腰带的织带为一整根，无接缝，其宽度为 70mm±1mm。

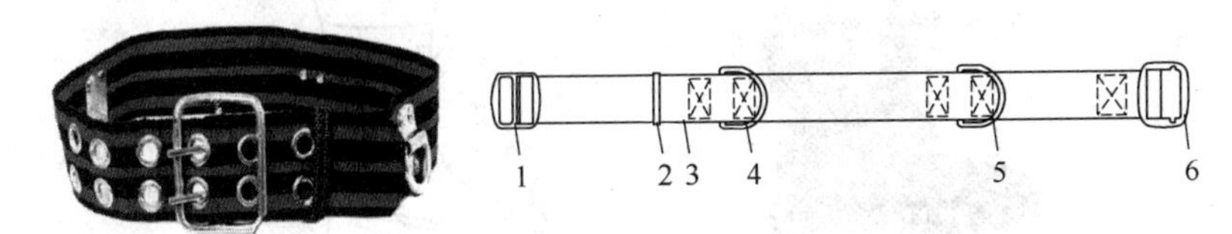

图 4.19　消防安全腰带结构图

1—内带扣；2—环扣；3—织带；4,5—拉环；6—外带扣

4.4.5　消防员灭火防护靴

消防员灭火防护靴是消防员在灭火作业时用来保护脚部和小腿部免受水浸、外力损伤和热辐射等因素伤害的防护装备。根据材质的不同，消防员灭火防护靴分为消防员灭火防护胶靴和消防员灭火防护皮靴两种。

消防员灭火防护胶靴适用于一般火场、事故现场进行灭火救援作业时穿着。但不能用于有强腐蚀性液体、气体存在的化学事故现场，有强渗透性军用毒剂、生物病毒存在的事故现场，带电的事故现场等。

消防员灭火防护胶靴（图 4.20）采用多层结构设计，主体颜色为黑色，配以黄色的围条、沿条等。

(a) 消防员灭火防护胶靴

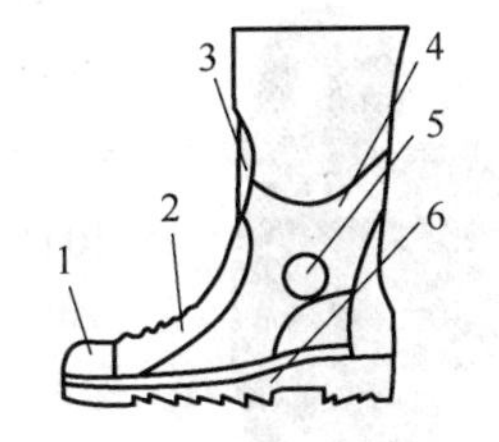

(b) 消防员灭火防护胶靴结构简图

图 4.20　RJX-XX 型消防员灭火防护胶靴

1—靴头；2—靴面；3—胫骨防护垫；4—靴筒；5—踝骨防护垫；6—靴底

为增加靴头的防砸性能，靴头内设置有钢包头层，在钢包头层上下两侧设置防护外层、舒适层、衬里层等。

为提高靴底的防刺穿性、绝缘性以及隔热性，靴底设置有钢中底层，并在钢中底层上下两侧设置绝缘层、舒适层和衬里层等，同时为增加靴底的防滑性，外底采用防滑设计。

消防员灭火防护皮靴执行《消防员灭火防护靴》（XF 6—2004）标准中有关规定的要求，除靴底为橡胶外，其余部分采用皮革，使得防护靴穿着更轻便、舒适。消防员灭火防护皮靴的适用范围与消防员灭火防护胶靴相同。

RPX-XX 型消防员灭火防护皮靴（图 4.21）由靴头、靴面、靴筒和靴底组成。外底为阻燃橡胶材料，靴头、靴面、靴筒外层材料为防水皮革。靴头内设置有钢包头层，靴底设置有钢中底层，结构与消防员灭火防护胶靴相似。

(a) 消防员灭火防护皮靴

(b) 消防员灭火防护皮靴结构简图

图 4.21　消防员灭火防护皮靴

1—靴头；2—靴面；3—胫骨防护垫；4—靴筒；5—靴底

4.4.6　消防隔热服

消防员隔热防护服（消防隔热服）是消防员在灭火救援靠近火焰区受到强辐射热侵害时穿着的防护服，也适用于工矿企业工作人员在高温作业时穿着。但不适用于消防员在灭火救援时进入火焰区与火焰有接触时，或处置放射性物质、生物物质及危险化学品时穿着。

消防员隔热防护服面料由外层、隔热层、舒适层等多层织物复合制成。外层采用具有反射辐射热的金属铝箔复合阻燃织物材料，隔热层用于提供隔热保护，多采用阻燃黏胶或阻燃纤维毡制成。采用多层织物复合的结构，防辐射渗透性能以及隔热性能得到提高。消防员隔热防护服执行《消防员隔热防护服》（XF 634—2015）标准。

(a) 分体式

(b) 连体式

图 4.22　消防员隔热防护服

（1）组成与结构

消防员隔热防护服的款式分为分体式和连体式两种。分体式消防员隔热防护服［图 4.22（a)］由隔热上衣、隔热裤、隔热头罩、隔热手套以及隔热脚盖等单体部分组成。连体式消防员隔热防护服［图 4.22（b)］由连体隔热衣裤、隔热头罩、隔热手套以及隔热脚盖等单体部分组成。

隔热服一般由三层以上的功能材料组成。表层为铝箔材料，第二层为耐高温基布，内层为阻燃隔热层和舒适阻燃层。铝箔材料具有良好的防热辐射性能，能有效地反射 95%的热辐射。耐高温基布起主要的保护作用，在接触特定的高温或明火不会发生燃烧、热熔、炭化，能有效阻止热量传导。内层隔热层能有效地增加隔热服的耐热时间，增加使用者的可持续工作时间。

大多数情况下，隔热服并不直接接触火焰，只靠隔热性能来减缓高温对人体的伤害。因此隔热服必须具备较好的减缓和阻止热量传递的性能，并且还能给予使用者相对舒适的感受。隔热服的外层铝箔材料理论上表面可以承受 1000℃而不被破坏，但是由于其热辐射的传导作用，里面的温度很快就能达到 100℃，穿隔热服最多可以在火中忍受 3min 左右。隔热服的内层阻燃舒适层是直接接触人体的部分，多为纯棉阻燃材料，舒适、透气、吸汗，帮助减轻人体的不适。

隔热服面料为经防氧化处理的工业铝箔复合阻燃织物，衬里为天然纤维织物，具有质轻、柔软、防水等优点。热辐射反射率：反射 90%以上的辐射热。耐高温性能：接近 300℃高温 1h 以上；接近 500℃高温 30min；瞬间接近最高温度为 1000℃。也能在辐射热通量为 10W/cm^2（1000～1200℃）的场所进行抢险作业。

隔热服一般由三层以上的功能材料组成。表层为铝箔材料，铝箔材料具有良好的防热辐射性能，能有效地反射 95%的热辐射，减轻隔热服内层的高温压力，铝箔材料经过抗折处理后理论上可反复折叠 5000 次以上。第二层为耐高温基布，耐高温基布起主要的保护作用，在接触特定的高温或明火不会发生燃烧、热熔、炭化，能有效阻止热量传导，保护内层的隔热层。隔热服的内层为阻燃隔热层和舒适阻燃层，阻燃隔热层一般由耐高温阻燃隔热毡组成，阻燃隔热毡能有效增加隔热服的耐热时间，增加使用者的可持续工作时间。阻燃舒适层是直接接触人体的部分，多为纯棉阻燃材料，舒适、透气、吸汗。

常见结构组成（由外向内）：外层是 100%玻璃纤维镀铝面料；内层由玻璃纤维绝缘层、两层铝箔反射层、玻璃纤维绝缘层、白色玻璃纤维衬里组成。五层复合镀铝外层面料加五层内衬结构。外层双层敷铝，可以维持更长的热反射时间。其中独特的防护薄膜结构起到抗摩擦、有效防护化学品腐蚀的作用。出色的敷铝工艺，可以高效地反射掉高达 95%的热能。可以防护 1600℃辐射高温，能够在辐射温度为 10W/cm^2（即 900～1000℃）的场所进行抢险作业。可以排拒 260℃的高温液体，可以快速排斥掉碳氢化合物，防止其爆燃。可以进入 810℃左右的高温窑炉内作业。

① 隔热头罩。隔热头罩是用于头面部防护的部分。它与隔热上衣多层面料之间应有不小于 200mm 的重叠部分。隔热头罩上面配有视窗，视窗采用无色或浅色透明的具有一定强度和刚性的耐热工程塑料注塑制成，视野宽，透光率好。

② 隔热上衣。隔热上衣是用于对上部躯干、颈部、手臂和手腕提供保护的部分。它与隔热裤多层面料之间有不小于 200mm 的重叠部分。隔热上衣背部设有背囊，空气呼吸器的储气瓶放在背囊部位。隔热上衣袖口部位与隔热手套配合紧密，防止杂物进入衣袖中。

③ 隔热裤。隔热裤是用于对下肢和腿部提供保护的部分。裤腿覆盖到灭火防护靴靴筒外部，防止杂物进入靴子中。

④ 隔热手套。隔热手套用于对手部提供保护，通常应戴在消防员抢险救援手套外部使用。它与隔热上衣衣袖多层面料之间应有 200mm 的重叠部分。

⑤ 隔热脚盖。隔热脚盖穿在消防员灭火防护靴外，覆盖防护靴整个靴面，用于对脚部提供保护。它与隔热裤多层面料之间有 300mm 的重叠部分。

（2）隔热服的性能

① 耐热性能。大火的温度可以在几分钟内升至600℃，即使在直接失火的房间内温度也有300℃左右，可以熔化塑料的高温足以置人于死地。隔热服主要用于高温作业，须在高温下保持自身所具有的各项物理学性能，不发生收缩、熔融和脆性炭化。

② 阻燃性能。阻燃性是指织物遇到特别高温或火焰时难燃或不燃；织物着火时能遏制燃烧蔓延，并且一旦撤离火源能立即自行熄灭。在火灾中，最严重的烧伤往往发生于人们衣服着火的部位，所以热防护服的阻燃性能是非常重要的。在热防护服的使用过程中，一般是织物的某一面去迎接火焰，例如消防作业服，在消防员进出火场的作业过程，很大程度上消防服的外侧直接接触火焰，而内侧则很少接触火焰，这就要求热防护织物具备能够抵挡火焰从一侧烧透到另一侧的性能，所以还需考虑织物对火焰的烧透性能。

③ 隔热性能。在隔热服的实际使用中，大多数使用者并不直接接触火焰，而是外界热量以热对流、热辐射、热传导形式传递给人体，对人体造成伤害。隔热服必须具备较好的减缓和阻止热量传递的性能，避免热源对人体造成伤害，给高温环境下工作的热防护服使用者提供良好的安全防护。热防护服的隔热性，不仅与热防护服纤维原料的导热性有关，更与服装的设计、服装面料。材料、里料的结构有很大的关系。

④ 实用性和穿着舒适性。隔热服除了具备热防护性能，还必须具有良好的实用性能和穿着舒适性，如具有一定的拉伸强度、撕破强度、耐磨性、染色牢固和耐洗性，还应有一定的热湿传递能力，有利于人体热量散失和汗液蒸发，具有较低的生理负荷。此外，防护服还要求质量轻、穿着方便、结构宽松，对跑、爬、跳等动作没有限制，不容易引起钩挂，在容易受伤的部位采取加强措施，满足协调性和舒适性的要求，提高工作效率。

（3）主要技术性能

消防员隔热防护服主要技术性能如下。

① 面料性能。

a．外层。

阻燃性能：续燃时间不大于2s，损毁长度不大于100mm，且无熔融、滴落现象。

断裂强力：经、纬向干态断裂强力不小于650N。

撕破强力：经、纬向撕破强力不小于100N。

剥离强力：经、纬向剥离强力不小于9N/30mm。

耐静水压性能：耐静水压不小于17kPa。

热稳定性能：试样放置在温度为260℃±5℃干燥箱内，5min后取出，沿经、纬向尺寸变化率不大于10%，试样表面无明显变化。

b．隔热层。

阻燃性能：续燃时间不大于2s，损毁长度不大于100mm，且无熔融、滴落现象。

热稳定性能：试样放置在温度为180℃±5℃干燥箱内，5min后取出，沿经、纬向尺寸变化率不大于5%，试样表面无明显变化。

c．舒适层。舒适层阻燃性能：无熔融、滴落现象。

② 整体抗辐射热渗透性能。$40kW/m^2$辐射热通量，热辐射60s后，其内表面温升不大于25℃。

③ 整体热防护性能。TPP值不小于35.0。

④ 接缝断裂强力。外层接缝断裂强力不小于600N。

⑤ 硬质附件耐高温性能。试样放置在温度为260℃±5℃干燥箱内，5min后取出，保持其原有的功能。

⑥ 外层面料用缝纫线耐高温性能。试样放置在温度为260℃±5℃干燥箱内，5min后取出，无熔融、烧焦的现象。

⑦ 隔热头罩耐高温性能。试样放置在温度为260℃±5℃干燥箱内，5min后取出，无明显变形或损坏的现象。

⑧ 隔热头罩视窗视野。隔热头罩视窗的总视野大于80%，双目视野大于65%，下方视野大于50°。

⑨ 隔热头罩视窗透光率。无色透明和浅色透明视窗的透光率分别不小于85%和43%。

⑩ 质量。整套防护服的质量（不包括自配防护头盔、隔热头罩、隔热手套和隔热脚盖）不大于5000g。

4.4.7 消防避火服

消防员避火防护服（如图4.23所示）是消防员进入火场，短时间穿越火区或短时间在火焰区进行灭火战斗和抢险救援时为保护自身免遭火焰和强辐射热的伤害而穿着的防护服装，也适用于玻璃、水泥、陶瓷等行业中的高温抢修时穿着。但不适用于在有化学和放射性伤害的环境中使用。

图4.23　消防员避火防护服

（1）材料与性能

避火服多采用功能性多层复合结构设计，通过功能分担逐级降温实现织物在高温环境中对人体长时间的高效隔热和智能防护，主要分为外层、隔热层和内层。在高温火场环境中存在热传导、热对流和热辐射三种热传递方式，辐射热在热流中起到主要作用，故外层材料的反射性能和耐高温性必须要足够高，能够防护高温及火焰对人体的伤害，通常采用具有高反射辐射热的隔热材料；隔热层的热稳定性和阻燃性也必须要良好，能够实现热流分担，通常采用热导率小的隔热材料，实现进一步的耗热散热，提高其防辐射渗透性能和隔热性，因为其在复合织物整体绝热隔热效能中发挥着极为重要的作用，是目前学者研究的重点方向；内层会与人体的皮肤进行接触，所以材料要具备良好的柔软性。当三层结构进行组合后，在层与层之间会产生微小的空气层，并起到延缓热量传递的作用。隔热层织物高效隔热减少热量向内层的传递。为了达到高性能的防护要求，避火服材料结构一般可以达到6层、7层甚至8层。避火服材料层数越多，防护性能就越高，但反之层数越多又会造成服装笨重，活动不方便，不利于进行救援活动。因此如何解决重量与性能之间的矛盾成为避火服研究的重点。

当前，避火服主要存在以下三点不足：一是总体质量、笨重，为了达到更高的防高温、防热辐射的要求，避火服一般要通过增加隔热层的方式来达到以上要求；二是避火服接触火源的作业时间太短，消防员进入火场实施救援的时间往往在1min以上，当前避火服的材料和结构特性还很难满足这种需求；三是避火服降温系统的问题，避火服主要采用降温背心，而降温背心又需要提前放置于冰箱内储存，在进入火场前穿着在身上，这样会导致骤减消防员躯体温度，而进入火场后体温又较快升高，温差较大，给消防员身体带来很大的负荷，这种剧烈的温度感受差异使消防员的身体受到很大的影响，穿着体验也比较差。基于以上不足，目前避火服发展趋势和研发热点在于防护服装备的轻型化，减轻穿戴重量，减少或替换隔热层材料，以达到消防员能够相对灵活地进行救援活动的目的；同时避火服性能需要进一步提升，延长救援时间和安全撤退时间，能让消防员更加高效地进行火场作业，同时避免受到伤害。

我国20世纪90年代消防部队配备的主要防护服装称为“94式阻燃消防战斗服”，是由耐火纤维布、隔热层、防火层、防水层和阻燃层制成，外层主要采用耐火纯棉帆布，具有良好的耐火性能和抗辐射热渗透性能。随着科技的发展，当前消防服也开发出多种功能用途，针对800～900℃火场的环境下使用避火服，由阻燃纤维织物与真空镀铝膜的复合材料制作而成，具备抗热辐射、耐高温等性能，主要用于热辐射强的场所，有效地保障人员接近热源而不被火焰和蒸气灼伤。

避火服分为外层防护部分、中间层隔热部分、舒适里层部分。

外防护层采用的材料主要有：

玄武岩纤维，在超过1400℃的温度下熔融拉丝制成，可长期在－260～700℃温度下使用，有着优异的耐热性能，作为避火服防护材料的缺点是材料的热辐射反射能力较弱。

高硅氧玻璃纤维织物，高硅氧玻璃纤维的SiO_2含量在95%以上，织物的耐热温度随

SiO_2含量的增加而增高，当其含量大于98%时，可在1200℃下长期使用。作为避火服防护材料的缺点是机械强力相对较差。

莫来石纤维织物，成分主要是莫来石纤维织物因子，具有非常优异的热稳定性，可在1500℃的条件下使用，作为避火服防护材料的缺点是脆性较强，强度较差。

镀铝芳纶纤维织物，成分主要是芳纶纤维，可耐受350℃左右的高温，作为避火服防护材料的缺点是难以在1000℃的高温环境下使用。

镀铝碳纤维织物，成分主要是碳纤维，可以耐受1000℃左右的高温，作为避火服防护材料的缺点是不易于纺织。

玄武岩纤维织物配合覆铝箔层增加其反射能力，综合性能符合预期要求。但是产业化还没有成熟，市场没有广泛应用。目前市场上性价比较高的是采用芳纶纤维和碳纤维，我们在纱线纺织工艺方面进行了新的改进。突破原有的平面织法结构，采用立体织法，形成空气隔热层，当高温通过外层铝箔材料传导进来后，利用立体结构形成的空气层隔绝分散热源，减少高温进入内层。

对于隔热层部分，经市场调研，市场上经常采用的隔热部分是芳纶隔热毡、预氧丝隔热毡、碳纤维隔热毡，广泛采用的是芳纶隔热毡和预氧丝隔热毡。它们耐热温度在300℃以上，能很好地起到隔热作用。避火服中往往采用4层较厚的毡一起使用，以满足防护性能的需求。常见的隔热层材料主要有聚氨酯泡沫、空气、聚苯乙烯树脂、矿物棉、石棉、膨胀蛭石、沥青、膨胀珍珠岩等。

我国科研人员目前主要侧重于隔热面料的改进及结构的优化，例如薛巍采用玄武岩面料、镀铝膜并应用相变材料，制备得到的2.56mm厚度织物隔热效果最为优良，至少能保证8min的有效使用时间。程岚采用镀铝复合膜、涤纶网布和Nomex纤维制备多层隔热材料，发现多层反射屏不仅增加固体导热热阻，还成倍增加辐射热阻。郝立才针对明火火场高温环境的分析，采用铝箔玄武岩、相变材料及阻燃棉织物制备防火绝热复合织物，并对微环境系统传热进行了理论研究和数值模拟。曹永强采用铝箔、聚酯膜和基布制备隔热防护服外层面料，该织物阻燃性能、反热辐射性能均较好。王小丹认为可以用涂层面料代替铝箔镀层面料作组合面料的外层。胡银采用气凝胶隔热毡代替消防服原有隔热层，发现单层气凝胶毡的隔热效果强于多层叠加，并且多层隔热毡叠加与隔热性能的增强不成正比。李德富提到用金属箔、高硅氧棉布、玻璃纤维布制备的复合结构使用温度范围可达到为−200～1000℃。郭贻晓研究主动温控技术新型避火服，能适用于火焰温度860℃以下，并减少了消防员头晕、呕吐等现象的发生，有效排解了消防员作战过程中产生的多余热量，避免了热应激的发生。中国航天员科研训练中心采纳了舱外航天服的部分技术，加装摄像头定位以及内部液冷系统能够自动降温研制出新型消防员防护服，达到抗高温、防水、耐酸碱等目的。

国外避火服与国内避火服相比不仅重量轻，舒适性优异，同时具有抵抗热压力和防火的高性能。国外对避火服的热防护性能改进通常从款式结构、面料组成和功能设计等方面进行。例如Argentino研制了一种最外面两层为防火纤维层，中间两层为尼龙层，内层为涤纶的多层复合结构隔热织物。Sun采用改性聚丙烯腈和芳族聚酰胺等制备了一种耐高温织物。Pause采用相变材料改善了材料的热稳定性能，并提高了舒适性。Lawson

提出了热量传递的模型。Tsuyumoto 研制了由聚乙烯和乙烯醇共聚物制成的非织造布，经过无定形硼氧钠处理后具有很好的耐火性能。英国采用镍钛合金形状记忆纤维制备成螺旋弹簧状制备隔热服装，记忆纤维能形成空气层，实现隔热效果。美国杜邦公司采用 Titan 纤维与 Nomex 纤维研发的 Titan 消防套装，质量较轻，能维持在 8s 的火焰，烧伤度在 0%～3%。Fonseca 研究了相变层在避火服中的影响作用，发现相变层的最佳位置应该接近外部热源，远离皮肤。英国 CCQS 集团将隔热层和防水透气层复合成为单层，通过减少服装的吸水量达到减少服装重量的目的。日本大金工业通过特殊工艺制备的外层面料，厚度为 0.8mm，能耐受1000℃。德国德古萨化工集团采用芳纶纤维和碳纤维制备出两层结构的消防服，能够抵抗800℃高温。美国卡梅尔公司采用中空橘瓣纤维、RetailTRAK 面料制备的消防服，质量较轻并且具有很好的防火隔热效果。

(2) 组成与结构

消防员避火防护服（图 4.23）采用分体式结构，由头罩、带呼吸器背囊的防护上衣、防护裤子、防护手套和靴子等五个部分组成。头罩上配有镀金视窗，宽大明亮且反射辐射热效果好，内置防护头盔，用于防砸，还设有护胸布和腋下固定带。防护上衣后背上设有背囊，用于内置正压式空气呼吸器，保护其不被火焰烧烤。防护裤子采用背带式，穿着方便，不易脱落。手套为大拇指和四指合并的二指式。靴子底部具有耐高温和防刺穿功能。消防员避火防护服的主要材料包括：耐高温防火面料、碳纤维毡、阻燃黏胶毡、阻燃纯棉复合铝箔布、阻燃纯棉布等。辅料包括：挂扣、二连钩、三道棱、拉链、魔术贴（粘扣）、头罩视窗、内置头盔、背带等。

消防员避火防护服由八层材料经分层缝纫、组合套制而成。

第一、二层为耐高温防火层，该层面料的主要成分为具有极高热稳定性和化学稳定性的二氧化硅（含量大于 96%），在火焰温度 1000℃的状况下长期使用仍有较高强力保留率，能很好地保护和支持里层材料，也有用相同性能的其他耐高温织物。为防止火场中的钩挂、戳破、磨损等情况，更好地提高该服装的安全性，表面层采用双层结构，即使外层损坏后仍有第二层支持。

第三、四层为耐火隔热层，该层材料的主要成分为氧化纤维毡。其耐火隔热性能及服用性能较好，价格低。由于空气的热导率低，通常选用双层毡，两层毡之间的空气层，可以进一步提高服装的隔热性能。

第五层为防水反射层，通常选用阻燃纯棉复合铝箔布，不仅具有防水和抗高温热蒸汽的功能，还具有抵御辐射热的作用。

第六、七层为阻燃隔热层，该层采用成本较低双层结构的阻燃黏胶毡，隔热效果较好。增加了两层隔热层，以进一步提高服装的隔热性能。

第八层为舒适层，该层采用具有一定强力的阻燃纯棉布。主要为穿着舒适，并对阻燃隔热层有一定的支撑作用。

(3) 主要技术性能

消防员避火防护服的规格如表 4.19 所示。

表 4.19　消防员避火防护服的规格

规格	适合身高/cm
L	175～180
M	170～175
S	165～170

消防员避火防护服技术性能如下：

① 外层面料阻燃性能。续燃时间不大于 1s；阴燃时间不大于 2s；损毁长度不大于 20mm。

② 外层面料撕破强力。经、纬向撕破强力不小于 32N。

③ 整体组合层面料抗辐射热渗透性能。在 13.6kW/m^2 辐射热通量辐照 120s 后，其内表面温升不超过 25℃。

④ 整体组合层面料抗火焰燃烧性能。在温度为 1000℃的火焰上燃烧 30s 后，其内表面温升不超过 25℃。

⑤ 整体抗热性能。人体模型着装在模拟火场温度 1000℃条件下，30s 后其表面温升不超过 13℃。

⑥ 外观质量。不得有污染、开线及破损现象，附件应装配牢固，不得有松动、脱落。

4.4.8　正压式消防空气呼吸器

（1）原理与性能

正压式消防空气呼吸器是消防员使用的一种呼吸器，该呼吸器利用面罩与佩戴者面部周边密合，使佩戴者呼吸器官、眼睛和面部与外界染毒空气或缺氧环境完全隔离，具有自带压缩空气源供给佩戴者呼吸所用的洁净空气，呼出的气体直接排入大气中，任一呼吸循环过程，面罩内的压力均大于环境压力。其使用温度为－30～60℃。设计原理是使用气瓶存储高压空气，依次经过气瓶阀、减压器，进行一级减压后，输出不大于 1MPa 的中压气体，再经中压导气管送至供气阀，供气阀将中压气体按照佩戴者的吸气量，进行二级减压至人体可以呼吸的压力进入面罩，供佩戴者呼吸使用。呼气则通过呼气阀排出面罩外。正压式消防空气呼吸器工作原理如图 4.24 所示。正压式消防空气呼吸器执行《正压式消防空气呼吸器》（XF 124—2013）标准。

正压式消防空气呼吸器（图 4.25）由面罩总成、供气阀总成、气瓶总成、减压器总成、背托总成等五个部分组成。工作原理大体相同。吸气时，呼气阀关闭，气瓶中气体经空气软管、减压器、供给阀、口鼻罩上的吸气阀被吸入人体肺部；呼气时，供给阀关闭而呼气阀开启，浊气被排到面罩外。从而完成一个呼吸循环。气体循环流程：呼气时，人体呼出的浊气经面罩、口鼻罩、呼气阀排至大气，此时供给阀关闭，呼气阀开启；吸气时，高压空气经瓶头阀、集成组合式减压器、中压软导管、报警器、 面罩、吸气阀（口鼻罩）进入肺部。

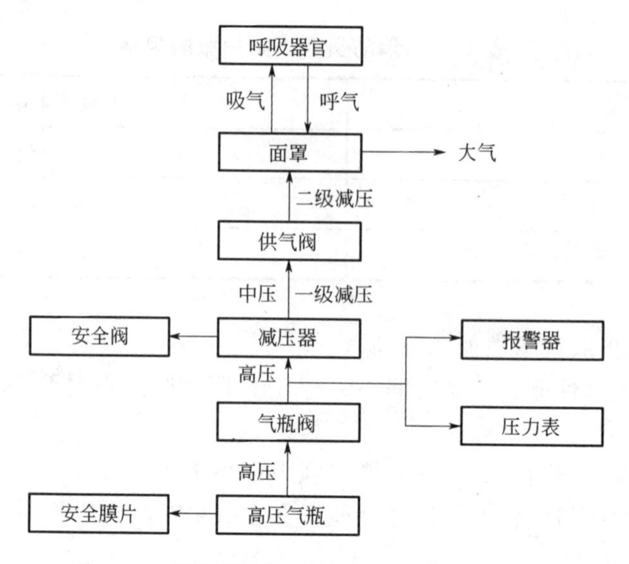

图 4.24　正压式消防空气呼吸器工作原理示意图

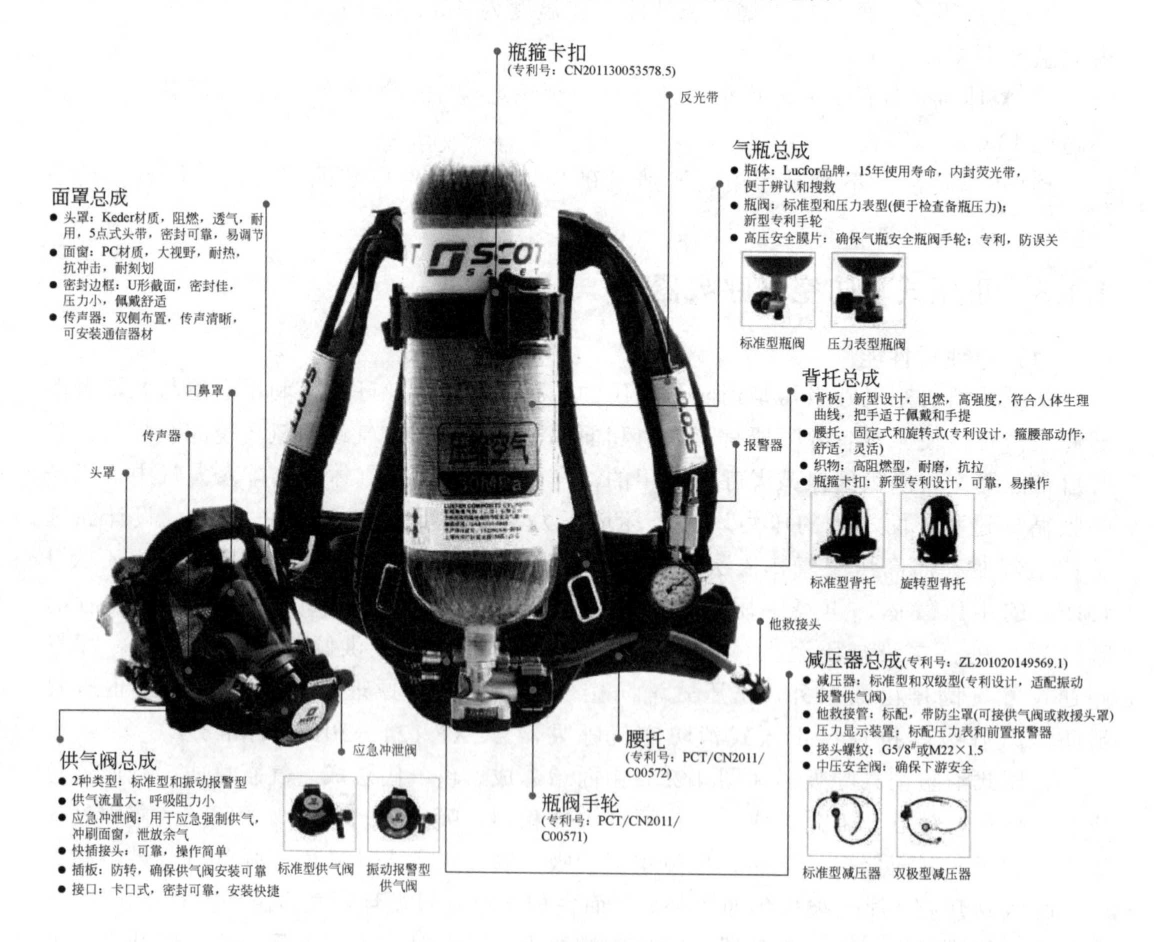

图 4.25　正压式消防空气呼吸器

正压式消防空气呼吸器的技术性能如下。

① 佩戴质量。不大于 18kg（气瓶内气体压力处于额定工作压力状态）。

② 整机气密性能。在气密性能试验后，其压力表的压力指示值 1min 内的下降不大于 2MPa。

③ 动态呼吸阻力。在气瓶额定工作压力至 2MPa 的范围内，以呼吸频率 40 次/min，呼吸流量 100L/min 呼吸，呼吸器的面罩内始终保持正压，且吸气阻力不大于 500Pa，呼气阻力不大于 1000Pa；在 1～2MPa 的范围内，以呼吸频率 25 次/min，呼吸流量 50L/min 呼吸，呼吸器的面罩内仍保持正压，且吸气阻力不大于 500Pa，呼气阻力不大于 700Pa。

④ 耐高温性能。呼吸器（气瓶内压力为 10MPa）经 60℃±3℃、4h 的高温试验后，各零部件无异常变形、黏着、脱胶等现象；以呼吸频率 40 次/min，呼吸流量 100L/min 呼吸，呼吸器的面罩内保持正压，且呼气阻力不大于 1000Pa。

⑤ 耐低温性能。呼吸器（气瓶内压力为 30MPa）经－30℃±3℃，4h 的低温试验后，各零部件无开裂、异常收缩、发脆等现象；以呼吸频率 25 次/min，呼吸流量 50L/min 呼吸，呼吸器的面罩内保持正压，且呼气阻力不大于 1000Pa。

⑥ 静态压力。不大于 500Pa，且不大于排气阀的开启压力。

⑦ 警报器性能。当气瓶内压力下降至 5.5MPa±0.5MPa 时，警报器发出连续声响报警或间歇声响报警，且连续声响时间不少于 15s，间歇声响时间不少于 60s，发声声级不小于 90dB（A）；从警报发出至气瓶压力为 1MPa 时，警报器平均耗气量不大于 5L/min 或总耗气量不大于 85L。

⑧ 减压器性能。在气瓶额定工作压力至 2MPa 范围内，减压器输出压力在设计值范围内；减压器输出压力调整部分设置锁紧装置；减压器输出端设置安全阀。

⑨ 安全阀性能。安全阀的开启压力与全排气压力在减压器输出压力最大设计值的 110%～170%范围内；安全阀的关闭压力不小于减压器输出压力最大设计值。

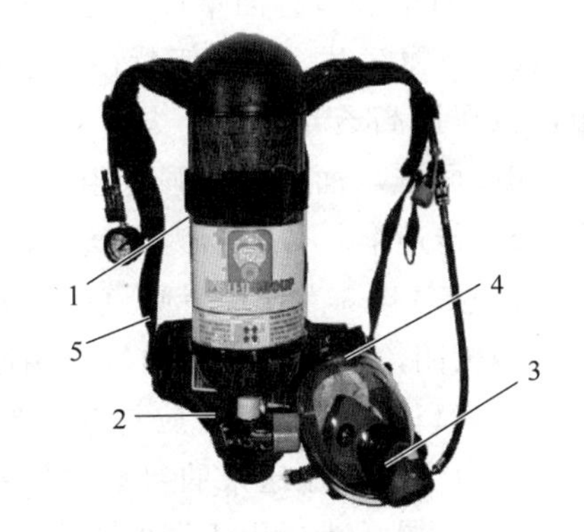

图 4.26　空气呼吸器结构组成

1—气瓶总成；2—减压器总成；3—供气阀总成；4—面罩总成；5—背托总成

(2) 空气呼吸器结构

空气呼吸器包括五个部件：面罩总成、供气阀总成、气瓶总成、减压器总成、背托总成，结构如图 4.26 所示。

① 面罩总成（图 4.27）。面罩总成（面罩）是用来罩住脸部，隔绝有毒有害气体不进入人体呼吸系统的装置。为了保证能够与人体面部形成有效的密封，面罩总成有小号、大号、特大号三种规格。

面窗密封圈由特殊橡胶材料制成。面窗由高强度聚碳酸酯材料注塑而成，耐冲击；表面镀有耐磨层。在面窗的两侧各有一个传声器组件，可为佩戴者提供双重传声，并可与声音放大器及有线、无线通信系统连接。

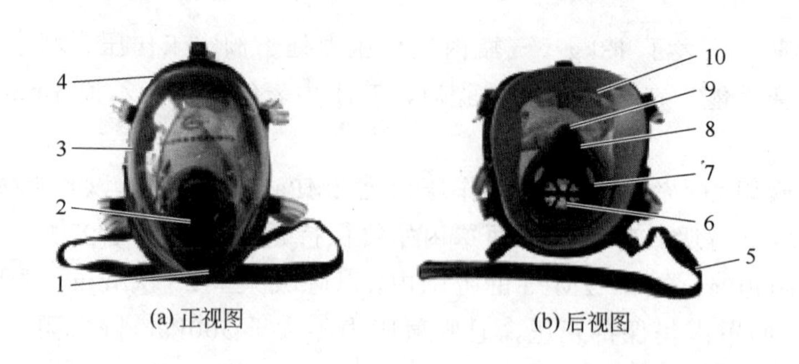

(a) 正视图　　(b) 后视图

图 4.27　面罩总成

1—呼气阀；2—面罩接口；3—视窗镜片；4—面框；5—挂带；6—传声器；
7—吸气阀；8—口鼻罩；9—头罩；10—密合框

面窗前部的凹形接口可与供气阀的凸形接口快速连接，并形成可靠密封。

头罩组件采用薄型网状结构，面窗内的口鼻罩只罩住佩戴者的口和鼻，减小有害空间，提高空气的利用率。

使用时，空气通过供气阀上的一排小孔喷到面窗内表面，冲刷面窗由于温差产生的雾气，再通过吸气阀被使用者吸到口鼻罩中，呼出的气体，直接通过呼气阀排到大气中。

a．呼气阀。使用者呼气时，面罩内压力升高克服呼气阀的弹簧力，阀门打开，使人体呼出的气体排入大气。

b．面罩接口。面罩接口是面罩与供气阀相连接的接口，应保证气密。

c．视窗镜片。视窗镜片由高强度聚碳酸酯材料注塑而成，外表面经硬化处理，耐冲击，应保证高透光率，不失真。

d．面框。面框由高强度阻燃塑料注塑而成，用于固定视窗镜片及密合框。

e．传声器。传声器为金属机械膜片，用于将面罩内部的声音传递到外界。

f. 吸气阀。当使用者吸气时，吸气阀开启，新鲜空气进入口鼻罩；当使用者呼气时，吸气阀关闭，使用者呼出的气体由呼气阀排入大气。吸气阀丢失，易导致面罩结雾。

g．口鼻罩。口鼻罩应与使用者的口鼻良好吻合，可减小实际有害空间，防止视窗上雾。由供气阀输送来的新鲜空气首先冲刷视窗，达到除雾目的。

h．头罩。头罩用于固定面罩，确保其与使用者脸部的密封。

i．密合框。密合框用于保证面罩与使用者脸部的密封，设计应符合我国成年人的脸型特征，确保柔软舒适、贴合紧密、无明显压痛感。

② 供气阀总成。供气阀总成（供气阀）见图 4.28，是将减压器输出的中压气体按照佩戴者的吸气量，再次减压至人体可以呼吸的压力，供佩戴者呼吸的装置。供气阀总成直接安装于面罩上，并有一根胶管通过快速接头连接到减压器上的中压导气管上。供气阀的凸形接口，配有环形垫圈，与面罩上供气阀接口双环线连接后，形成双重密封。供气阀的凸形接口上设有一排供气孔，使用时气体是由供气孔喷到面窗内表面，可迅速去除面窗内的积雾或薄霜。

供气阀上用橡胶罩保护的是节气开关。当面罩从脸部取下时，用大拇指按住橡胶罩中间部位，完全按下后，会伴有“嗒”声，即可关闭供气阀，停止供气，避免浪费瓶内空气。而重新将面罩戴在脸上保持密封并吸气时，供气阀将自动开启，供给空气。

供气阀总成主要由供气插口、外壳、手动强制供气按钮、手动关闭按钮、进气软管等组成。供气阀的作用是将减压器输出的中压气体再次减压至人体适宜呼吸的压力，实现按需供气及保持正压。供气阀的正压机构能够保证面罩内的压力始终处于正压状态。

图 4.28　供气阀总成

1—节气开关；2—应急冲泄阀；3—插板；4—凸形接口；5—密封垫圈

供气阀是正压式消防空气呼吸器的一个关键部件，其结构原理如图 4.29 所示。作用是将减压器输出的中压气体再次减压至人体适宜呼吸的压力，实现按需供气及保持正压。供气阀内设有大膜片自动平衡系统，随使用者的呼吸动作自动调节流量，实现按需供气。供气阀的正压机构一般由杠杆和弹簧片等组成，能够保证面罩内的压力始终处于正压状态。供气阀直接插接于面罩上，并有一根进气软管通过快插接头连接到减压器上的中压导气管三通快插接头上。供气插口上配有 O 形密封圈，与面罩接口插接后，形成可靠密封。

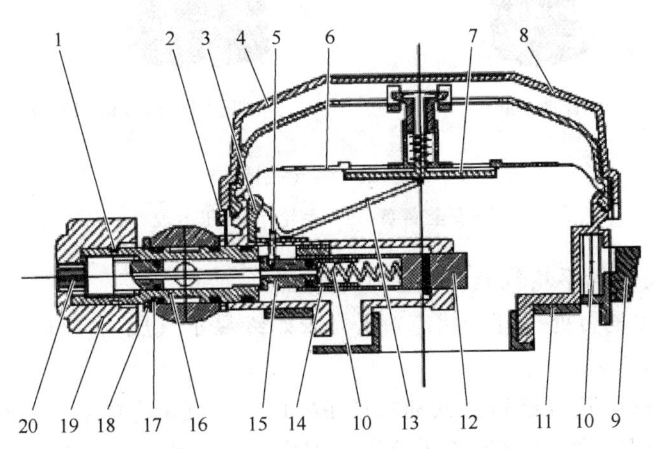

图 4.29　供气阀结构原理图

1—弹簧销；2—锁紧板；3—半固定架；4—上盖组件；5—活塞杠杆；6—大膜片组件；7—呼气阀；8—中盖；9—插板；10—弹簧；11—垫圈；12—导管组件；13—膜片杠杆；14—阀管衬套；15—活塞组件；16—阀门管体；17—O 形圈；18—弹性挡圈；19—手轮；20—调节杆组件

供气阀上的红色旋钮是应急冲泄阀，它具有三个功能：

a．当供气阀意外发生故障时，通过手动旋钮，按应急冲泄阀上指示的方向转动二分之一圈，可以提供至少225L/min的恒定空气流量，允许空气直接流入面罩；

b．除应急供气外，还可以利用流出的空气直接冲刷面罩、供气阀内部的灰尘和脏污，避免吸入体内；

c．也可以在关闭瓶阀后，通过冲泄阀旋钮来排放系统管路中的剩余空气。

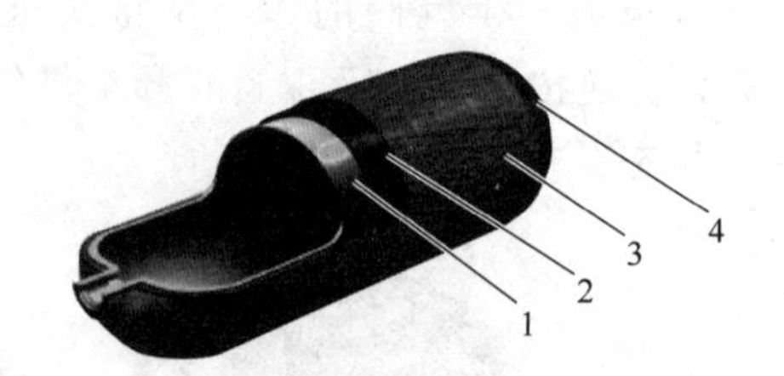

图4.30 碳纤维气瓶结构

1—铝合金内胆；2—碳纤维；3—玻璃纤维；4—环氧树脂

③ 气瓶总成。气瓶用于储存压缩空气。目前普遍使用的碳纤维复合气瓶由铝合金内胆（密封作用）、碳纤维（承压作用）、玻璃纤维（定型作用）、环氧树脂（保护碳纤维和玻璃纤维并使瓶体表面光洁美观）四层结构组成，如图4.30所示。碳纤维气瓶具有重量轻、不会发生脆性爆炸等特点。气瓶额定工作压力通常为30MPa。

气瓶阀有两种，一种为普通气瓶阀［见图4.31（a）］，另一种为带压力显示及欧标手轮气瓶阀。

(a) 普通气瓶阀

(b) 带压力显示及欧标手轮气瓶阀

图4.31 气瓶阀

1—安全螺塞；2—手轮；3—压力表

带压力显示及欧标手轮气瓶阀具有如下特点：

a．不管气瓶阀是否处于打开状态，压力表始终显示气瓶内气体的压力，方便使用人员查看瓶内空气的压力。

b．该种气瓶阀手轮设计符合欧洲标准EN 137—2006的要求，具有防止意外碰撞而关闭的功能，也就是说空气呼吸器在使用过程中，不会由于意外原因导致气瓶阀关闭，而中断气源供气，避免对使用人员造成伤害，增加了空气呼吸器的安全性。

气瓶阀上的安全螺塞下装有安全膜片，瓶内气体超压时安全膜片会自动爆破泄压，保护气瓶，避免气瓶爆裂，保护人员和周围环境不受伤害。安全膜片的爆破压力设定为气瓶最大工作压力的1.25～1.4倍。

④ 减压器总成。减压器总成（见图4.32）是将气瓶内高压气体减压后，输出0.7MPa

的中压气体，经中压导气管送至供气阀供人体呼吸的装置。

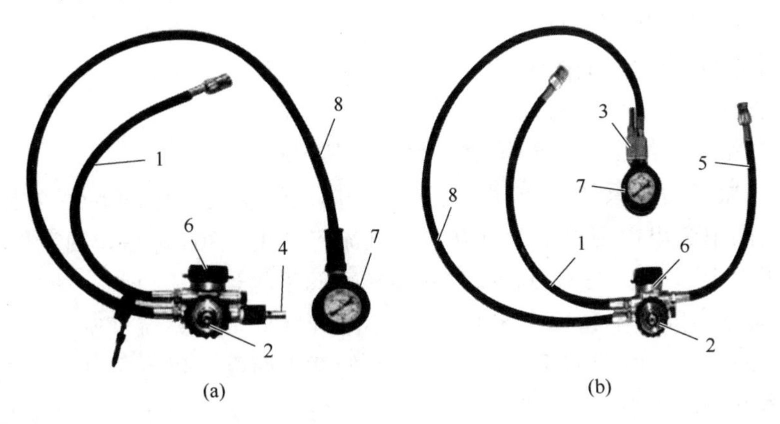

图 4.32　减压器总成

1—中压导气管；2—减压器手轮；3—前置报警器；4—后置报警器；

5—他救中压管；6—安全阀；7—压力表；8—高压气管

减压器总成包括手轮、压力表、报警器、安全阀和中压导气管。

压力表可方便地检查瓶内余压，并具有夜光显示功能，便于在光线不足的条件下观察。

报警器有两种结构型式，一种直接安装在减压器上，称为后置报警器；另一种与压力表一同置于使用者的胸前，称为前置报警器。前置报警器，便于使用者清楚地听到报警声，尤其多人同时在抢险救援作业现场时，很容易辨别出是自己还是他人的空气呼吸器报警。

当气瓶压力降到 5.5MPa±0.5MPa 时报警器开始声响报警，此时使用人员必须立刻撤离到一个不需要空气呼吸器保护的安全场所。报警器起鸣后将持续报警，直到气瓶压力小于 1MPa 为止。

选用前置报警器的空气呼吸器，还可配置他救接头。他救接头安装在减压器的另一侧，并固定在右腰托的腰带上。其主要作用是：

a. 在确保自己的空气呼吸器有足够空气的情况下，可向其他人员供气救援；

b. 如果得知某处有人员被困在某一有毒有害气体或缺氧环境中，生命垂危，此时，救援人员在佩戴具有他救接头功能空气呼吸器的同时携带全面罩、供气阀，把面罩直接戴在受困人员面部后，即可向受困人员供气救援。

⑤ 背托总成。背托总成（如图 4.33）是用来支撑安装气瓶总成和减压器总成，并保持整套装具与人体良好佩戴的装置。

图 4.33　背托总成

1—瓶箍带；2—上肩带；3—背架；

4—下肩带；5—腰带；6—腰扣 A；

7—瓶箍卡扣；8—腰扣 B

背托总成包括背架、上肩带、下肩带、腰

带和固定气瓶的瓶箍带。瓶箍带上装有瓶箍卡扣，用以快速锁紧气瓶。背托总成上使用的织物材料分为阻燃型和非阻燃型两种。

（3）空气呼吸器使用与维护

① 使用方法。

a．将器材箱放在地上，打开箱盖，解开装具固定带。

b．检查气瓶压力及系统气密性。逆时针方向旋转瓶阀手轮，至少 2 圈。如果发现有气体从供气阀中流出，则按下节气开关，气流应停止。30s 钟后，观察压力表的读数，气瓶内空气压力应不小于 28MPa。顺时针旋转瓶阀手轮，关闭瓶阀，继续观察压力表读数 1min，如果压力降低不超过 0.5MPa，且不继续降低，则系统气密性良好。带自锁手轮瓶阀使用方法：开启时用右手逆时针旋转手轮至少两圈，以完全打开瓶阀，关闭时用右手沿瓶阀体方向推进手轮，同时顺时针转动手轮，一次关闭不了，可重复关闭几次，直至完全关闭瓶阀。如果供气阀上的节气开关在瓶阀打开之前没有被按下关闭，空气将从面罩内自由流出。如果气瓶未充满压缩空气，使用前须换上充满空气的气瓶。

c．检测报警器。顺时针旋转瓶阀手轮，关闭瓶阀。然后，略微打开供气阀上冲泄阀旋钮，将系统管路中的气体缓慢放出，当气瓶压力降到 5.5MPa±0.5MPa 时，报警器应开始启鸣报警，并持续到气瓶内压力小于 1MPa 时止。待气流停止时，完全关闭冲泄阀。当气瓶压力降到 5.5MPa±0.5MPa 时，如果报警器不能正常报警，则该呼吸器暂停使用，并做好标记等待被授权人员修理。

d．检查瓶箍带是否收紧。用手沿气瓶轴向上下拨动瓶箍带，瓶箍带应不易在气瓶上移动，说明瓶箍带已收紧。如果未收紧，应重新调节瓶箍带的长度，将其收紧。

e．将气瓶底部朝向自己，然后展开肩带，并将其分别置于气瓶两边。两手同时抓住背架体两侧，将呼吸器举过头顶；同时，两肘内收贴近身体，身体稍微前倾，使呼吸器自然滑落于背部，同时确保肩带环顺着手臂滑落在肩膀上；然后，站直身体，向下拉下肩带，将呼吸器调整到舒适的位置，使臀部承重。

f．将腰带上的腰扣 B 插入腰扣 A 内，然后将腰带左右两侧的伸出端同时向侧后方拉动，将腰带收紧。

g．检查面罩组件，确认口鼻罩上已装配了吸气阀，且口鼻罩位于下巴罩后面及两个传声器的中间，把头罩上的带子翻至视窗外面。一只手将面罩罩在面部，同时用另一只手外翻并后拉将头罩戴在头上。带子应平顺无缠绕。确保下巴位于面罩的下巴罩内。向后拉动颈带（下方带子）两端，收紧颈带。向后拉动头带（上方带子）两端，收紧头带。颈带、头带都不要收得过紧，否则会引起不适。如有必要，重新收紧颈带。当使用者的面部条件妨碍了脸部与面罩的良好密封时，不应佩戴呼吸器。这样的条件包括胡须、鬓角或眼镜架等。使用者面部和面罩间密封性不好会减少呼吸器的使用时间或导致使用者本应由呼吸器防护的部分暴露于空气中。

h．检查面罩密封性。用手掌心捂住面罩接口处，深吸气并屏住呼吸 5s，应感到视窗始终向面部贴紧（即面罩内产生负压并保持），说明面罩与脸部的密封性良好。否则需重新收紧头带和颈带或重新佩戴面罩。检查面罩和面部密封性能时，如果发现有空气泄漏进面罩，可移开面罩，重复上述佩戴步骤。如果面罩调节后，仍不能与面部保持良好密封，则应更换另一个面罩重新检查。

i．打开瓶阀。逆时针方向旋转瓶阀手轮，至少2圈。

j．安装供气阀。将供气阀的凸形接口插入面罩上相对应的凹形接口，然后逆时针旋转，使节气开关转至12点钟位置，并伴有“喀嗒”一声。此时，供气阀上的插板将滑入面罩上的卡槽中，锁紧供气阀。如果供气阀不能安装到面罩上，则应检查供气阀上密封圈是否损坏及检查面罩上与供气阀对接的密封面是否损坏。

k．检查呼吸器呼吸性能。供气阀安装好后，深吸一口气打开供气阀，随后的吸气过程中将有空气自动供给。吸气和呼气都应舒畅，而且无不适感觉。可通过几次深呼吸来检查供气阀的性能。如果首次吸气时没有空气自动供给，应检查瓶阀是否已打开及面罩是否同脸部密封良好，并观察压力表确认气瓶内是否有压力。如果面罩没有正确佩戴将会影响与脸部的密封效果，当你吸气时，供气阀可能不会自动打开。请重新佩戴面罩。

l. 呼吸器经上述步骤认真检查合格并正确佩戴即可投入使用。使用过程中要随时注意报警器发出的报警信号，当听到报警声响时应立即撤离现场。

m．确信已离开受污染或空气成分不明的环境中或已处于不再要求呼吸保护的环境中。捏住下面左右两侧的颈带扣环向前拉，即可松开颈带，然后同样再松开头带，将面罩从面部由下向上脱下。按下供气阀上部的橡胶保护罩节气开关，关闭供气阀。面罩内应没有空气再流出。

n．用拇指和食指压住插扣中间的凹口处，轻轻用力压下将插扣分开。两手勾住肩带上的扣环，向上轻提即可放松肩带，然后将呼吸器从肩背上卸下。

o．关闭瓶阀。顺时针旋转瓶阀手轮，关闭瓶阀。

p．系统放气。打开冲泄阀放掉呼吸器系统管路中压缩空气。等到不再有气流后，关闭冲泄阀。

② 维护保养。

a．定期检查。备用的呼吸器，必须每周进行检查，或按能确保呼吸器在需要使用时能正常工作的频率检查。如果发现有任何故障，必须将其与正常的呼吸器分开，并做好标记以便让被授权人员进行修理。

检查内容应按以下步骤进行：

——目检整套呼吸器有无磨损或老化的橡胶部件，有无磨损或松弛的织带和损坏的零部件。

——检查气瓶最近的水压试验日期，确认该气瓶在有效使用期内。如果已超过使用期，应立即停止使用该气瓶，并做好标记，由被授权人员进行水压测试，测试合格后方可再使用。

——检查气瓶上是否有物理损伤，如凹痕、凸起、划痕或裂纹等；是否有高温或过火对气瓶造成的热损伤，如油漆变成棕色或黑色、字迹烧焦或消失、压力表盘熔化或损坏；是否有酸或其他腐蚀性化学物品形成的化学损伤痕迹，如缠绕外层的脱落等。若发现有以上情况，则不应再使用该气瓶，而应完全放空气瓶内的压缩空气，并做好标记，等待被授权人员处理。

——确定气瓶是否已充满（压力表显示为28～30MPa时表示气瓶已充满）。如果气瓶未充满，则换上一个充满压缩空气的气瓶。

——检查减压器手轮是否与瓶阀出口拧紧。关闭瓶阀时，不要猛力旋转手轮，否则可能导致瓶阀阀垫的损坏，影响瓶阀的密封性能。

——检查供气阀上的冲泄阀是否已关闭。

——检查与供气阀相连的中压管上的快速接头是否正确连接。完全按下供气阀上的节气开关。逆时针方向旋转瓶阀手轮，缓慢打开瓶阀，达到启鸣压力后报警器应启动，超出报警压力范围后报警应结束。戴上面罩并安装供气阀，在保持良好的密封状态下，然后深吸一口气，供气阀将自动打开，正常呼吸以检查供气阀工作是否正常。将面罩从脸上移开，空气应从面罩内连续流出。完全按下供气阀上的节气开关，空气应停止流出。逆时针旋转冲泄阀，有空气从供气阀中流出。顺时针旋转冲泄阀，至完全关闭位置，空气应停止从供气阀中流出。顺时针旋转瓶阀手轮关闭瓶阀，然后略微打开冲泄阀，将系统中的压缩空气放出，当压力降到 5.5MPa±0.5MPa 压力时，报警器开始声响报警，并持续到压力小于 1MPa 时为止。气流停止时，完全关闭冲泄阀。

b. 定期测试。至少每年由被授权的人员对呼吸器进行一次目检和性能测试。但在使用频率高或使用条件比较恶劣时，则应缩短定期测试的时间间隔。与呼吸器配套使用的气瓶，必须通过由国家质量技术监督局授权的检验机构进行的定期检验与评定。

c. 清洁保养。每次使用后按如下步骤清洁、保养呼吸器：

——检查呼吸器有无磨损或老化的橡胶部件、磨损或松弛的头罩织带或损坏部件。

——从面罩上取下供气阀。

——清洗、消毒面罩。在温水（最高温度 43℃）加入中性肥皂液或清洁剂（如餐具用洗洁剂）进行洗涤，然后用净水彻底冲洗干净。用海绵蘸医用酒精擦洗面罩，进行消毒。消毒后，用饮用水彻底清洗面罩。方法是先用轻柔的流水冲，然后晃动面罩，甩干残留水分，最后用干净的软布擦干，或用清洁干燥、压力小于 0.2MPa 的空气轻轻吹干。有些清洁和消毒物质会引起呼吸器零件的损坏或加速老化。因此，只能使用推荐的清洁剂和消毒剂。未彻底洗净和完全干燥的面罩组件上残留的清洁剂或消毒剂会引起面罩零部件的损坏。

——清洗、消毒供气阀。用海绵或软布将供气阀外表面明显的污物擦拭干净。从供气阀的出气口检查供气阀内部。如果已经变脏，请被授权的人员来清洗。如果供气阀需要清洗，则先关闭节气开关，并顺时针旋转冲泄阀旋钮关闭冲泄阀，再用医用酒精擦洗供气阀接口。然后晃动供气阀除去残留水分。冲洗之前允许消毒液与零件保持接触 10min。用饮用水冲洗供气阀，方法是用轻柔的流水冲。洗涤时不要将供气阀直接浸入溶液或水中。晃动供气阀，除去残留水分，并用压力不超过 0.2MPa 的空气彻底吹干。如果供气阀胶管与中压管断开连接，则重新进行连接。打开瓶阀和冲泄阀，吹去残留水分，然后关闭冲泄阀和瓶阀。定期在供气阀的密封垫圈上均匀涂抹少许硅脂，可使供气阀更容易地装在面罩上。

——用湿海绵或软布将呼吸器其他不能浸入水中清洗的部位擦洗干净。

d. 存放。

——确认所有的零部件都已彻底干燥后，将呼吸器放入器材箱或存放于专用储存室，室温 0～30℃，相对湿度 40%～80%，并远离腐蚀性气体。使用较少时，应在橡胶件上涂上滑石粉，以延长呼吸器的使用寿命。使用过程中如果怀疑呼吸器被危险物污染，被污染的部位必须做好标记，交被授权人员处理。

——当呼吸器及其备用部件需要交通工具运输时，应采用可靠的机械方式来固定存放到合适位置或用适于运输和存放呼吸器及其备用部件的器材箱存放。运输过程中，呼吸器的包装和存放应尽量避免由于交通工具在加速和减速、急转弯或发生事故时，对交通工具或附近人员造成伤害。

参考文献

[1] 华正国，钱小东．湿热耦合作用下消防员的热应激规律研究［J］．消防科学与技术，2019，38（08）：1177-1180.

[2] 苏云，杨杰，李睿，等．热辐射暴露下消防员的生理反应及皮肤烧伤预测［J］．纺织学报，2019，40（02）：147-152.

[3] 苏云．火灾高温蒸汽环境下消防服的热湿传递与皮肤烫伤预测［D］．上海：东华大学，2018.

[4] 卢琳珍．多层热防护服装的热传递模型及参数最优决定［D］．杭州：浙江理工大学，2018.

[5] 姚长春．大型油罐火灾事故危险区域及扑救策略研究［J］．江西化工，2017（05）：83-86.

[6] 苏云，李俊．火灾环境下防水透气层对消防服热湿防护性能的影响［J］．纺织学报，2017，38（02）：152-158.

[7] 韩伦，赵晓明．消防服穿着者的热应激研究现状［J］．成都纺织高等专科学校学报，2016，33（04）：197-202.

[8] 曹娟．含湿量对消防服用织物热护性能的影响［D］．天津：天津工业大学，2016.

[9] 郭涛．防护服与油罐火灾灭火安全距离的关系［J］．消防科学与技术，2015，34（09）：1258-1261.

[10] 邵建章．消防员职业热应激危害与防控［J］．武警学院学报，2015，31（06）：31-34.

[11] 韩伦．消防服面料在受到热辐射和摩擦损伤后的性能变化情况研究［D］．长春：吉林大学，2015.

[12] 张芳．大型油罐火灾情景下消防员热损伤数值分析［J］．中国安全科学学报，2014，24（03）：33-37.

[13] 皇甫孝东．阻燃防火服装防护性能研究［D］．上海：东华大学，2014.

[14] 卢业虎．高温液体环境下热防护服装热湿传递与皮肤烧伤预测［D］．上海：东华大学，2013.

[15] 崔志英，杨海燕．热辐射对消防服热防护性能及耐久性的影响［J］．材料科学与工程学报，2012，30（04）：625-629，550.

[16] 赵蒙蒙，李俊，王云仪．消防服着装热应力研究进展［J］．纺织学报，2012，33（03）：145-150.

[17] 杨海燕．热辐射对消防服用织物热防护性能及耐久性的影响［D］．上海：东华大学，2011.

[18] 黄冬梅．低辐射强度条件下消防战斗服内部热湿传递机理研究［D］．合肥：中国科学技术大学，2011.

[19] 刘颜颜．油罐火灾热辐射作用区确定方法［J］．消防科学与技术，2011，30（05）：377-380.

[20] 崔志英．消防服用织物热防护性能与服用性能的研究［D］．上海：东华大学，2009.

[21] 庄磊，陈国庆，孙志友，等．大型油罐火灾的热辐射危害特性［J］．安全与环境学报，2008（04）：110-114.

[22] 朱方龙．热防护服隔热防护性能测试方法及皮肤烧伤度评价准则［J］．中国个体防护装备，2006（04）：26-31.

[23] 田晓亮，高瑞霞．人体着装传热传质过程的数学模型（一）——模型方程［J］．纺织科技进展，2004

(06)：18-19，23.
[24] 何佳泽. 基于生理参数监测的建筑工人高温热应激劳动保护研究 [D]. 重庆：重庆大学，2019.
[25] 童兴. 高温煤矿作业人员热反应规律及热应激计算评价模型研究 [D]. 北京：中国矿业大学，2018.
[26] 李永强. 高温劳动环境人体热应激的动态预测（中等劳动代谢率以上）[D]. 重庆：重庆大学，2016.
[27] 张蓓蓓，叶远丽，蒋春燕，等. 消防员灭火防护服面料功能及结构工艺设计分析 [J]. 纺织科技进展，2018，8：30-34.
[28] 郑春琴. 隔热阻燃防护服热防护性能与热湿舒适性的研究 [D]. 杭州：浙江理工大学，2011.
[29] 李文辉，汪泽幸，冯浩，等. 避火服及隔热材料的研究进展 [J]. 中国个体防护装备，2018，3：22-28.
[30] 陈智慧，张晓青，李本利. 消防技术装备 [M]. 北京：机械工业出版社，2014.
[31] 公安部消防局. 灭火救援装备手册 [M]. 北京：群众出版社，2014.
[32] 李进兴. 消防技术装备 [M]. 北京：中国人民公安大学出版社，2006.
[33] 公安部消防局. 中国消防手册·消防设备·消防产品卷 [M]. 上海：上海科学技术出版社，2007.
[34] 公安部消防局. 装备技师培训教程 [M]. 北京：群众出版社，2010.
[35] 闵永林. 消防装备与应用手册 [M]. 上海：上海交通大学出版社，2013.
[36] 中华人民共和国应急管理部. 正压式消防空气呼吸器：XF 124—2013 [S]. 北京：中国标准出版，2013.
[37] 马洪涛. 空气呼吸器在消防救援场所的应用及故障排除 [J]. 现代商贸工业，2017（24）：194-196.
[38] 胡绪尧，姜鸣，李智平，等. 空气呼吸器的使用与维护方法 [J]. 山东化工，2016（06）：68-69，72.

第 5 章 大型油罐火灾扑救模拟训练技术

随着虚拟仿真技术的发展，相关硬件设备和软件平台日渐完善，仿真数据获取、计算显示和人机交互部分的研究都呈现出多样化趋势，其应用领域应用范围也在逐渐扩大。5G 时代即将到来，今后的仿真技术会向移动化方向发展，交互体验更加真实，而光场技术会引领其向更高水平迈进，仿真技术在各行各业中的应用将更加深入和广泛。

虚拟现实（virtual reality，VR）是由计算机图形学、电子信息、多媒体技术、人工智能、计算机网络、仿真和多传感等多种技术创造一个看似真实的环境，模拟现实场景，利用多种传感设备对虚拟空间中的物体进行相应的操作练习，同时具有人的触觉、听觉和视觉等自然感知，通过语言等自然方式实时进行交互，让用户达到环境的沉浸感。

虚拟现实技术是 20 世纪发展起来的一项全新的，能够创建三维模拟环境，使用户沉浸于虚拟世界，进行体验或交互的综合性系统仿真技术。主要包括模拟环境、感知、自然技能和传感设备等方面。模拟环境是由计算机生成的、实时动态的三维立体逼真图像。感知是指理想的虚拟现实技术应该具有一切人所具有的感知。除计算机图形技术所生成的视觉感知外，还有听觉、触觉、力觉、运动等感知，甚至还包括嗅觉和味觉等，也称为多感知。自然技能是指人的头部转动、眼睛转动、手势或其他人体行为动作，由计算机来处理与参与者的动作相适应的数据，并对用户的输入作出实时响应，然后分别反馈到用户的五官。传感设备是指三维交互设备，常用的有立体头盔、数据手套、三维鼠标、数据衣等穿戴于用户身上的装置和设置于现实环境中的传感装置，如摄像机、地板压力传感器等。虚拟现实系统的关键组成包括数据获取部分、计算显示部分和人机交互部分，典型的 VR 系统主要构成如图 5.1 所示。

虚拟现实技术具有四个重要特征：一是多感知性。指除一般计算机所具有的视觉感知外，还有听觉感知、触觉感知、运动感知，甚至还包括味觉、嗅觉感知等。理想的虚

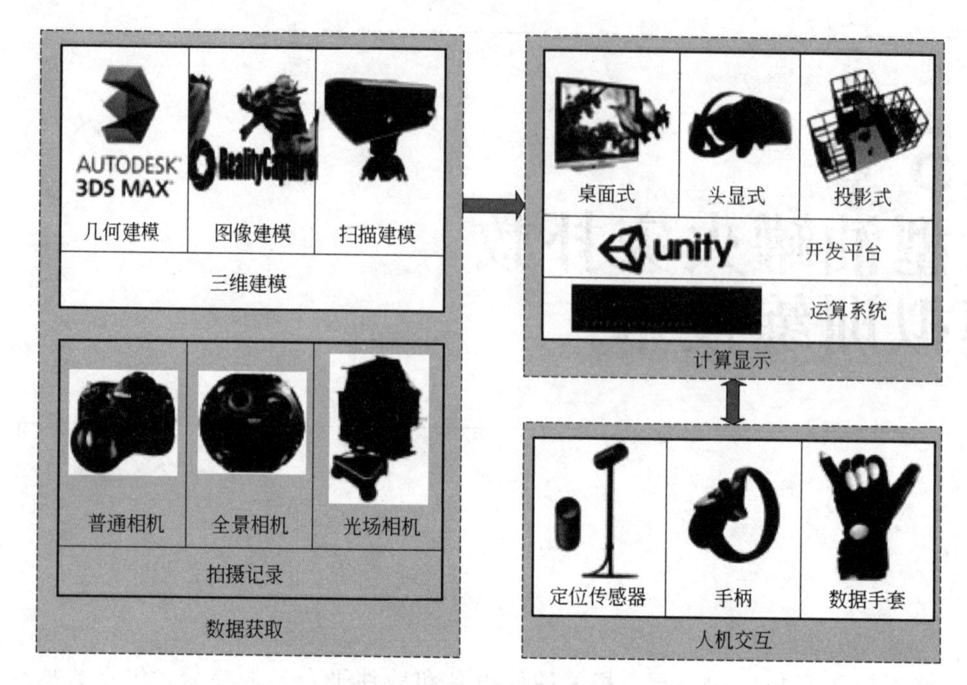

图 5.1　典型的 VR 系统主要构成

拟现实应该具有一切人所具有的感知功能。目前虚拟现实技术所具有的感知功能仅限于视觉、听觉、力觉、触觉、运动等几种。二是沉浸感。指用户感到作为主角存在于模拟环境中的真实程度。理想的模拟环境应该达到用户难辨真假的程度，使用户全身心地投入计算机创建的三维虚拟环境中，该环境中的一切看上去是真的，听上去是真的，动起来是真的，甚至闻起来、尝起来等一切感觉都是真的，如同在现实世界中的感觉一样。三是交互性。指用户对模拟环境内物体的可操作程度和从环境得到反馈的自然程度。比如用户用手去抓模拟环境中的虚拟物体，但是手上有握着物体的感觉，并能够感知重量，物体也可以随着手的运动而改变位置。四是自主性。指虚拟现实技术具有广阔的想象空间，不但可以再现真实的场景，也可以随意构想虚拟的场景和环境，虚拟环境中的物体需依据现实世界物理运动定律的动作程度。

5.1　国内外虚拟现实技术的研究现状

国外对于仿真技术特别是 VR 技术的研究起步较早，发展迅速，从游戏、电影等娱乐业到营销展示、工程设计、军事仿真、医疗模拟等诸多领域，开发了多种类型的应用系统，产生了巨大的经济和社会效益。20 世纪 60 年代初，Morton L. Heilig 引入多模态技术研制出了 Sensorama，使用户在摩托车驾驶体验中感受气味、立体声和震动等，被认为是最早的虚拟现实系统之一。1965 年，计算机图形学之父 Ivan E. Sutherland 提出了所谓的“终极显示”，其超前的人机协作理念成为当下虚拟现实及增强现实技术的核心起源。很多研究开始对虚拟现实技术进行探索，1985 年，Jaron Lanier 参与创建了 VPL 公司，研制销售虚拟现实眼镜和手套，他首次提出了 virtual reality 一词，被认为是“虚拟现实之父”，至此，虚拟现实的概念正式确立，各种商业化产品不断涌现，直到 2016 年，业内各大技术公司集中推出了品牌旗舰产品，线上线下资源进一步整合，虚拟现实技术进入了发展元年。到目前为止，虚拟现实技术产业链逐步趋于完善，美、日、韩及欧洲国家在虚拟现实硬件设备和软件平台方面都占据领先地位，主流的硬件设备包括 VR 成像设备、三维视觉显示设备及虚拟现实交互设备。此外，以色列锡尔金（Sirkin）反恐基地利用虚拟现实系统模拟在混凝土地下隧道网和车辆中的战斗场景，对反恐战斗受训人员在特殊环境下的适应能力及作战能力开展训练。澳大利亚维州警方的 Glen Waverley 培训学院通过虚拟现实技术模拟绑架或袭击等暴恐案件，训练警员的应对能力，以更好地打击恐怖主义活动。

5.1.1　美国虚拟现实技术研究现状

美国是虚拟现实技术的发源地，其虚拟现实研究技术水平基本上代表国际虚拟现实发展的水平。其基础研究方向主要集中在感知、用户界面、后台软件和硬件等四个方面；在法医科学中，尝试使用 VR 进行虚拟验尸；在教育训练中，在国际警界中，美国警察的技能训练在科学信息技术使用方面比较有名，拥有各种辅助系统、软件设计先进、经费投入较多，源源不断地有新的警察技能训练系统被研发出来，并被成功地使用在警察教育训练领域，用于警员的训练、选拔和考试。例如 2011 年，美国 VirTra 公司设计并开发了专为警务化训练定制的警员 VR 训练系统，该系统通过 300°的环形屏幕模拟数十种犯罪现场的真实场景，并利用可穿戴设备模拟中枪时的痛感。2016 年，美国 BEST 公司推出 VR 警察训练系统，利用虚拟现实技术模拟不同冲突环境下与恐怖分子对峙的场景，训练作战人员用话术降低冲突等级的能力及指挥员的战术策略与危机应对能力。2017 年，美国 BMT 公司设计并开发了自动混合现实训练场景生成器（AUGGMED），旨在利用混合现实技术为警察、安全部队和反恐部队等提供多种基于虚拟现实的训练场景，用于提高受训人员获取情报、分析决策、通信调度、协同作战等应急处置能力。美国普渡大学西北分校、伊利诺伊大学芝加哥分校和视觉仿真创新中心于 2018 年共同成功研发了用于犯罪现场勘查的 VR 教学平台 Crime by The Fives，使用手柄交互，能够实现痕迹、物证的发现、固定和测量分析。虚拟仿真技术促进美国警察训练的科学化、警察训练器材的科学化、警察训练装备的科学化以及警察训练组织管理的科学化。科学智能化训练在警用射击教学里使用最多，如互动仿真模拟射击系统的利用率最高等。

美国宇航员的 Ames 实验室研究将数据手套工程化，使其成为可用性较高的产品。在约翰逊空间中心完成空间站操纵的实时仿真。大量运用了面向座舱的飞行模拟技术。对哈勃太空望远镜的仿真，现在正致力于一个叫“虚拟行星探索”（VPE）的实验计划。现在 NASA 已经建立了航空、卫星维护虚拟现实训练系统与空间站虚拟现实训练系统，并且已经建立了可供全国使用虚拟现实教育系统。

北卡罗来纳大学（UNC）的计算机系是开展虚拟现实研究最早最著名的大学。他们主要研究分子建模、航空驾驶、外科手术仿真、建筑仿真等。该大学开发了名为“像素飞机”的虚拟现实系统，帮助用户在复杂视景中建立实时动态显示的并行系统。

乔治梅森大学研制出一套在动态虚拟环境中的流体实时仿真系统。该系统在一个分布交互式仿真系统中模拟真实世界复杂流体的物理特性，包括模拟正在穿过水面行驶的船只、搅拌液体、混合不同颜色的液体、下雨对地形的影响等特性。施乐公司研究中心在虚拟现实领域主要从事利用 VRT 建立未来办公室的研究，并努力设计一项基于虚拟现实技术使得数据存取更容易的窗口系统。波音公司的波音 777 运输机采用全无纸化设计，利用所开发的虚拟现实系统将虚拟环境叠加于真实环境之上，把虚拟的模板显示在正在加工的工件上，工人根据此模板控制待加工尺寸，从而简化加工过程。

Loma Linda 大学医学中心的 David Warner 博士和他的研究小组成功地将计算机图形及虚拟现实设备用于探讨与神经疾病相关的问题，首创了虚拟现实儿科治疗法。

麻省理工学院（MIT）是研究人工智能、机器人和计算机图形学及动画的先锋，这些技术都是虚拟现实技术的基础，1985 年 MIT 成立了媒体实验室，进行虚拟环境的正规研究。

SRI 研究中心建立了“视觉感知计划”，研究现有虚拟现实技术的进一步发展。1991 年后，SRI 进行了利用虚拟现实技术对军用飞机或车辆驾驶的训练研究，试图通过仿真来减少飞行事故。

华盛顿大学华盛顿技术中心的人机界面技术实验室（HIT Lab）将虚拟现实研究引入了教育、设计、娱乐和制作领域。

伊利诺斯州立大学研制出在车辆设计中支持远程协作的虚拟现实系统。

从 20 世纪 90 年代初起，美国率先将虚拟现实技术用于军事领域，主要用于以下四个方面：一是虚拟战场环境；二是进行单兵模拟训练；三是实施诸军兵种联合演习；四是进行指挥员训练。

5.1.2 日本虚拟现实技术研究现状

日本虚拟现实技术的发展在世界相关领域的研究中同样具有举足轻重的地位，它在建立大规模虚拟现实知识库和虚拟现实游戏方面的研究也做了很多工作。

东京技术学院精密和智能实验室研究了一个用于建立三维模型的人性化界面，称为 SpmAR；NEC 公司开发了一种虚拟现实系统，它能让操作者都使用“代用手”去处理三维 CAD 中的形体模型，该系统通过数据手套把对模型的处理与操作者的手的运动联系起来。

京都的先进电子通信研究所（ATR）正在开发一套系统，它能用图像处理来识别手势和面部表情，并把它们作为系统输入。

日本国际工业和商业部产品科学研究院开发了一种采用 *XY* 记录器的受力反馈装置。

东京大学原岛研究室开展了 3 项研究：人类面部表情特征的提取、三维结构的判定和三维形状的表示、动态图像的提取。

东京大学广濑研究室重点研究虚拟现实的可视化问题。为了克服当前显示和交互作用技术的局限性，他们正在开发一种虚拟全息系统，用于克服当前显示和交互作用技术的局限性。日本奈良尖端技术研究生院大学教授千原国宏领导的研究小组于 2004 年开发出一种嗅觉模拟器，只要把虚拟空间里的水果放到鼻尖上一闻，装置就会在鼻尖处放出水果的香味，这是虚拟现实技术在嗅觉研究领域的一项突破。

筑波大学研究一些力反馈显示方法，开发了九自由度的触觉输入器，其是虚拟行走原型系统。

富士通实验室有限公司正在研究虚拟生物与 VR 环境的相互作用。他们还在研究虚拟现实中的手势识别，已经开发了一套神经网络姿势识别系统，该系统可以识别姿势，也可以识别表示词的信号语言。

5.1.3　欧洲虚拟现实技术研究现状

英国在虚拟现实开发的某些方面，特别是在分布和并行处理辅助设备（包括触觉反馈）设计和应用研究方面，在欧洲是领先的。欧盟资助英国斯塔福德郡大学 20 万欧元，支持其研究将犯罪现场的证据以 VR 形式呈现在法官和律师面前。英国 Bristol 公司发现，虚拟现实应用的交点应集中在整体综合技术上，他们在软件和硬件的某些领域处于领先地位。英国 ARRL 公司关于远程呈现的研究实验，主要包括虚拟现实重构问题。他们的产品还包括建筑和科学可视化计算。瑞典的 DIVE 分布式虚拟交互环境，是一个基于 Unix 的、不同节点上的多个进程可以在同一世界中工作的异质分布式系统。

荷兰海牙 TNO 研究所的物理电视实验室（TNO-PEL）开发的训练和模拟系统，通过改进人机界面来改善现有模拟系统，使用户完全介入模拟环境。

德国在虚拟现实的应用方面取得了出乎意料的成果。在改造传统产业方面，一是用于设计产品、降低成本，避免新产品开发的风险；二是用于演示产品，吸引客户争取订单；三是用于培训工人，在新生产设备投入使用前用虚拟工厂来提高工人的操作水平。

瑞士苏黎世大学探索了对犯罪现场进行 VR 重建和法医损伤鉴定。

5.1.4　中国虚拟现实技术研究现状

我国虚拟现实技术起步相对较晚，与国外一些发达国家相比在技术上还存有一定的差距，但势头强劲。在紧跟国际新技术的同时，国内一些重点院校，已经积极投入到这一领域研究工作。最早开展此项技术试验的是西北工业大学电子工程系的西安虚拟现实工程技术研究中心。该中心的成立，对发挥学校电子信息工程学院等其他院系和研究所在虚拟现实、虚拟仿真与虚拟制造等方面的研究优势将具有积极作用。2016 年 5 月，中共中央、国务院发布《国家创新驱动发展战略纲要》，明确提出要加强虚拟现实技术的研究；2017 年，国务院印发的《新一代人工智能发展规划》将 VR 技术确定为人工智能领域的新兴产业。在这样的大背景下，国内虚拟现实技术在教育、传媒、医疗、军事、公安等领域快速渗透。

北京航空航天大学计算机系也是国内最早进行虚拟现实研究、最权威的单位之一，他们首先进行了一些基础知识方面的研究，并着重研究了虚拟环境中物体物理特性的表示与处理；在虚拟现实中的视觉接口方面开发出部分硬件，并提出有关算法及实现方法；

实现了分布式虚拟环境网络设计，建立了网上虚拟现实研究论坛，可以提供实时三维动态数据库，提供虚拟现实演示环境，提供用于飞行员训练的虚拟现实系统，提供开发虚拟现实应用系统的开发平台，并将要实现与有关单位的远程连接。

浙江大学 CAD&CG 国家重点实验室开发出了一套桌面型虚拟建筑环境实时漫游系统，采用了层面叠加绘制技术和预消隐技术，实现了立体视觉，同时还提供了方便的交互工具，使整个系统的实时性和画面的真实感都达到了较高的水平。另外，他们还研制出了在虚拟环境中一种新的快速漫游算法和一种递进网格的快速生成算法。

哈尔滨工业大学已经成功地虚拟出了人的高级行为中特定人脸图像的合成、表情的合成和唇动的合成等技术问题，并正在研究人说话时头势和手势动作、话音和语调的同步等。

清华大学计算机科学和技术系对虚拟现实和临场感的方面进行了研究，例如球面屏幕现实和图像随动、克服立体图闪烁的措施和深度感实验等方面都具有不少独特的方法。他们还针对室内环境水平特征丰富的特点，提出借助图像变换，使立体视觉图像中对应水平特征呈现形状一致性，以利于实现特征匹配，并获取物体三维结构的新颖算法。

西安交通大学信息工程研究所对虚拟现实中关键技术——立体显示技术进行了研究。他们在借鉴人类视觉特性的基础上提出了一种基于 JPEG 标准压缩编码新方案，并获得了较高的压缩比、信噪比以及解压速度，并且已经通过实验结果证明了这种方案的优越性。

中国科技开发院威海分院主要研究虚拟现实中视觉接口技术，完成了虚拟现实中的体视图像对算法回显及软件接口。他们在硬件开发上已经完成了 LCD 红外立体眼镜，并且已经实现商品化。

北方工业大学 CAD 研究中心是我国最早开展计算机动画研究的单位之一，中国第一部完全用计算机动画技术制作的科教片《相似》就出自该中心。完成了体视动画的自动生成部分算法与合成软件处理，完成了虚拟现实图像处理与演示系统的多媒体平台及相关的音频资料库 NNM，制作了一些相关的体视动画光盘。另外，西北工业大学 CAD/CAM 研究中心、上海交通大学图像处理模式识别研究所，长沙国防科技大学计算机研究所、华东船舶工业学院计算机系、安徽大学电子工程与信息科学系等单位也进行了一些研究工作和尝试。

2017 年，在国家科技部重点研发计划专项课题研究中，辽宁警察学院承担了逼近现实场景的虚拟立体战术环境设计与对抗训练系统研发任务；武警特警学院承担了公交汽车突发情况训练研发任务。2018 年，在铁路突发事件关键技术研究与应用示范项目研究过程中，辽宁警察学院承担了虚实交互的铁路突发事件作战训练系统与装备、铁路突发事件训练评测系统等研发工作，通过训练设备采集训练数据进行归纳、分析和评估。交通管理局无锡科研所主要利用虚拟仿真技术，开展车辆舒适性、人员受伤程度等有关车辆和驾驶方面的仿真研究。中国人民公安大学定制研发的警用刑侦勘查 VR 教学培训系统，用于现场勘查课程的实训教学。其他应用还包括公安科技成果 VR 展示、VR 射击训练、公安 VR 心理训练、法庭诉讼 VR 示证等。

5.2　虚拟现实技术进行安全应急演练的优势

传统的事故应急演练是以二维平面电子地图，也可能是文字与表格描述为基础，通过事故预案进行桌面演练，不能充分表达现实世界三维的动态空间，从而演练效果较差。还有一种方式是要耗费大量的人力、物力进行较大规模的组织，而且事故演习是内容具有局限性的实战演练。随着近年来虚拟现实技术的发展，能够利用三维建模技术、计算机图形技术、多媒体等技术手段，构建一个逼真的三维模拟现实场景，借助各种输入设备，对场景中的各种实体进行交互操作的应急演练效果真实生动、效率高、成本低。

一是沉浸式第一人称视角。虚拟现实技术一个最重要的特征就是沉浸感。受训者在三维的虚拟环境中能够参与虚拟场景中的全过程，感觉自身就是虚拟环境中的一部分，具有身临其境的感觉，并且能够与模拟场景进行互动，除了视听体验，还有嗅觉、触觉等多方位感觉，这种体验能让受训者感同身受。

二是在安全的环境中模拟不安全场景。传统的应急演练和实战演练无法为演练搭建各种灾害事故和危险因素比较多的环境。使用虚拟现实技术可以根据需要搭建各种灾害事故现场，模拟各种不安全状态和人的不安全行为，受训者在安全的实验室里与模拟环境交互，可以给受训者带来详细而生动的体验。

三是同一场景可重复开展演练。一些重点单位、重点场所、危化品等较危险的工作环境，受训者通过虚拟现实技术构建的三维模拟场景重复演练，直至熟练掌握各种灭火救援技能，同时在训练中锻炼强大的心理素质，当救援过程中遇到类似突发状况，会冷静对待，正确处理。

四是事故预兆演练。将视觉、听觉、嗅觉模拟在事故预兆体验中，生动表现出油气生产领域事故预兆、有毒气体溢出，试压过程中物理性爆炸等。用虚拟现实技术以直观的方式表现出来，积累丰富的事故预兆经验。当现实生产中遇到类似情况，往往能在第一时间发现和预防事故，减少不必要的损失。

五是重大安全事故回溯体验。通过虚拟现实技术重现典型事故情形，受训者置身在事故场景中，亲自动手操作，感受如同事故亲历发生过一样，训练中提高自身的救援能力、作战指挥技术并学会在危险的环境中保护自己。

5.3　虚拟现实技术应用领域及发展趋势

虚拟现实技术持续快速发展，是集计算机图形学、计算机仿真技术、传感技术、显示技术等技术于一体的综合性复杂技术。虚拟现实设备能够获取使用者的运动轨迹和相对位置，并实时进行计算和渲染，使用者如同身临其境并能及时、全面地观察三维模拟场景中的事物。

5.3.1　虚拟现实技术在军事领域中的应用

一是在军事模拟演练中的应用。从未来作战环境看，美军面临多域威胁时，技术优势不再明显，因此提出“多域战”概念，要求打破军种和领域之间的界限，将各种力量要素融合起来，实现同步跨域火力和全域机动一体化攻击。通过虚拟现实技术构建多域一体的三维模拟战场环境，根据作战原则、战术要求以及作战环境，选择不同的传感设备和处置方案，体验不同的作战效果，根据虚拟环境中情况变化，判定敌情作出决定，并采取相应的作战行动，就可以实现不动实体一枪、一弹、一车的情况下开展训练，并从作战行动中发现问题。通过训练可以提高受训者的作战水平、心理适应能力和战场应变能力，同时又能提高协同作战能力并对训练的原则、方法进行实时补充和更正。

目前各国军事部门都十分重视这种训练模式，美国国防大学专门开设了联合与合成虚拟作战课程。实践证明，在虚拟战场环境中对诸军兵种进行联合作战训练能够极大地提高参训部队的作战能力，并能缩减武器的研发和实训阶段的费用。

二是在武器装备训练中的应用。武器装备是战场上能否取得胜利的重要基础，是军队建设水平的重要表现，也是国家军队战斗力密不可分的一部分。目前世界各个国家都在不断研制更先进的武器装备彰显自己的实力。新型武器装备在数量上还不能满足实际训练需求，通过构造虚拟武器装备，能够加快对新型武器装备性能和操作技能的熟悉和掌握，先模拟训练后实操训练，降低训练过程中武器装备损耗数量，同时解决训练场地时间和空间的限制，有效提升作战能力。

2016 年法国国际防务展上，法国 EGA 集团展出了一款全尺寸装甲车模拟训练舱。该系统集成所有装甲车操作子系统和内部环境布置，可以模拟多种车辆驾驶动作和行驶状态，可进行自动驾驶训练也可协同作战，并能与其他模拟训练系统组网。训练舱的人工智能综合计算机系统可根据模拟的训练场景和任务需求，自动切换昼夜环境和调整光线强度。

三是在新型武器装备研发设计中的应用。新型武器设计过程中采用虚拟现实技术，设计者可通过系统建模和模拟实验过程，缩短武器装备研制周期，并能对设计的武器装备性能指标以及作战效能进行合理评估，提高设计方案、设计指标、技术性能等指标，使其更贴近实战需求。

波音 777 由 300 多万个零件组成，所有的设计在一个由数百台计算机工作站组成的虚拟环境中进行。设计师们戴上头盔显示器后，可以“穿行”于设计的虚拟“飞机”中，审视“飞机”的各项设计指标。

5.3.2 虚拟现实技术发展趋势

一是虚拟现实技术硬件设备将不断向轻量化、可移动方向发展，并且设备性价比会有所提高，国内拥有自主知识产权的软件平台也会不断涌现，虚拟现实技术市场将更加成熟，随之而来的，虚拟现实技术在各行各业中的应用也会越来越深入和广泛。

二是虚拟现实技术在高等院校的应用，由教育培训向虚拟现实三维现场重建拓展。高等院校在虚拟现实技术应用中担负着培养人才的重任，可以通过第二课堂、大学生科技创新活动甚至增开课程的方式使学生了解、掌握虚拟现实技术，培养学生创新能力，利用虚拟现实现场进行侦查、分析、研判和推演等。

三是警务仿真训练向沉浸式、智能化、实战化方向发展。随着虚拟现实技术的快速发展，该技术在各个行业领域的开发应用呈现了爆炸式增长。再加上 5G、人工智能、物联网等新一代信息技术的快速发展，必将进一步促进以虚拟现实为核心的高新技术融合发展。基于 VR、AR（augmented reality，增强现实）、MR（mixed reality，混合现实）技术，研发沉浸式的、适用于警务处置人员的集教学、训练、模拟实战、考核与科学研究为一体的软硬件系统平台，对提升我国警务实战能力具有重要的意义。

四是仿真装备与系统的研发向感知延伸发展。视觉是人体最重要、最复杂、信息量最大的传感器。人类大部分行为的执行都需要依赖视觉，例如日常的避障、捉取、识图等。但视觉并不是人类的唯一的感知通道。虚拟现实所创造的模拟环境不应仅仅局限于视觉刺激，还应包括其他的感知，例如触觉、嗅觉等。交互过程的真实感直接影响体验的沉浸感，以虚拟现实现场勘查中的手部交互为例，虚拟现实手柄和数据手套相比较，虚拟现实手柄使用按键执行预设定命令实现操作，而数据手套能够捕捉手部的具体动作，如抓握勘查工具等，部分带力反馈的手套能让人真实感受到虚拟工具的存在。带有真实力反馈的 WISEGLOVE 手套，会使对虚拟体操作的感受更接近真实，将来的人机交互必定会模糊现实与虚拟的区别。

五是虚拟现实技术向 5G+VR 及 VR 视频应用方向发展。一直困扰虚拟现实技术普及和移动化发展的难题在于数据传输和运算速度，高精度的渲染和实时显示极大地考验着用户的硬件设备，因此出现了一批云平台，将大量渲染任务放置于云端，以提高效率。而随着 5G 时代的到来，借助云计算，VR 应用将有望成功转向移动端。在 5G 云 VR 架构下，虚拟现实技术的使用也会更加高效和便携。此外，经过不断改良和创新，光场技术会引领虚拟现实应用向更高水平迈进，虚拟现实视频中对视角和移动范围的限制会越来越小，最终使人们真正走进虚拟世界。

5.4　虚拟现实技术在大型油罐火灾扑救模拟训练中的应用

大型油罐指的是容量为 $100m^3$ 以上，由罐壁、罐顶、罐底及油罐附件组成的储存原油或其他石油产品的容器。我国在 1985 年从日本引进 10 万立方米浮顶罐的设计和施工技术后十年间建造 20 多个 10 万立方米大型油罐，现在 10 万立方米储罐已经屡见不鲜，但是如此巨大的油罐一旦发生火灾爆炸，后果不堪设想。

油罐火灾爆炸事故危害极大，不仅严重威胁人民生命安全，还给国家和企业带来重大经济损失。黄岛油库“八·一二”重大火灾事故，造成直接经济损失 3540 万元，600t 原油流入海中，附近海域和沿岸受到不同程度的污染；1994 年埃及艾斯龙特市石油基地储油罐发生火灾爆炸，死亡 500 人。据统计，油库事故中，火灾爆炸事故占事故总数的 42.4%以上，而在油库着火爆炸事故中，油罐着火爆炸事故数占总爆炸数的 25.6%。尽管油罐火灾爆炸事故的发生概率很低，但是一旦发生，处理起来不但麻烦而且相当危险。因此做好事故预防，做好应急预案，做好训练非常重要。

5.4.1 不同类型油罐三维模型的构建

由第 1 章可知，按照油罐的建筑材料可以分为金属油罐和非金属油罐。金属油罐的制造主要使用钢材。在储罐爆炸的情况下，多数情况金属罐盖产生裂口，部分或全部被掀开。固定顶金属罐着火爆炸后，一般顶盖破坏占大多数，这样也避免了罐体炸裂，油品流散。由于罐内油气浓度、液位高度及油罐结构等因素差异，油罐的破坏不仅局限于罐顶，有时还会有罐底或罐壁的破坏，油从罐内外泄，形成火灾。非金属罐多为早期建造的，有钢筋混凝土结构、砖石和钢筋混凝土混合结构，顶盖一般为预制钢筋混凝土板。如果非金属油罐着火，罐盖一定会受到破坏，罐顶爆裂后塌落罐内。

按油罐的安装位置，可分为地面油罐、半地下油罐、地下油罐和洞库油罐。如果是地下或半地下罐在没有覆土的情况下，甚至罐壁也会遭到破坏，造成油品流散的大面积燃烧。非金属油罐的一个重要的火灾特点就是相对燃烧面积大，因此，非金属油罐多采用地下式或半地下式。1989 年黄岛油库大火中，首先发生爆炸的 5 号油罐，是半地下的非金属罐，爆炸时罐顶被掀掉，造成大约3500m^2的火场，由于罐身浅，容易在短期内发生沸溢喷溅，给扑救带来很大困难。

按油罐结构形状，可分为立式油罐、卧式油罐和特殊形状油罐（圆球形罐、扁球形罐、水滴形罐）。立式油罐又可以分为锥顶罐、无力矩顶罐、拱顶罐、套顶罐、浮顶罐等。浮顶罐可分为外浮顶罐和内浮顶罐。

虚拟现实技术油罐火灾扑救模拟训练中开展应用的前提条件，就是上述不同类型油罐三维模型的构建，特别是 10 万立方米以上的超大型油罐，火灾扑救训练和演练很难在真实场景中实现，使用虚拟仿真技术可以实现良好效果。

5.4.2 不同类型油罐火灾三维模型的构建

继油罐建模之后，要开展油罐火灾扑救模拟训练，还应当构建不同类型油罐火灾的三维模型。油罐火灾主要有以下几种类型：

（1）稳定型燃烧

轻质油品油罐在温度较高时，挥发出大量油品蒸气，从呼吸阀、光孔、量油口等处冒烟，遇到火源，会造成稳定燃烧。

油罐发生稳定燃烧型火灾时，不宜急剧用水冷却，以免油罐温度骤降，罐内油品蒸气凝结造成负压回火，引起储罐爆炸。扑救时，可先少量用水对火焰四周进行冷却，然后迅速用覆盖物覆盖灭火，亦可用喷雾水、干粉等扑救。

（2）爆炸型燃烧

油罐内的油品蒸气与空气的混合物，在爆炸极限范围内，遇到火源可能在罐内形成爆炸型火灾，造成罐顶塌陷、罐体破裂或位移，在某种情况下可能出现油品流散或地面流淌火。

油罐爆炸型火灾主要有以下三种形式 ：一是先爆炸后燃烧；二是先燃烧后爆炸；三是只爆炸不燃烧。

(3) 沸溢型火灾

重质油品储罐发生火灾后，油品在燃烧过程中出现沸腾、溢流、突沸等现象，称为沸溢型火灾。

沸溢型油罐火灾的特点是：火焰温度高、高度高，热波传播速度快，燃烧面积大，连续发生喷溅，燃烧过程火焰起伏，火灾危险性大。

沸溢型火灾主要有以下三种形式：

一是沸腾溢流。指含水原油或重质油品储罐发生火灾后，由于油品热波特性的作用，在燃烧油面下形成稳定的高温层，油品中的自由水或乳化水沸腾汽化，生成大量油泡，使油罐满溢外流，扩大火势的现象。

二是发泡溢流。指油罐发生火灾时，油品从罐顶边沿向罐外流出，造成大范围火区的现象。发泡溢流的原因较多，最主要的原因就是扑救措施不当，灭火中向罐内注水过多，水分蒸发形成气泡，体积扩大造成油品溢流。

三是突沸喷溅。指重质油品储罐发生火灾后在辐射热和热波特性作用下，高温热层向罐底传播，遇到罐底水垫层后引发水突然沸腾，大量的水蒸气将上部油层从罐内喷溅出来的现象。油品发生突沸，可使火焰增高，火势增大，辐射热增强，给灭火救援带来极大困难。

5.4.3 油罐火灾燃烧特点及危险要素分析

若要构建逼真的大型油罐火灾虚拟场景，必须掌握并提取火灾燃烧的特征要素和危险要素。

(1) 油罐火灾燃烧特征要素

油罐火灾燃烧速度快，火焰温度通常能够达到 900～1200℃，油品燃烧热值是木材的 4～5 倍，对周围环境的热辐射强度非常之大，很容易引起相邻油罐的燃烧和爆炸。油罐火焰是紊流型扩散火焰，其突出特点是周围空气主要是通过燃烧中心区的火焰进入油罐的，油罐直径很大，空气进入火焰的深度就越大，火焰中便会有局部回流存在，上升的火焰及燃气流与下降的空气形成犬牙交错的团状。油罐火灾火势的大小与燃烧速率有直接关系，燃烧速率主要是由燃料的挥发率和燃气的转换、传输过程决定的，而燃料的蒸发速率主要受传递到燃料表面的热流分布的影响，并最终决定油品种类、油罐大小、风速、地形等因素，是难以准确预测的。

(2) 油罐火灾危险要素

① 易燃性。油品属有机物质，比较容易燃烧，存在很大的危险性，其危险性的大小主要是以其闪点、自燃点来衡量的。闪点越低的油品，着火的危险性越大。

② 易爆性。石油及其产品的蒸气与空气混合达到一定浓度范围时，遇火源即能发生爆炸。爆炸浓度极限范围越大，下限越低的油品，发生爆炸的危险性越大。

③ 易蒸发、易扩散、易流淌性。石油及其产品尤其是轻质油品具有容易蒸发的特性。

蒸发出的油蒸气在空气中能随意扩散，特别是下风方向，给泄漏现场带来很大的火灾危险性。

油品及油品蒸气比空气重，容易在地面流淌，在低洼处积聚；比水轻，能在水面上任意漂流。增加了油品的火灾危险性。

④ 易产生静电。石油的电阻率 1012Ω·cm，沿管道流动与管壁摩擦或运输过程中受到震荡产生静电。

静电的主要危害是静电放电。如果静电放电所产生的电火花能量达到或大于油品蒸气的最小着火能量时，就立即引起油品燃烧或爆炸。

⑤ 受热易膨胀性。石油产品和其他液体一样，也有受热膨胀性。储存于密闭容器中的易燃液体受热后，体积膨胀，蒸气压力增加，若超过容器的压力限度，就会造成容器膨胀，以致爆破。

另一方面，当对热油罐冷却时，又会造成油品体积收缩而出现桶内负压，使容器被大气压瘪。这种热胀冷缩现象往往损坏储油容器，从而增加火灾危险性。

⑥ 沸溢喷溅性。重质或含有水分的油品着火燃烧时，可能发生沸腾突溢和喷溅。燃烧的油品大量外溢，甚至从罐内猛烈喷出，形成巨大的火柱，可高达 70～80m，火柱顺风向喷射距离可达 120m 左右，不仅扩大火场的燃烧面积，而且严重威胁扑救人员的人身安全。

5.4.4 虚拟场景构建

虚拟场景是用来模拟真实物理环境的三维模型集合，这些三维模型是按照合理的逻辑关系组织在一起的。虚拟环境不仅包括场景的改变，还包括声音等其他因素。

(1) 虚拟场景构建的要求

① 真实感要强。要增强场景的真实感，首先要有精确的几何建模，其次纹理贴图也很重要，最后采取适当的光照也会达到事半功倍的效果。纹理既包括物体表面凹凸不平的沟纹，也包括物体表面光滑的彩色图案。当把纹理按照特定的方式映射到物体表面的时候能够使物体看上去更真实。

② 在保证真实感的条件下，数据量要尽可能小。数据量太大会导致系统运行缓慢甚至无法运行。

③ 对数据进行有效组织，满足实时绘制的要求。

(2) 获取三维模型的途径

① 采用三维建模工具手工构造。

② 用三维扫描设备对真实物体进行扫描重建。

③ 基于多幅图像进行重建。

④ 模型库。

(3) 三维模型的表示

三维模型是物体的多边形表示，通常用计算机或者其他视频设备进行显示。显示的物体可以是现实世界的实体，也可以是虚构的物体。任何物理自然界存在的都可以用三维模型表示。

三维模型应用于各种不同的领域。在医疗行业用于制作器官的精确模型；电影行业用于构建活动的任务、物体等；视频游戏产业作为计算机与视频游戏中的资源；科学领域用于构建化合物的精确模型；建筑业用来展示建筑物或者风景；工程业用于设计新设备、交通工具、结构以及其他应用领域。三维模型本身是不可见的，可以根据简单的线框在不同细节层次渲染或者用不同方法进行明暗描绘。多数三维模型使用纹理进行覆盖，将纹理排列放到三维模型上的过程为纹理映射。纹理就是一个图像，可以让模型更加细致并且看起来更加真实。除纹理方法之外，还可以通过调整曲面法线实现光照效果，增加三维模型的逼真度。

(4) 虚拟场景构建方法

虚拟场景实际上就是虚构的一个环境。在虚拟环境中，所建虚拟场景的真实性关系到软件的沉浸性和用户实时交互的效果。

① 三维软件建模方法。目前使用比较多的建模软件有 3Dmax、SoftImage、Maya、UG 以及 AutoCAD 等。这些建模软件都是利用一些基本的立方体、球体等几何元素，通过一系列的平移、旋转、拉伸、布尔运算等几何操作构建复杂的几何场景。利用建模软件可以构建几何建模、行为建模、物理建模、对象特性建模以及模型切分等。几何建模的创建和描述是虚拟场景构造的重点。

在软件中建立模型，首先要确定虚拟场景总体模型建立的方法。在创建模型前，确定一个更好的实施方案对后续工作产生良好的影响。然后是虚拟场景模型细节的简化设置。模型越细致，交互时用户产生的沉浸感就会越强，但另一方面建模难度也就会随之增加几倍甚至几十倍。因此，场景中不太关心的部位可以做简化处理。这种处理类似于照片中焦点之外的景物模糊处理，这样也能更加突出现实环境的真实感。

② 仪器设备建模。三维数字化仪能够快速方便地将真实世界的立体彩色信息转换为计算机能直接处理的数字信号，为实物数字化提供有效手段，是当前使用的对实际物体三维建模的重要工具之一。三维数字化仪不同于传统的平面扫描仪、摄像机、图形采集卡：

一是三维扫描仪扫描的对象不是平面图案，而是立体实物。

二是通过扫描，可以获得物体表面每个采样点的三维空间坐标，彩色扫描还可以获得每个采样点的色彩。有的扫描设备甚至可以获得物体内部的结构数据。摄像机只能拍摄物体的某一个侧面，并且会丢失大量的深度信息。

三是三维数字化仪输出的不是二维图像，而是包含物体表面每个采样点的三维空间坐标和色彩的数字模型文件。可以直接用于 CAD 或三维动画。彩色扫描仪还可以输出物体表面色彩纹理贴图。

③ 图像或视频建模。基于图像的建模和绘制是当前计算机图形学界的一个极其活跃的研究领域。同传统的基于几何的建模和绘制相比，基于图像的建模和绘制具有很多独特的优点。

一是基于图像的建模和绘制技术能给我们提供获得照片真实感的一种最自然的方式，采用基于图像的建模和绘制技术，建模更快、更方便，并且可以获得很高的绘制速度和高度的真实感。基于图像的建模和绘制技术最新研究成果有可能从根本上改变我们对计算机图形学的认识和理念。图像本身包含丰富的场景信息，因此容易从图像获得照片版逼真的场景模型。

（5）虚拟场景的灯光和效果

灯光和场景效果是模拟真实世界中等同于它们的场景对象。比如灯光设备、太阳光本身和各种大气、雨、雪效果。虚拟环境中较好的灯光设置和效果的处理，可以给用户带来身临其境的感觉。对场景灯光效果的把握取决于制作者的经验和艺术修养。

以 3Dmax 中灯光为例，3Dmax 中提供标准灯光和光学度灯光。所有类型在视口中显示为灯光对象，它们共享相同的参数。

标准灯光是基于计算机的模拟灯光对象。不同类型的灯光对象可用不同的方法投射灯光，模拟不同类型的光源。与光度学灯光不同，标准灯光不具有基于物理的强度值。使用光度学可以更精确地定义灯光，就像真实世界一样，可以设置它们的分布、强度、色温和其他。

（6）虚拟场景纹理贴图

纹理也称为纹理贴图。通常意义上物体表面的纹理既包括物体表面呈现凹凸不平的沟纹，同时也包括在物体的光滑表面上的彩色图案。当把纹理按照特定的方式映射到物体表面上的时候能使物体看上去更加真实。

5.5 应用实例

随着现代化城市建设的需要，油罐火灾事故的突发性、频发性、复杂性和不可预见性日益凸显，灭火救援任务日益繁重，处置难度日益增大，如何有效处置油罐灾害事故，提升灭火救援能力已经成为一个社会关注的焦点问题。

1989 年 8 月 12 日 9 时 55 分，中国石油总公司管道局胜利输油公司黄岛油库发生特大火灾爆炸事故，19 人死亡，100 多人受伤，直接经济损失 3540 万元。

2010 年 7 月 16 日，中石油在大连新港发生油管爆炸，约 1500t 原油倾泻入海；2010 年 10 月 24 日，事故现场在拆除过火油罐时再次发生火情；2011 年，大连石化分公司因蒸馏装置泄漏引起火灾；8 月 29 日，位于大连市甘井子区的厂区发生爆炸火灾事故。13 个月内大连石化公司发生 4 次火灾事故。

2013 年 11 月 22 日凌晨 3 点，位于青岛市黄岛区秦皇岛路与斋堂岛路交汇处，中石化输油储运公司潍坊分公司输油管线破裂，处置过程中，当日上午 10 点 30 分许，黄岛区沿海河路和斋堂岛路交汇处发生爆燃，同时在入海口被油污染的海面上发生爆燃。

2016 年 8 月 21 日 8 时许，黑龙江省佳木斯市郊区敖其镇一处醇基储油罐发生火灾。

大型油库火灾模拟训练主要致力于提高消防专业学生扑救油库火灾作战能力和指挥水平，构建逼真的石油库火灾扑救场景及救援环境，模拟真实灾害环境下的抢险救援组织指挥，增强救援队伍对突发事故现场的临场处置能力，强化任务小组整体救援技能，提升学生在今后救援过程中救援指挥水平和心理适应能力，提高救援指挥的效率并缩短救援适应期，实现人机有机结合，融救援技能训练、救援技术训练、救援战术训练、救援心理适应能力训练为一体，高安全性，低训练成本，高效率，可重复演练，不受时间空间限制，解决了资金、场地、气象、时间、安全等条件限制，适合当前救援训练工作的新要求。

5.5.1　场景选取

鉴于研究对象主要是大型油罐区模拟训练，因此场景选取油罐区要具有大型油罐。基于此，我们选取的场景是山东省青岛市的某油罐区，油罐建模选取的是 10 万立方米浮顶油罐，建模比例 1∶1，重点用于训练的场景通过实地考察、数据搜集等完全比照参考油罐区。图 5.2 所示为场景整体效果图。

图 5.2　场景整体效果图

5.5.2　场景建模方法

场景建模方法使用了 Autodesk 公司推出的广泛应用于电影电视后期特效、游戏、建筑设计、室内设计、工业设计等领域的 Autodesk 3Dmax 工具软件。2010 版本及以后版本中增加新的建模工具，可以设计和制作复杂的多边形模型。图 5.3 为 10 万立方米浮顶油罐建模。

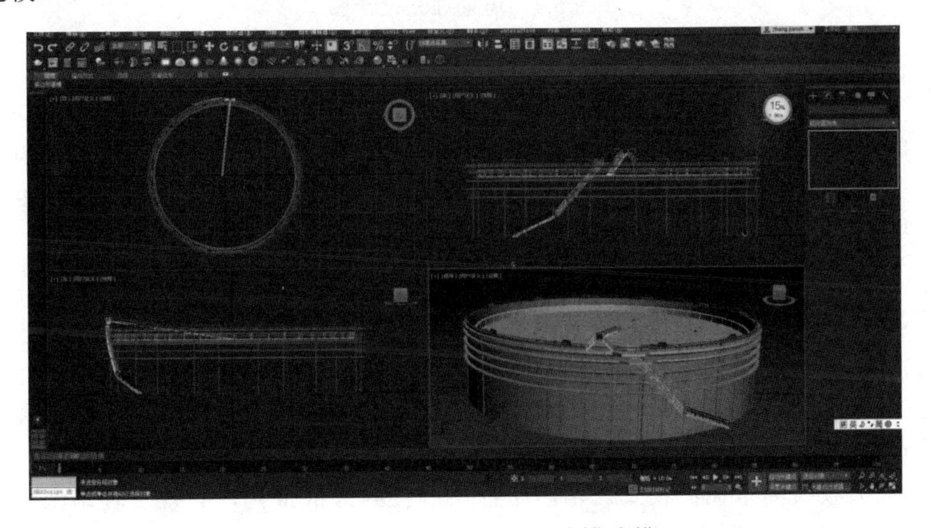

图 5.3　10 万立方米浮顶油罐建模

5.5.3 场景灯光效果

3Dmax 布置灯光一般遵从主光、辅助光（副光）和背光三点布光法。主光是在摄像机后 30°或 45°位置直照物体，使物体有照射效果同时一定要选择阴影效果，选阴影贴图或其他。光强度要稍微高，因为强度越高阴影越明显。辅助光也同样在相机后面 30°或 45°位置，注意不要打开阴影选项，同时强度要弱，一般不超 0.5°。辅助光是放置在主光的另一边，照到主光照不到的暗面，同时发挥辅助主光的阴影面不那么死板的作用。背光是在物体的后面，在光线的逆方向打一个泛光灯，作用是柔和主光和辅助光。使光线变柔和，强度也不宜过高。室内和室外灯光都遵从三点布光法，实际有时室外灯光布置相对简单的就用两盏灯，环境光用蓝色，在和相机相反的方向打一太阳光。图 5.4 所示为场景灯光设计图。

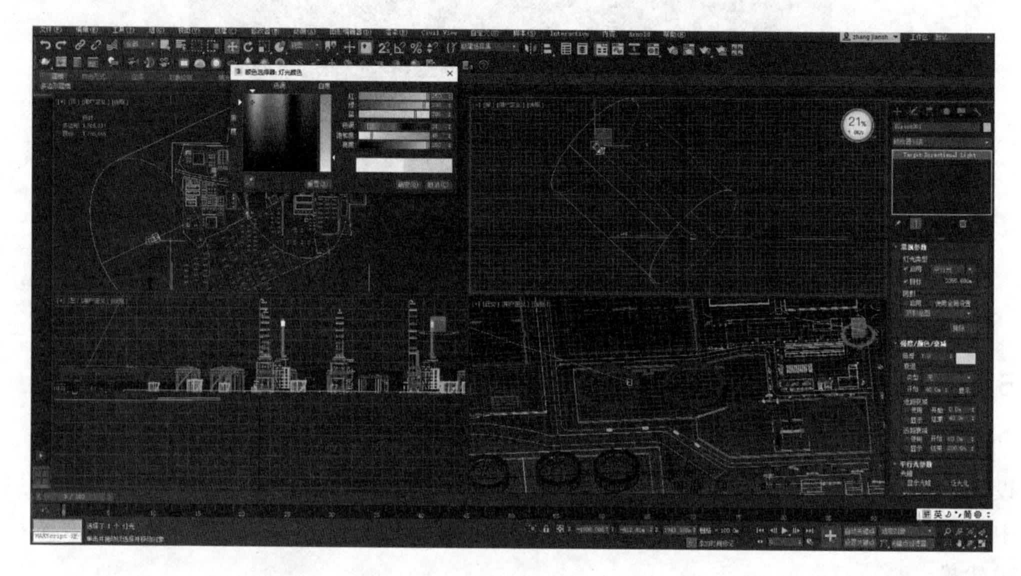

图 5.4　场景灯光设计图

5.5.4 场景纹理贴图

场景内主要元素分为整体场景，10 万立方米浮顶油罐、消防车以及油罐区内其他建筑和环境场景。油罐区内场景、油罐以及消防车的贴图获取方式主要采取实地拍摄。图 5.5 为消防车建模贴图。

5.5.5 灭火救援模拟训练组织

（1）灭火救援流程与计算模型

① 接警出动。灭火救援力量调集是接警出动的关键，力量调集是否科学合理，直接关系到油罐火灾灭火救援行动的成败。

② 灭火救援力量调派模式。消防指挥中心接到火情报警，必须及时调派力量赶赴现场进行灭火救援。力量调集常规方法如下：

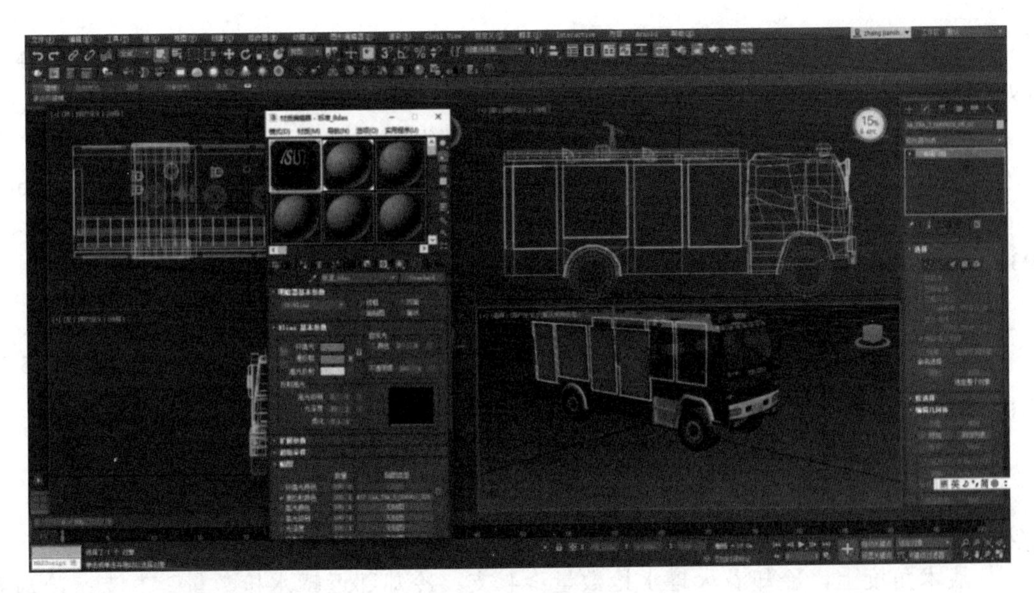

图 5.5　消防车建模贴图

a．根据报警情况调集第一出动力量，根据报警者提供的火灾基本情况，指挥中心实时调度第一出动力量；

b．按预案调集第一出动量，随着预案制定的推广和普及，所有消防重点单位都有灭火预案，发生火灾时，可按预案调集力量；

c．适时调派增援力量，根据火情发展，指挥中心实时增派救援力量。

也可按火灾等级调集灭火救援力量，可参考国家科技攻关计划专题《城市火灾与其他灾害事故等级划分方法和灭火救援力量出动方案编制技术》（2001BA803B02-09）将火灾分为五个等级，并按火灾等级以及火灾类型设计出动车辆数。

为了更准确更全面反映火灾客观情况，加强第一出动力量，在上述等级划分标准基础之上，还要综合考虑前面所述相关因素对等级的影响。升级要素具体为：

a．夜间发生的火灾；

b．大风天气发生的火灾；

c．有人员被围困或伤亡的火灾；

d．敏感重要地区的火灾。

③ 油罐冷却力量计算。冷却力量计算包括冷却范围、冷却强度、喷射器具（水枪、水炮）、消防车数量计算。

首先要确定冷却范围。冷却范围可根据《石油库设计规范》等规定确定：

a．着火的地上或半地下固定顶油罐与着火油罐直径 1.5 倍范围内的相邻地上或半地下油罐，均应冷却；

b．着火的浮顶、内浮顶油罐应冷却，相邻的浮顶、内浮顶油罐可不冷却；

c．着火的地下油罐或覆土油罐及其相邻的地下油罐或覆土油罐均不冷却；

d．着火的地上卧式油罐应冷却，着火罐直径与长度之和的一半范围内的相邻罐，也应冷却。

其次确定冷却供水强度。冷却供水强度结合标准规范与实战需求确定。具体数据如下：

冷却着火罐的供水强度0.8L/（s·m）；冷却邻近罐的供水强度0.6L/（s·m）。

④ 确定水枪、水炮数量。对于19mm直流水枪，冷却油罐时，有效射程S=17m，流量为7.5L/s。着火罐可冷却周长9m；邻近罐可冷却12.5m。常用水炮型号有SP24、SP32、SP50等，流量分别为24L/s、32L/s、50L/s。

已知立式油罐直径、供水强度和水枪流量时，可由式（5.1）确定水枪数量：

$$n=\pi Dq/Q_{枪(炮)} \tag{5.1}$$

式中 n——所需冷却水枪（炮）数量，向上取整；

D——油罐外径，m；

q——冷却供水强度，L/（s·m）；

$Q_{枪(炮)}$——水枪（炮）流量，L/s。

从战术角度上，冷却着火罐水枪数量≥4支；冷却邻近罐水枪数量≥2支；冷却着火罐水炮数量≥3门；冷却邻近罐水炮数量≥2门。

⑤ 冷却供水量确定。已知冷却水枪数量和灭火战斗时间，可按式（5.2）计算冷却供水量：

$$Q=nQ_{枪(炮)}t \tag{5.2}$$

式中 Q——冷却供水量，L；

n——冷却水枪（炮）数量；

$Q_{枪(炮)}$——水枪（炮）流量，L/s；

t——灭火战斗时间，s。

⑥ 水罐消防车数量确定。一般计算方法是由冷却水枪（炮）数量、水罐消防车消防泵的流量来确定，可按式（5.3）计算。

$$n_{车}=Q_{泵}/Q_{枪(炮)} \tag{5.3}$$

式中 $n_{车}$——冷却所需水罐消防车数量；

$Q_{泵}$——消防泵额定流量，L/s；

$Q_{枪(炮)}$——冷却水枪（炮）总流量，L/s。

注：这种算法只是最少的车辆数，实际还受到其他如战斗编成（从战斗编成的角度，通常一台水罐消防车只能出1门水炮或出2～3支水枪）、环境条件（水源、停车位置、供水方式）、新技术的影响［根据不同地区的消防装备配备，如压缩空气泡沫系统（compressed air foam systems，CAFS）］。

（2）确定油罐灭火救援力量

① 灭火所需泡沫液量计算。灭火所需泡沫液量可按式（5.4）计算。

$$Q_{液}=\alpha Aqt \tag{5.4}$$

式中 $Q_{液}$——灭火所需泡沫液，L；

A ——燃烧面积，m^2；

q ——灭火泡沫混合液供给强度，L/（min·m^2）；

t ——喷射时间，min；

α ——泡沫液混合比，3%、6%、0.15%。

如果，泡沫液的混合比为6%，泡沫混合液供给强度为10L/（min·m^2）[泡沫供给强度为1.0L/（s·m^2）]，进攻时间按照30min准备。

式（5.4）可简化为式（5.5）：

$$Q_{液}=18A \tag{5.5}$$

式中 A——燃烧面积，m^2。

提示：式（5.5）表示发动进攻的泡沫储备量至少要达到这个数据，否则不能进攻。

② 配置泡沫液所需水量计算。配置泡沫液所需水量可按式（5.6）计算：

$$Q_{水}=(1-\alpha)Aqt \tag{5.6}$$

式中 $Q_{水}$——配置泡沫所需的水，L。

如果采用6%泡沫液灭火，则式（5.6）可简化为式（5.7）：

$$Q_{水}=16Q_{液} \tag{5.7}$$

③ 泡沫喷射器具及数量的确定。目前常用的泡沫喷射器具主要有三种：

a．PQ8泡沫枪，混合液流量是8L/s、泡沫流量是50L/s；

b．PG16泡沫钩管，混合液流量是16L/s、泡沫流量是100L/s；

c．PP48泡沫炮，混合液流量是48L/s、泡沫流量是300L/s。

多数情况下发泡倍数按6.25计算，泡沫供给强度1.0L/（s·m^2），三种喷射器具的控制面积如表5.1所示。

表5.1 喷射器具的控制面积

PQ8泡沫枪	PG16泡沫钩管	PP48泡沫炮
50m^2	100m^2	300m^2

根据实际过火面积，即可算出所需泡沫喷射器具数量。

④ 灭火消防车数量的确定。确定泡沫消防车数量和类型首先要保证的是喷射器具的流量和压力；确定水罐消防车的数量要保证供水量，参照前面冷却供水力量消防车确定方法。

（3）灭火救援力量部署模型

① 灭火救援力量部署原则。灭火救援力量到场后，根据火场情况，抓住主要矛盾，将力量部署在火场的主要方面。力量部署要满足以下几点原则：

a．满足油罐火灾灭火救援的需要；

b．满足消防队员和装备安全的需要；

c．满足阵地调整与转移的需要。

② 灭火救援人员、装备作业距离的确定。

a. 喷射器具有效距离确定，确保冷却和灭火效果。

图 5.6 所示为喷射器具有效距离确定。

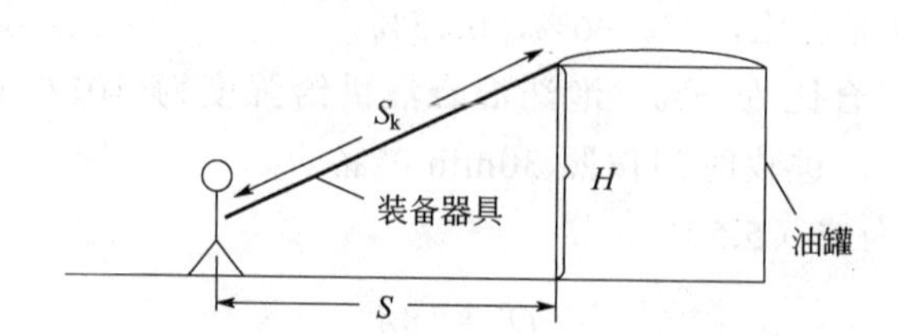

图 5.6 喷射器具有效距离确定

S_k—有效射程；S—水平射程；H—垂直射程

表 5.2 和表 5.3 分别为射水器具能够达到目标油罐的距离和泡沫喷射器具能够达到目标油罐的距离。

表 5.2 射水器具能够达到目标油罐的距离

型号	水平距离/m	备注
QZ19	10～16	3000m^3 以下
QJ32	40～44	100000m^3 以下
SP30	45～49	100000m^3 以下
SP40	50～54	100000m^3 以下
SP50	57～59	100000m^3 以下
SP60	67～69	100000m^3 以下

表 5.3 泡沫喷射器具能够达到目标油罐的距离

型号	水平距离/m	备注
PQ8	17～27	—
PQ16	23～31	带架
PPY24	33～40	移动式
PP32	39～44	—
PP48	54～59	—
PP64	59～64	—

b. 灭火救援人员、装备距着火罐安全距离确定，确保人员、装备不受热损伤。

首先，保证灭火救援人员、装备不受辐射热伤害。

油罐火灾对现场救援人员的影响主要是燃烧辐射热，分析热辐射的伤害主要遵循表 5.4 稳态火灾作用下的伤害准则、表 5.5 瞬时火灾作用下的伤害准则、图 5.7 热辐射伤害的热剂量-热通量曲线。

表 5.4　稳态火灾作用下的伤害准则

热剂量/（kJ/m^2）	伤害效应
1030	引燃木材
592	死亡
392	重伤
172	轻伤

表 5.5　瞬时火灾作用下的伤害准则

热通量/（kW/m^2）	伤害效应
35.4	引燃木材
6.5	死亡
4.3	重伤
0.9	轻伤

其次，保证在射水器具有效射程内，方法同上。

灭火救援人员、装备距离目标油罐安全距离的确定如图 5.8 所示。

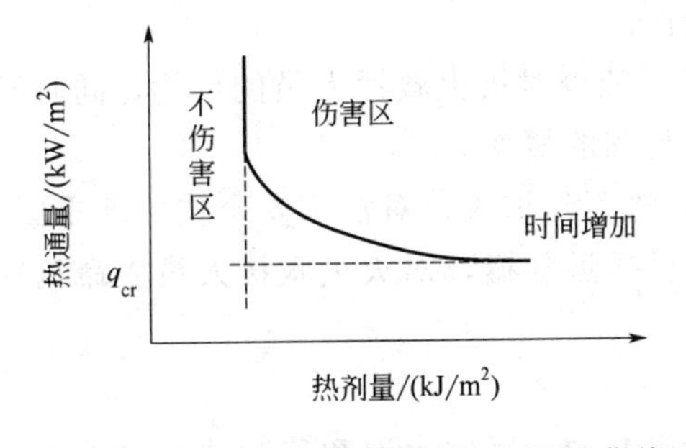

图 5-7　热辐射伤害的热剂量-热通量曲线

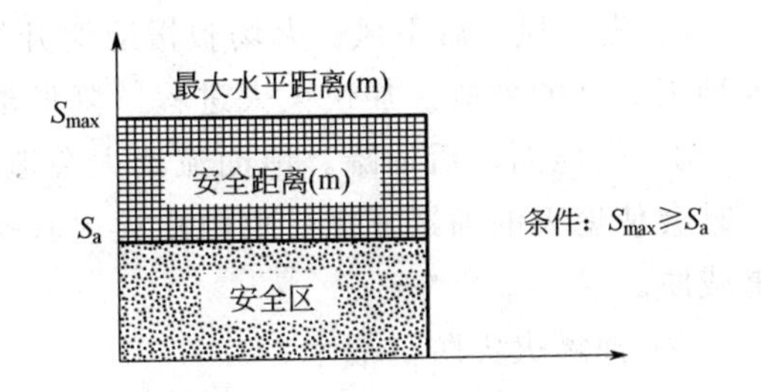

图 5.8　安全距离确定

c．减少辐射伤害的措施。第一，加强个人防护，消防员穿着可有效防止热辐射的服装，如避火服、铝箔隔热服等。第二，采取水幕保护，在着火油罐与消防员之间设置水幕、水带等。第三，在水枪（水炮）有效射程内尽量增加与着火油罐的距离。第四，减少消防员在辐射环境下的作业时间（轮换作业）。

(4) 灭火救援人员装备部署位置模型

① 灭火救援人员部署方法。人员应按以下要求部署：

a．战斗员必须在辐射安全距离范围内；

b．保证喷射器具的有效距离；

c．如果没有安全区（见图 5.8），消防员则需要穿着避火服，或者利用水幕保护，最好采用自动射水装置；

d．应借助地形地物掩护，防止伤亡；

e．如果有条件，在危险区域运用自动水炮冷却，尽量减少一线人员数量。

② 消防车停放部署位置。

a．消防车必须在设备安全距离范围内；

b．消防车停放距离应保证喷射器具流量、压力；

c．消防车车头应朝向撤退方向；

d．应尽量停放在上风方向、高地势；

e．避免停放在工艺管线下；

f．避免停放在高压线下；

g．避免停放在地沟（暗沟）之上。

（5）油罐火灾灭火战术模型

① 灭火战术原则。

a．以固定设施为主，以移动装备为辅，固定设施与移动装备相结合灭火。如果油罐安装有固定灭火设施并且可用，能满足灭火或冷却需要，此时，应使用固定设施灭火；如果油罐安装固定灭火设施，不能满足灭火或冷却需要，此时，应采用固定设施和移动装备结合灭火；如果油罐没有安装固定灭火设施，或设施损坏，或不能启动，此时，应采用移动装备灭火。

b．先外围，后中间。火场情况瞬息万变，周围建筑或其他可燃物质起火都会对火场情况造成重要影响。因此，只有控制住外围火灾，消灭外围火焰，才能有效控制火势的蔓延扩大，才能创造消灭油罐火灾的有利条件。

c．先上风，后下风。火场救援应避开浓烟，减少对灭火救援人员的烘烤，同时发挥各种灭火剂的效能，加快灭火进程，降低油品复燃的概率。

d．先地面，后油罐。地面流淌火会造成火势蔓延扩大，对油罐安全构成严重威胁，同时会使熄灭的油罐复燃，也阻止灭火救援人员接近油罐，对灭火救援人员生命构成严重威胁。

② 油罐火灾防御战术。

a．冷却降温，预防爆炸。通过使用自动喷淋装置、固定水泡和移动装备对着火油罐进行冷却，保护着火罐以及周围建筑物，防止沸溢喷溅，保护灭火救援人员安全。

b．倒油搅拌，抑制沸溢。可以采用由罐底向上倒油、用油泵从非着火罐内泵出与着火罐内油品相同质量的冷油注入着火罐、使用储罐搅拌器搅拌，使冷油层与高温油层融在一起，降低油品表面温度等方法破坏形成热波的条件。

c．排除积水，防止喷溅。沸溢性油品在燃烧过程中发生喷溅的原因，主要是油层下部水垫汽化膨胀而产生压力的结果。为防止喷溅，可以通过油罐底部的虹吸栓将沉积于罐底的水垫排除到罐外，就可消除油罐发生喷溅的条件。

d．筑堤拦坝，阻止漫流。可以利用防护堤、有利的地形地物、筑堤拦坝、设置围油栏和水流阻击等方法阻止堵截液体的流散，避免形成大面积的流淌火灾，造成火势无限度地蔓延。

③ 油罐火灾灭火进攻战术。

a．启动固定设施灭火。凡是有固定灭火设施且固定设施有效的油罐火灾，首先启动固定设施灭火。

b．水流切封灭火。针对油罐破裂缝隙、呼吸阀、量油孔、采光孔等处发生小范围稳定燃烧的火炬而采取的一种灭火方法。

c．覆盖窒息灭火。对火炬形稳定燃烧可使用覆盖物盖住火焰，造成瞬间窒息灭火。一般覆盖物可用浸湿的棉被、麻袋、石棉毡等。

d．炮攻打火。运用泡沫炮攻打油罐的距离，应根据油罐高度确定，一般情况下，宜保持 30m 发射，泡沫炮上倾角一般宜保持在 30°～45°。

e．登罐强攻灭火。利用罐梯或消防梯作为进攻通道，在水枪掩护下，登上油罐使用泡沫管枪或泡沫钩枪进行灭火。

f．挖洞内注灭火。在离液面上部 50～80cm 处的罐壁上，开挖 40cm×60cm 的泡沫喷射孔，然后利用挖开的孔洞，向罐内喷射泡沫，可以提高泡沫的灭火效果。

g．提升液位。油品在储罐内处于低液位燃烧，罐内气流大或油罐塌陷出现死角时，可采取提升液位的方法，使液面高出塌陷部位罐盖，形成水平液面，然后用泡沫歼灭火灾。

h．穿插包围，分进合击。对大面积的油罐流淌火，在筑堤拦坝、阻止漫流的基础上，应从战术上进行穿插包围，分进合击。在运用穿插包围，分进合击战术时要充分利用地形地物，选准突破点，快速穿插，快速包围；要近战快攻，不给火焰回火的机会，一举歼灭，同时做好进攻穿插中的掩护工作。

（6）不同火情的灭火计量部署及战术模型

火情主要分为以下几种情况。

火情 1：当着火罐为外浮顶罐，火灾局限在环形面积的局部，火场主要方面为着火油罐灭火。火灾初期，辐射热小，需要的灭火力量少。

力量部署：着火罐和邻近油罐不需要部署冷却力量，可以启动固定灭火设施或直接登罐用泡沫枪灭火。

火情 2：着火罐为外浮顶罐，火灾已经在环形面积全面蔓延，火场主要方面为着火油罐和相邻固定顶立式罐。火灾已经蔓延并逐渐扩大，辐射热较大，起火罐本身和相邻的固定顶立式罐需要及时冷却。

力量部署：火罐如果是沸溢性油品，应该适当部署冷却力量，重点是相邻的固定顶立式罐。如果浮船已经烧沉，应该加强着火罐的冷却力量。如果着火罐有保温层，必要时拆除保温层。

火情 3：着火罐为固定顶立式罐，呈火炬式燃烧。轻质油品储罐在温度较高时，挥发出大量油品蒸气，这些油品蒸气从呼吸阀、采光孔、量油孔等处冒出，遇到火源会出现稳定燃烧。火场主要方面为着火油罐和相邻固定顶立式罐。如果火灾刚开始，辐射热不是很大，此时受威胁的主要是着火罐。如果燃烧时间长，喷口直径大，下风方向的固定顶立式罐需要冷却。

力量部署：加强着火罐的冷却力量，适时灭火。必要时，下风方向固定顶油罐也部署冷却，但所需力量较小。

火情 4：着火罐为固定顶立式罐，满液敞开燃烧，火势很大。火场主要方面为相邻固定顶立式罐和着火油罐。满液敞开燃烧，着火罐危险性稍小，相邻固定顶立式罐比较危险。

力量部署：主要冷却力量部署在相邻的固定顶立式罐。随着液位降低，着火罐上部也要加大冷却强度。首先部署在相邻罐迎火面，其次部署在着火罐全周长。

火情 5：着火罐为固定顶立式罐，液位很低，塌陷状燃烧，火势很大。对其他罐辐射热较小，着火罐很容易烧塌，重点控制着火罐。

力量部署：如果没有风，除着火罐需要冷却外，还需对着火罐 1.5 倍范围内邻近罐进行冷却；如果有风，则根据现场实际情况在下风方向适当部署力量。

火情 6：油罐敞开燃烧，大面积地面流淌火包围油罐。油罐受到直接烘烤，又有本身的辐射，十分危险。

力量部署：按先地面后油罐的原则，首先消灭地面流淌火，并且加强油罐的冷却。如果附近有相邻的固定顶立式罐，也要加强冷却。

（7）不同阶段的力量部署

油罐火灾扑救的力量部署主要分为五个阶段：一是企业专职队到场；二是辖区中队到场，实施指挥；三是其他中队到场，属地指挥；四是支队首长到场，成立指挥部；五是灭火总攻开始。前四个阶段，主要的任务是控制燃烧，积蓄力量，等待时机，一举歼灭火灾。因此，应根据火场情况，抓住火场主要矛盾，将有限的力量部署在火场最需要力量的地方，如冷却防爆、防止沸溢或者消灭地面流淌火。第五个阶段是在火势已经得到控制，力量积蓄已经完成的前提下，发动总攻灭火。具体力量部署如表 5.6。

表 5.6　不同阶段灭火救援力量部署

救援力量到场情况	火情 1	火情 2	火情 3	火情 4	火情 5	火情 6
企业专职队到场	可以直接登罐灭火	冷却邻近的固定顶罐	冷却着火罐	冷却最危险的邻近罐	冷却着火罐	消灭地面流淌火
辖区中队到场	可以直接登罐灭火	主要力量用于冷却邻近的固定顶罐	一般企业队就能处置，当燃烧时间比较长时，1 个中队冷却相邻罐	冷却最危险的邻近罐	冷却着火罐，迅速组织灭火	消灭地面流淌火
三个中队到场		2 个中队冷却邻近的固定顶罐、1 个中队冷却着火罐	一般企业队就能处置，当燃烧时间比较长时，1 个中队冷却相邻罐	冷却最危险的邻近罐	冷却着火罐，增援队用于冷却相邻罐	消灭地面流淌火，增援队可以用于冷却着火罐
支队首长到场		2 个中队冷却邻近的固定顶罐、1 个中队冷却着火罐		冷却最危险的邻近罐、着火罐	冷却着火罐，增援队用于冷却相邻罐	消灭地面流淌火，冷却防爆，适时灭火

以上是对油罐火灾灭火救援程序和战术模型的简要总结，模拟训练必须与油罐火灾扑救实际战术相吻合，才会产生实效。

5.5.6　大型油罐火灾灭火救援模拟训练实际效果

利用虚拟现实技术开展的融技能训练、技术训练、战术训练、心理适应性训练为一体的灭火救援模拟训练安全性好，可重复演练，同时不受时间和空间的限制，解决了因资金、场地、时间、气象、安全等条件受限而影响演练质量的问题，符合当前灭火救援训练的新要求。但在实际操作过程中还有一些问题的存在。

一是灭火救援是一个复杂的过程，因此涉及的模拟训练操作也比较多，系统比较繁杂，初学使用者需要大量的时间去掌握操作方法，这对于任务繁重的消防救援人员来说不太可行。目前在灭火救援队伍中配备模拟训练系统的只有少数的几个总队级单位，指挥员使用机会甚少，形同虚设，没有发挥到应有的作用。

二是火场态势发展影响因素诸多，涉及天气有风无风、风向如何变化、晴天还是阴天、有无固定消防设施、周围环境有无建筑、有无可燃易燃物质等，火势燃烧变化又涉及动力学、流体力学等诸多因素，现有的模拟训练系统还做不到充分考虑所有引发油罐火灾变化的因素，尤其是火场灭火救援装备性能以及救援人员体能消耗等方面的模拟训练缺乏科学依据，突出了视觉效果，但实际功能不够完善，距离预想的目标还存在一定的差距。

通过对辖区内的高层建筑以及周边环境的熟悉演练，结合战例研讨、火灾战评和复盘推演等方式，尽可能收集高层建筑火灾处置相关资料，形成一套流程化、规范化的作战预案体系，以此作为力量配置标准。一旦发生高层建筑火灾，能够及时制订灭火救援方案，有效地指导参战力量进行灭火救援行动。

参考文献

[1] 姜学智．李忠华．国内外虚拟现实技术的研究现状［J］．辽宁工程技术大学学报，2004，（02）：238-240．

[2] 巫影．虚拟现实技术综述［J］．计算机与数字工程，2002，30（03）：41-44．

[3] 蒋庆全．国外 VR 技术发展综述［J］．飞航导弹，2002，（01）：27-34．

[4] 张量，金益，刘媛霞，等．虚拟现实（VR）技术与发展研究综述［J］．信息与电脑，2019（17）：126-128．

[5] 许微．虚拟现实技术的国内外研究现状与发展［J］．现代商贸工业，2009，21（02）：279-280．

[6] 吴迪，黄文赛．虚拟现实技术的发展过程及研究现状［J］．海洋测绘，2002，22（06）：15-17．

[7] 杨江涛．虚拟现实技术在国内外研究现状与发展［J］．信息通信，2015，（01）：138．

[8] 郭巍．虚拟现实技术特性及应用前景［J］．信息与电脑（理论版），2010，5：29-31．

[9] 王汝传，陈丹伟，顾翔．虚拟现实技术及其实现研究［J］．计算机工程，2000（12）：1-3．

[10] 曾颖，汪青节．虚拟现实技术在消防中的应用［J］．消防科学与技术，2006（03）：66-67．

[11] Hazmat Hotzone：First Responder Team Training Simulator．http://www.etc.cmu.edu/projects/hazmat_2005/．

[12] Smith S P，Trenholme D．Rapid prototyping a virtual fire drill environment using computer game technology［J］．Fire Journal，2009，44（04）：559-569．

[13] Ren A Z，Chen C，Luo Y．Simulation of emergency evacuation in Virtual Reality［J］．Tsinghua Science&Technology，2008，13（05）：674-680．

[14] Ltate D，Sibert L，King T．Using virtual environment to train firefighters［J］．IEEE Computer Graphics and Applications，1997（10）：23-29．

[15] 易涛，杨义．化工安全虚拟现实仿真系统的设计与实现［J］．计算机与应用化学，2006，23（01）：49-54．

[16] 蒋国民，李磊．虚拟现实技术在石化应急演练中的应用［J］．广州化工，2011，39（15）：214-216．

[17] 胡小强．虚拟现实技术与应用［M］．北京：高等教育出版社，2004：1-27．

[18] 刘浩，戴居丰，杨磊，等. 虚拟现实技术及其应用研究 [J]. 微计算机信息：测控自动化，2005，21（01）：200-201.
[19] 刘潇，杜宇斌，刘姚，等. 虚拟现实技术在油田应急演练中的应用前景预测 [C]. 中国石油石化安全生产与应急管理技术交流大会论文集. 北京：中国石化出版社，2018.
[20] 高小辉. 分布式虚拟环境在消防预案中的应用 [D]. 北京：首都师范大学. 2007.
[21] 李剑锋，张学魁. 虚拟现实技术在消防训练中的应用 [J]. 武警学院学报，2008，24（02）：80-82.
[22] 靳学胜，袁狄平. 大型石化储罐库区消防虚拟训练仿真系统研究 [J]. 灭火指挥与救援，2009，28（12）：934-937.
[23] 张育军. 虚拟现实技术在军事领域的应用与发展 [J]. 科技创新与应用，2014（15）：290-291.
[24] 王亚，汤万刚，罗代生，虚拟现实技术在军事领域的应用及对未来战争的影响 [J]. 国防技术基础，2006（05）：31-34.
[25] 李建新. 虚拟现实技术在军事领域中的应用和前景展望 [J]. 科技情报开发与经济，2008（12）：118-119，228.
[26] 罗昊. 虚拟现实技术在消防工作中的应用 [J]. 电子技术与软件工程，2016（23）：153.
[27] 甄军涛，尹金玉，王广生. 虚拟现实技术在消防系统中的应用 [J]. 微计算机信息，2004（10）：107-108，21.
[28] 张芳. 浅析虚拟现实技术在消防领域的应用 [J]. 消防技术与产品信息，2009（01）：38-39.
[29] 王冬，杜扬，李康宁. 军用油库油罐火灾消防虚拟现实仿真模型研究 [J]. 后勤工程学院学报，2006，（02）：19-23.
[30] 汪箭，聂小林，季辉，等. 虚拟现实技术在火灾领域中的应用 [J]. 计算机仿真，2002，19（02）：28-31.
[31] 刘凯，翁韬，从北华. 虚拟现实技术在火灾科学与工程中的应用初探 [J]. 中国公共安全（学术版），2008（Z1）：102-103.
[32] 朱福全，杨丽平. 虚拟现实技术在消防科学中的应用 [J]. 科技创新导报，2018，15（09）：146-149.
[33] 张勇，程乃伟. 虚拟消防系统仿真技术研究 [J]. 科技传播，2012（10）：220-221.
[34] 朱洪亮，万剑华，郭际明，等. 城市三维建模的数据获取 [J]. 工程勘察，2002（3）：43-46，50.
[35] 城市三维建模技术规范：CJJ/T 157—2010 [S]. 北京：中国建筑工业出版社，2011.
[36] 祁向前. 数字城市三维建模数据处理研究 [D]. 太原：太原理工大学，2003.
[37] 周杨. 数字城市三维可视化技术及应用 [D]. 郑州：解放军信息工程大学，2002.
[38] 谢峰. 数字城市中建筑物的三维实现 [D]. 西安：长安大学，2003.
[39] 王乘，周均清，李利军. Creator 可视化仿真建模技术 [M]. 武汉：华中科技大学出版社，2005.
[40] 杨丽，李光耀. 城市仿真建模工具：Creator 软件教程 [M]. 上海：同济大学出版社，2007.
[41] 曹传芬. 虚拟城市三维建模的理论与方法研究 [D]. 长沙：中南大学，2004.
[42] 刘昆，王广生. 基于三维实时渲染技术的虚拟火灾训练系统设计 [J]. 计算机应用，2005，25（08）：1962-1964.
[43] 李建华. 灭火战术 [M]. 北京：群众出版社，2004.
[44] 卢信文. 虚拟现实平台的开发及其应用研究 [D]. 成都：电子科技大学，2008.
[45] 陶彬，王春等. 基于虚拟现实技术的大型石油罐区重大事故应急响应系统的实现 [J]. 中国应急管理，2012（08）：24-26.

[46] 陈海群，王凯全．危险化学品事故处理与应急预案［M］．北京：中国石化出版社．2005．

[47] 夏登友，商靠定，程晓红．等．灭火救援战斗力综合评估指标体系研究［J］．消防科学与技术，2008（04）：273-276．

[48] 李栗．利用虚拟现实技术开展灭火救援训练初探［J］．消防科学与技术，2005，3（24）：83-84．

[49] 许云，任爱珠，潘国帅．基于 GIS 和 VR 的消防指挥系统研究［J］．土木工程学报，2003（05）：92-96．

[50] 汪箭，聂小林，季辉，等．虚拟现实技术在火灾领域中的应用［J］．计算机仿真，2002（03）：28-31．